示范性软件学院联盟软件工程系列教材

教育部－华为公司产学合作协同育人项目成果

openGauss 数据库应用教程

○ 主　编　姚绍文

○ 副主编　涂永茂　邢薇薇

中国教育出版传媒集团

高等教育出版社·北京

内容提要

本书为示范性软件学院联盟建设的首批软件工程系列教材之一。本书以实用导向为原则，介绍将 openGauss 数据库应用于实际项目的方法。

全书共分 10 章，主要内容如下：介绍 openGauss 数据库、标准 SQL 技术及应用；以实际业务为例，讲解数据库设计的方法和技巧；分析不同隔离级别下的事务处理与并发控制；以 Java 和 Python 为例，介绍 openGauss 的应用开发；从网络安全等级保护的视角，阐述 openGauss 数据库的安全配置和实现；描述 openGauss 的管理及运维技巧，包括备份与恢复技术等；简述 openGauss 在安全及高性能方面的一些高级特性。

本书的特色在于从原理到应用、从基础到高阶的渐进式内容设计；基于 SQL 的使用，通过实例引导读者深入理解 openGauss，实现了理论与实践的有机结合。本书可作为高等学校软件工程及计算机类专业数据库课程的教学用书，也可作为业界人员和自学人员的参考书。

图书在版编目（CIP）数据

openGauss数据库应用教程 / 姚绍文主编 ； 涂永茂，邢薇薇副主编. -- 北京 : 高等教育出版社，2025 . 2.
ISBN 978-7-04-062995-8

Ⅰ. TP311.138

中国国家版本馆CIP数据核字第2024XP7292号

openGauss Shujuku Yingyong Jiaocheng

策划编辑 赵冠群　责任编辑 赵冠群　封面设计 李小璐　版式设计 李彩丽
责任绘图 邓　超　责任校对 马鑫蕊　责任印制 存　怡

出版发行	高等教育出版社	网　　址	http://www.hep.edu.cn
社　　址	北京市西城区德外大街 4 号		http://www.hep.com.cn
邮政编码	100120	网上订购	http://www.hepmall.com.cn
印　　刷	肥城新华印刷有限公司		http://www.hepmall.com
开　　本	787 mm×1092 mm 1/16		http://www.hepmall.cn
印　　张	19.75		
字　　数	390 千字	版　　次	2025 年 2 月第 1 版
购书热线	010-58581118	印　　次	2025 年 2 月第 1 次印刷
咨询电话	400-810-0598	定　　价	45.00 元

物 料 号　62995-00

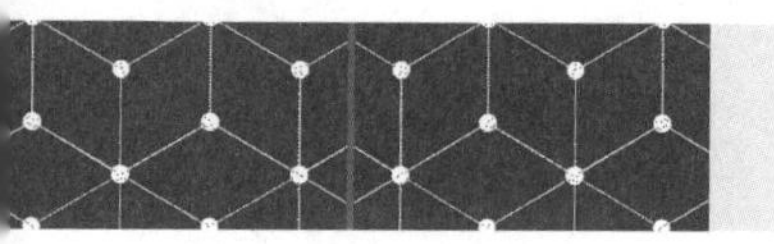

新形态教材网使用说明

openGauss 数据库应用教程

主　编　姚绍文
副主编　涂永茂　邢薇薇

1　计算机访问https://abooks.hep.com.cn/1866358或手机微信扫描下方二维码进入新形态教材网。
2　注册并登录后，计算机端进入“个人中心”，点击“绑定防伪码”，输入图书封底防伪码（20位密码，刮开涂层可见），完成课程绑定；或手机端点击“扫码”按钮，使用“扫码绑图书”功能，完成课程绑定。
3　在“个人中心”→“我的学习”或“我的图书”中选择本书，开始学习。

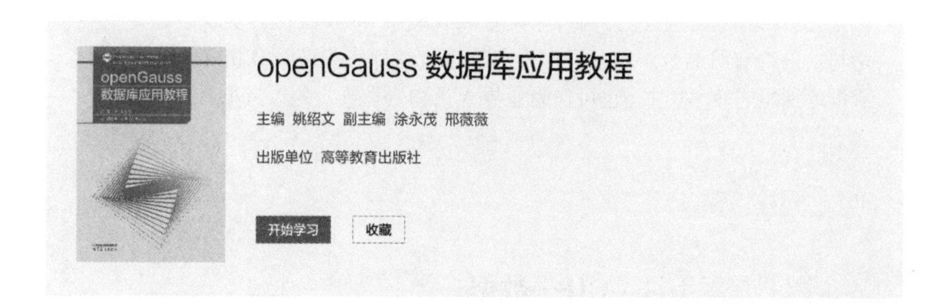

受硬件限制，部分内容可能无法在手机端显示，请按照提示通过计算机访问学习。如有使用问题，请直接在页面点击答疑图标进行咨询。

https://abooks.hep.com.cn/1866358

前 言

2016年，习近平总书记指出，互联网核心技术是我们最大的“命门”，核心技术受制于人是我们最大的隐患。2018年，《科技日报》总结了制约我国工业发展的35项“卡脖子”技术，数据库位列其中。

早在20世纪70年代，基于关系代数的关系模型已初现雏形，并形成了完整、系统的数据库技术，各种关系数据库管理系统逐步形成市场化产品，如Oracle、Informix、Sybase、DB2等。随着计算机技术的快速发展，基于数据库技术的客户-服务器模式的管理信息系统广泛应用于各行各业的管理事务中。我们甚至可以说，在互联网应用普及之前，基于数据库的应用是计算机技术最成功的应用。

进入21世纪以来，各种互联网技术，特别是基于浏览器-服务器模式的万维网（world wide web，WWW）技术的快速发展，不断渗透并广泛应用于各个行业领域。同样地，数据库技术也在与时俱进。随着智能手机的普及，各种Web应用也快速迁移到移动设备上。然而，在各种Web应用迅猛发展和渗透的背后，数据库系统作为支撑各种Web应用的基础设施组成部分，处于信息技术架构的核心位置，发挥着不可替代的重要支撑作用。

在日新月异的数字经济时代，数据库系统作为支撑数字经济发展的基础性技术，其重要性不亚于芯片。因此，研发具有自主知识产权的数据库技术，解决数据处理中的“卡脖子”问题，对于保障国家网络空间安全具有极其重要的战略意义和现实价值。

20世纪80年代初，我国开始引入国外的数据库产品。到20世纪末，在税务、财政、金融、电信、能源等重要行业，国外数据库产品被广泛使用。进入21世纪，我们才开始研发具有自主知识产权的数据库产品，随后借鉴Oracle、MySQL等数据库系统，逐步形成了华为openGauss、武汉达梦、人大金仓、南大通用等数据库产品。

众所周知，华为公司起步于现代通信设备的研发和销售，早在2001年，华为公司就结合网络通信设备的数据处理，开启了自主研发数据库的历程。到2019年，华为公司在开源数据库PostgreSQL的基础上，研发出了成熟的数据库产品GaussDB，并在将其开源后命名为openGauss。openGauss进入市场以来，得到了广泛应用且反响很好，这进一步推动了自主研发数据库产品的进程。

根据实用导向为主的原则，本教材的编写既不过多着墨于关系数据库理论，也不对数据库系统本身的技术细节展开深入介绍，而是以简化的实际应用项目为例，直接结合 openGauss 系统，介绍数据库相关技术和 openGauss 的特性，从而避免了枯燥的原理以及数据库系统与应用的分离；同时，本教材针对某些内容，剖析了背后的思维和方法，以期实现“授人以渔”的目的。

本教材主要面向有志于使用国产数据库产品的高校、学生或工程技术人员。无论读者是否系统地学习过数据库理论基础，本教材均可作为计算机科学与技术、软件工程、网络空间安全、信息管理等专业的数据库课程教材，特别适用于那些并不希望过多地介绍数据库理论，而是致力于通过一门课程既让学生了解数据库原理、又培养学生的数据库技术实践能力的高校。在使用本教材作为数据库课程的教材时，可以只讲授前六章内容，使学生掌握数据库基础技术和 openGauss 基本技能，如果课时充裕，还可以选择性地增加后续四章的内容。当然，本教材也可以作为其他专业学生学习数据库的参考书，还可以作为相关的工程技术人员学习 openGauss 的参考书。

本教材的编写得到了教育部产学合作协同育人项目和云南省重大科技专项“基于区块链的智能制造价值链网研究与应用示范（202202AD08002）”项目的支持。姚绍文教授作为这两个项目的负责人，邀请北京交通大学邢薇薇教授、云南大学软件学院教师和产业界专家云南瑞讯达通信技术有限公司涂永茂总工程师以及测评中心主任胡纯工程师、云南联创网安科技有限公司技术总监梁猛高级工程师加入编写组。在教材编写伊始，姚绍文教授组织编写组对内容提纲进行了深入讨论，并由国家示范性软件学院联盟和华为公司组织专家进行了评审。在教材成稿后，中国人民大学柴云鹏教授对书稿进行了通篇审读。编写组根据评审专家意见确定了内容提纲，根据审读专家意见对书稿结构进行了优化、对书稿内容进行了修订。

本书第 1 章由云南大学武丽雯博士、何婧博士联合编写，第 2、4、8、9 章由涂永茂高级工程师编写，第 3 章由何婧博士编写，第 5 章由邢薇薇教授编写，第 6 章由梁猛高级工程师编写，第 7 章由胡纯工程师编写，第 10 章由云南大学包崇明老师编写。随后，华为公司组织专家对教材初稿进行了两轮内容评审，编写组根据评审意见组织了两轮交叉修改。姚绍文教授负责全书的修订统稿，邢薇薇教授参与了本书的修订。

最后，编写组要感谢教育部和华为公司设立产学合作协同育人项目进行支持。本教材的顺利出版得到了国家示范性软件学院联盟的大力支持，特别是联盟理事长、北京交通大学卢苇教授全过程的关心和指导，编写组对此表示衷心的感谢。同时，华为公司的黄凯耀、王清亮、王景全、张博、白慧娟、许小钦等工程师，以及华为公司的相关领导、参与多轮评审的各位专家、审读专家柴云鹏教授，在本书的编写过程中一直予以支持和帮助，编写组在此一并表示衷心的感谢。最后，对高等教育出版社领导和编辑的大力支持表示由衷的感谢。

书中谬误之处在所难免，敬请读者赐教。作者联系方式为 yaosw@ynu.edu.cn。

编　者
2023 年 12 月于云南大学

目录

第 4 章 数据库设计

第 5 章 事务处理与并发控制

第 1 章　数据库简介

本章要点：

本章将简要回顾计算机数据存储及管理从与程序混合、单独文件到数据库的演变历史，并对数据库发展简史上较为经典的层次模型、网状模型、关系模型、非关系模型等数据库模型进行简要介绍。此外，为方便读者更好地理解数据存储过程中涉及的逻辑关联性抽取方法，本章还将对关系代数中的基本概念展开介绍，并基于关系代数运算进一步介绍 SQL。

本章导图：

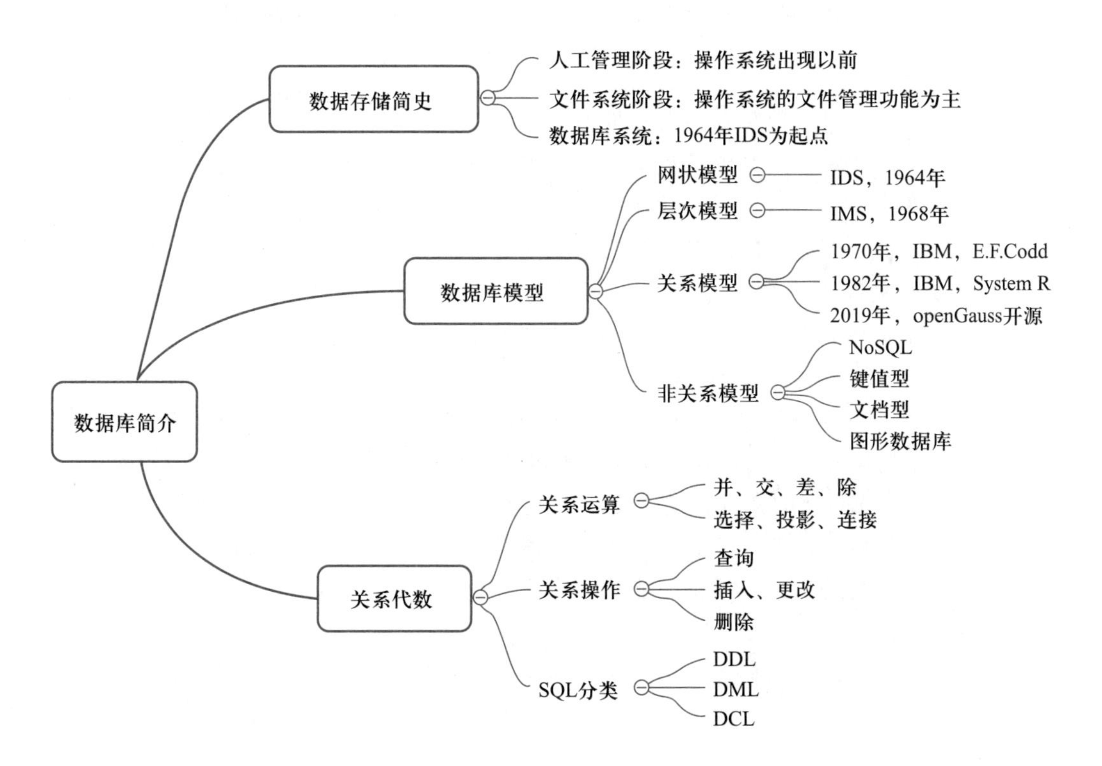

1.1 为什么需要数据库

随着第一台通用计算机 ENIAC 被研制出来，计算机技术得以快速发展并在各个行业得到了广泛应用：类似计算弹道等数值计算型应用、音视频处理和基因工程等信息处理型应用、支持各种管理的数据处理型应用。其中，数据处理型应用尤为普遍且成功，在企事业单位的各项管理信息系统（management information system，MIS）中，以数据库技术为核心和支撑的数据管理是各种管理信息系统应用得到普及的关键。

众所周知，当今的智能手机、计算机上的应用类型广泛、数据类型丰富。不管是应用程序，还是音视频或文档，均以文件形式存储在设备上。尤其是在计算机和网络上，通常有大量的数据需要进行处理，人们编制的应用程序在运行时是如何处理数据的呢？通常来说，有两类处理数据的方式，如图 1.1 所示。

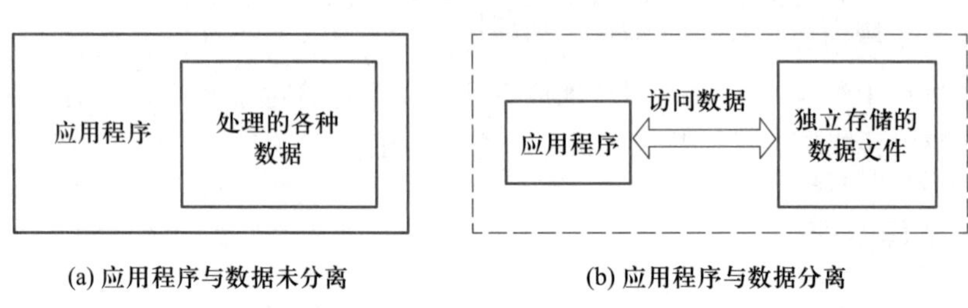

图 1.1　应用程序处理数据的方式

具有一定编程基础的人不难理解：编程人员在开发一些底层软件或小型程序时，在其中直接设置了数组、结构等数据类型，这样在应用程序运行时，代码和数据就混在了一起，如图 1.1（a）所示。但是在更多情形下，数据与应用程序是分离的，数据以文件的形式独立存储，当运行应用程序时，将通过访问数据文件来进行数据处理，如图 1.1（b）所示。许多工具软件，如 Word、Excel、PDF 阅读器等，其程序和数据文件是完全分离的。

在处理数据文件的过程中，可能需要执行增加、删除、检索、查询甚至统计等操作。当一个数据文件的大小达到数百兆、数吉字节甚至更大时，如何针对数据快速、高效、准确地实现这些操作，是一个巨大的挑战。不妨设想一下，某个类似 Excel 的文件存储了成千上万条人员信息，每条人员信息的类型都是相同或相似的，如人的姓名、年龄、籍贯、学历等，如果要对这个文件中的人员信息进行处理，如增加、删除、修改、查找、汇总、统计等操作，是不是会感觉非常不方便？

针对这种类型相近、结构相似的大批量数据的处理需求，有必要在逻辑上对数据进行划分，以实现快速、高效、准确地处理数据，因此，数据库技术应运而生。

这里要区分两个概念：数据库管理系统（database management system，DBMS）和数据库（database，DB）。通常，数据库管理系统是指管理数据库的软件平台，它支持对数据进行增加、删除、修改、查找等各种具体操作，而数据库则是指大量数据的集合，并且这些数据在逻辑上具有一定的结构。

简单地说，数据库管理系统是管理数据库的软件平台，而数据库只是具有一定逻辑结构的纯数据，它们之间的关系如图 1.2 所示。

图 1.2　数据库管理系统和数据库之间的关系

在图 1.2 中，DBMS 专门负责访问数据库，实现各种操作功能。人们在使用数据库的过程中，并不是直接访问数据库，而是通过直接使用 DBMS 或编写软件程序调用 DBMS，实现对数据库中数据的访问。

受制于计算机技术、存储技术和其他相关技术，早期的数据管理难以进行长时间数据存储、大规模数据检索等。随着计算机软硬件技术的发展，为了提高 DBMS 处理大批量数据的能力、效率和准确性，计算机科学家们提出了层次模型、网状模型、关系模型、面向对象数据库、非关系模型、内存数据库等多种数据库模型，以此来高效准确地访问数据库，并支持大规模、超大规模的数据存储和处理。

自 21 世纪以来，网络信息技术快速发展，微博、微信、短视频应用以及各种小程序等也爆发式地发展并迅速普及。这些网络应用系统的背后，不仅涉及文本、矢量图形、图像、语音、视频等多种类型的数据存储和处理，更涉及海量数据的管理问题。

1.2　数据存储简史

在信息系统的发展过程中，数据存储技术分为三个发展阶段：人工管理阶段、文件系统阶段、数据库系统阶段，如图 1.3 所示。

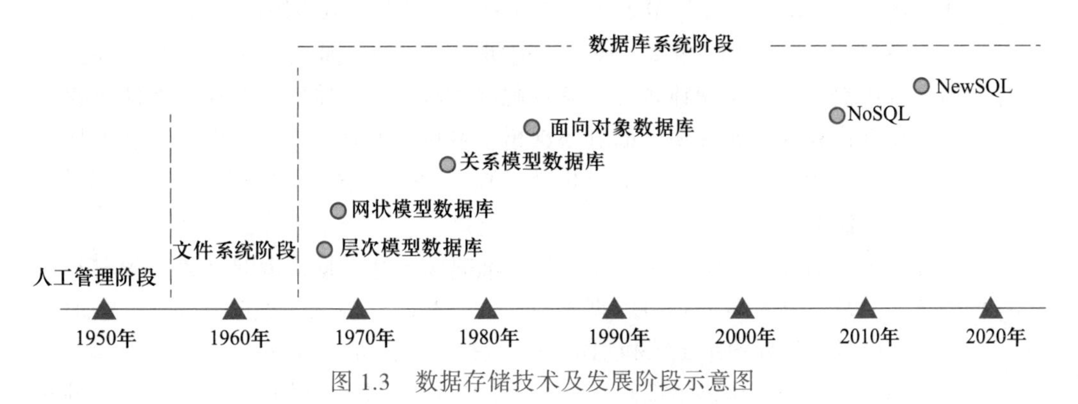

图 1.3　数据存储技术及发展阶段示意图

1.2.1　人工管理阶段

在 20 世纪 50 年代初，计算机刚刚发明不久，其计算能力、存储能力还非常有限，人们对数据处理的需求也仅停留在科学计算上。该阶段通常使用卡片、纸带、磁带等外在媒介来记录数据，由人工执行数据的处理。所记录的数据难以长期保存、不方便共享、不易于查询等。

1.2.2　文件系统阶段

随着磁盘和硬盘等存储设备的出现和普及，数据存储进入文件系统阶段。在操作系统（如 DOS、OS/2、Windows、Macintosh 和各种 UNIX 变种等所有操作系统）中，文件系统均作为操作系统的重要组成部分，实现文件的存储和管理。

根据文件系统的命名规则、检索规则，就可以把数据组织成相互独立、可命名的数据文件以便存储到磁盘等存储设备上，并根据文件名称实现数据的管理。相较于人工管理阶段所使用的存储介质，磁盘、硬盘具有更大的存储容量、更长的存储周期、更快的搜索方法，因此，文件系统可实现数据的长期存储和查询。

然而，文件系统所支持的数据管理功能比较简单，如文件的创建、打开、删除、读写等操作；对于文件内部的数据操作则难以实现，这导致文件系统的数据管理具有很大的局限性。例如，在对文件内部的数据进行各种操作时，需要根据不同的数据管理需求来编写特定的应用程序；无法支持多用户并发访问文件中的数据；缺乏故障处理和数据恢复能力；无法针对不同的用户来设置精细的数据访问权限管理等。

1.2.3　数据库系统阶段

20 世纪 60 年代以来，计算机硬件技术，特别是大容量数据存储技术的快速进步，为数据管理技术的发展提供了硬件支撑；另一方面，随着软件开发技术的进步和各种数据处理需求的剧增，处理大容量数据的各种应用软件（如金融应用、数据统计）对数据库管理技术的发展提出了迫切的现实需求。

数据库系统正是这样的一种数据管理体系，在逻辑上，数据库系统支持数据文件内部的数据实现体系化、结构化。相较于文件系统，数据库系统不仅支持数据独立存储于文件中，而且还保留了数据之间存在的逻辑关系，从而保证了数据库中的数据具有较高的结构性、独立性、共享性和可扩充性，实现了数据的快速检索。

如前面图 1.2 所示，基于数据库系统的应用软件依据 DBMS 来实现对数据的统一管理，支持对大批量数据进行添加、删除、修改、查询等操作，并能保证数据库具有良好的安全性和完整性，支持多用户并发访问。

随着数据库应用需求的迅猛增长，计算机科学家们从理论上提出了多种数据库模型，不仅可以体现数据库中不同数据之间的逻辑联系，还支持高效、准确地访问数据。特别是自关系模型数据库发明以来，DBMS 已经演变为多种大型应用系统的基础支撑平台。

1.3 数据库模型

说到数据库模型，不妨想想何为“模型”。其实，模型就是用某种语言或方式对需要表达的目标对象建立的描述表达。这种建立模型的过程简称为“建模”，建立模型的语言称为建模语言。建模语言除了自然语言之外，还有图形化的建模语言、数学符号化的建模语言等。

当大量数据存储在计算机（包括存储系统或内存）中时，如何组织这些数据要素的内在逻辑联系，使得数据的访问变得更为高效、精准，就是数据库需要从理论上解决的关键问题。

例如，在一个医院的管理信息系统中，有多个患者的信息存储于计算机中。每个患者就是一个数据实体，该数据实体包括姓名、年龄、身份证号码、病理检查结果、诊疗记录等多个数据要素。反过来，一组这些数据要素组合在一起又构成了数据所指的某个患者实体，常称之为一条数据记录。

将数据各要素组织在一起的抽象方法，就构成了数据库模型。因此，从物理上来看，数据存储于计算机中，但从逻辑上来看，数据的各个要素之间具有内在的逻辑联系，将这种逻辑关联性进行模型化的抽象，就形成了数据库模型。

在数据库的发展过程中，数据库模型先后经历了层次模型、网状模型、关系模型和非关系模型等多个发展阶段。基于这些抽象的数据库模型，相应地产生了层次模型数据库、网状模型数据库、关系模型数据库和非关系模型数据库。

1.3.1 层次模型数据库

在现实世界中，很多客观存在的事物之间存在天然的层次关系，例如在社会家族中，父母与子女之间呈现层次关系。受此类层次关系的启发，IBM 公司于 1968 年发明了世界上第一个层次数据库系统（information management system，IMS）。

因此，层次模型的核心思想就是采用层次化的方法，描述各个数据实体之间的逻辑联系。最典型的层次模型就是树形结构的层次模型，这种模型利用树的结构描述实体及实体之间的逻辑联系。在这种模型中，每个数据记录所对应的数据实体用节点表示，实体间的逻辑联系则用节点间的连线表示，并规定每个节点只能有一个父节点，而每个父节点可以有多个子节点。

树形层次模型结构简单清晰，直观且易于理解。但同时也存在着很明显的局限性：仅能支持具有层次联系的数据，难以描述多个数据实体之间复杂的关系；查询数据时，需要对层次模型数据库的树形结构进行遍历，而且访问数据的效率不高。

1.3.2　网状模型数据库

在数据库发展的早期，针对非层次关系的数据管理，通用公司提出并研发了网状数据库（integrated data store，IDS），奠定了网状模型数据库的基础，并在 20 世纪 70 年代得到了较为广泛的应用。

顾名思义，网状模型数据库的核心思想就是数据实体作为模型的节点，多个节点之间的逻辑联系构成网状结构的模型图。在以网状模型为基础建立的数据库中，一个节点可以有一个或多个下级节点，也可以有一个或多个上级节点，两个节点之间甚至可以有多种联系，突破了层次模型中一个节点只能有一个父节点的限制。但由于网状模型的结构更加复杂，当查询、处理数据时，对开发者的编程能力要求较高。

层次模型数据库可看作网状模型数据库的一个特例，即节点之间的逻辑联系受约束限制的特殊情形。

1.3.3　关系模型数据库

层次模型数据库和网状模型数据库的提出及使用，从新的维度诠释了数据实体之间逻辑联系的重要性，并为当时的数据管理提供了新模式、新方法，但在数据管理的独立性和普适性方面仍有待进一步探索。

在此基础上，IBM 公司的研究员 E.F. Codd 博士于 1970 年首次提出关系模型数据库的概念，开创了数据实体的关系理论和方法的研究，在数据库管理系统的发展过程中具有划时代、里程碑式的重要意义。

关系模型数据库（为了简洁起见，后续内容将关系模型数据库统称为“关系数据库”）将各个数据实体之间的逻辑联系抽象为简单的、但不受限于层次模型和网状模型的逻辑关系。一方面，近世代数中的集合论、关系代数从原理上为数据库管理提供了坚实的理论支撑；另一方面，在关系代数框架下，IBM 公司 Don Chamberlin、Raymond Boyce 等人于 1974 年发明了关系数据库的标准语言——结构化查询语言（structured query language，SQL），对数据库的发展和变革起到了革命性的作用。

SQL 简洁直观且灵活方便，是一种通用的、功能强大的关系数据库语言，用于对数据库中的数据进行添加、删除、更新、查询等操作。自关系数据库和 SQL 发明以来，关系数据库在几十年内一直作为数据处理型应用的主流平台，并在各个行业领域都得到了广泛应用。

众多数据库厂商研发了多个关系数据库管理系统（relational database management system，RDBMS），例如，美国甲骨文公司的 Oracle 系列产品、微软公司的 SQL Server 系列产品、Oracle 公司的开源 MySQL 系列产品，以及我国华为公司的 GaussDB、武汉达梦公司的 DM 等。

当然，将现实世界中的事物抽象为数据实体，再将数据实体细化为多个数据要素，也只能反映和刻画事物的部分属性，并不能完全真实地反映事物全部；

另一方面，随着网络信息技术的不断发展，关系数据库并不能很好地支撑多类型的数据（如文本、图像、音视频等类型的数据）处理，也难以支撑网络平台上的海量数据处理。

1.3.4　非关系模型数据库

随着互联网技术的发展，特别是云计算（cloud computing）技术的发展，网络上汇聚了多种类型和多种模式的海量数据，因而，数据处理的计算场景发生了巨大的变化，对数据处理的需求也发生了巨大的变化，传统的关系数据库并不能很好地适应各行业纷繁复杂的数据关系和海量数据的处理，面临着新的挑战。

这里提到了云计算和计算场景，都涉及“计算”这个概念。这里所说的“计算”概念并非通常数学意义上的计算含义，在此做简要的澄清说明：英语单词 computation 和 computing 都被翻译为中文“计算”，前者是指数学意义上的计算含义，后者则泛指在网络和计算机环境中进行信息存储、传输和处理的过程，例如，人们常说的网络计算、分布式计算、云计算、移动计算、边缘计算等，均指英文中 computing 的含义。

在网络计算环境，特别是云计算等新的计算环境下，数据库理论和技术在不断演进：首先，数据库所依赖的数据模型不断变化，除了传统的支持 SQL 的关系模型之外，面向网络计算环境的非关系数据库、新型 SQL 数据库也应运而生；其次，根据数据库应用类型的不同，又形成了联机事务处理（online transaction processing，OLTP）和联机分析处理（online analytical processing，OLAP）两种数据库应用类型；最后，根据处理数据量和处理方式的不同，又形成了传统关系数据库、传统事务处理、数据仓库、海量数据处理、流计算模式和内存计算模式等。

相较于关系数据库，非关系数据库的结构更简单，能更好地支持数据库的横向扩展，支撑海量数据存储和高并发访问。目前，非关系数据库主要有键值存储数据库、文档型数据库、图形数据库等类型。国内外众多的数据库厂商，如亚马逊（Amazon）、阿里巴巴等，纷纷研发了多个新型的数据库产品，如 MongoDB、Redis、HBase 等。

上述内容中出现了联机事务处理、联机分析处理、数据仓库、内存计算、高并发访问等许多新概念和新型的数据库产品，读者可以自行查阅有关资料，本书不再展开赘述。

1.4　关系代数简介

前面提到，数据库模型是多个数据要素之间的逻辑关联性抽象，是数据库系统的核心理论支撑。目前，关系数据库是应用最广泛且最具代表性的数据库产品，以关系模型作为理论支撑。关系模型具有严格的数学基础，即以集合论为基础的关系代数。关系代数不仅可以用简单的二维表结构表示实体和实体间的联系，而且还可以为数据查询等操作提供完备坚实的理论支撑。

1.4.1　从关系到关系代数

说到关系代数，大家自然而然地会想到数学系统。所谓数学中的代数系统，就是这样一种由运算符和运算对象组成的数学系统。例如，小学所学的初等代数，就是由运算符的集合和运算对象的集合构成的代数系统，其中，运算符的集合包含了最简单且最基础的加、减、乘、除四种运算，而运算对象则是整数、有理数或实数集合中的个体元素。

同样地，关系代数也是这样一种代数系统，其中的运算对象则是集合和关系，运算符则是集合、关系的操作抽象。

现实生活中，当两个事物之间存在着某种联系时，就可以说这两个事物之间存在着某种关系；即使这两个事物之间没有任何关系，那也可以看作一种关系的特例。这两个事物还可称为两个物体、两个对象，假定它们之间存在某种关系，那么可以将这种关系抽象为数学表达式，如图 1.4 所示。

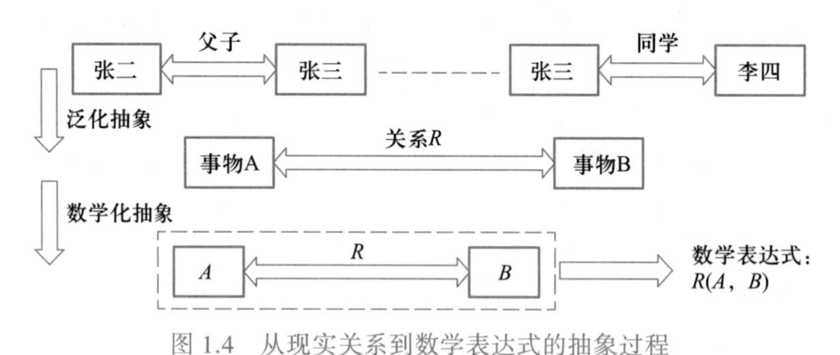

图 1.4　从现实关系到数学表达式的抽象过程

在图 1.4 中，最上面是现实生活中两个人之间的关系示意，例如，两个人之间的关系可能是父子关系、同学关系，当然也可能是其他关系。不妨将两个事物分别抽象为事物 A 和事物 B，它们之间的关系抽象为关系 R。这样一来，图 1.4 最上面的现实关系就泛化抽象为图中的中间部分。

在此基础上，用 A、B 表示两个事物，R 表示它们之间的关系，这样就可以得到图 1.4 中的下面虚线框部分。这个虚线框部分还可以进一步表示为数学表达式 $R(A,B)$，如图 1.4 中的右下角所示。

示例：当图 1.4 中的变量 A、B 是两个人，R 是朋友、夫妻、同学、相同性别等关系时，则 $R(A,B)$ 分别表示 A 和 B 是朋友、夫妻、同学、相同性别或其他关系。更加广而化之，如果 A、B 指代另外的事物、人们所陈述的事实，甚至更为抽象的概念和逻辑等，$R(A,B)$ 也可以表示更为抽象的关系。

在图 1.4 中关系 $R(A,B)$ 抽象的基础上，通过进一步地泛化抽象可以得到：在集合论中，两个或多个集合的笛卡儿积也可视为一种关系。例如，

集合 $A = \{a1, a2, \cdots\}$；

集合 $B = \{b1, a2, \cdots\}$；

集合 $C = \{c1, c2, \cdots\}$；

则集合 A、B、C 之间的笛卡儿积表达为如下关系：

$$R(A, B, C) = \{R(a1, b1, c1), R(a1, b1, c2), R(a1, b2, c1),$$
$$R(a1, b2, c2), R(a2, b1, c1), \cdots\}$$

其中，笛卡儿积的每个元组，如元组 $(a1, b1, c1)$ 就是 $R(A, B, C)$ 中的一个关系元素。

1.4.2 二维表的关系抽象

在处理数据的过程中，二维表是最典型的一种数据结构。此处以医院工作人员信息表为例进行说明，如表 1.1 所示。

表 1.1 保存了某医院工作人员的基本信息，包括人员编号、姓名、性别、年龄、学历、所在部门等。这种二维表的结构可以视为一种关系。在表 1.1 中，表头定义了表的结构，可以表示为如下关系：

Employee（eid，ename，gender，age，education，department）

表 1.1 医院工作人员信息表（Employee）

eid	ename	gender	age	education	department
001	张医生	男	50	硕士	消化科
002	王医生	女	48	硕士	骨科
003	李医生	男	48	本科	普外科
004	张医生	男	35	博士	骨科
005	肖医生	女	40	硕士	妇产科

一张二维表代表一个实体（entity），从横向看，表中的一行表示某个工作人员的相关信息，称为一个实体实例（entity instance）、一条记录（record）或一个元组（tuple）。从纵向看，每一列则是每个员工在某个方面的相关信息，称为属性，属性的取值范围称为域（field）。

表 1.1 的示例中共有 5 个实体实例，每个实体实例皆是表头结构约束的笛卡儿积元组，如表中第一行的实体实例就是下列关系元组：

Employee（001，张医生，男，50，硕士，消化科）

注意：在类似表 1.1 的二维关系结构中，也许会存在多位工作人员的姓名、年龄、学历或其他属性相同的情形。

不难理解，对于所有类似表 1.1 示例的二维关系结构数据表，在处理数据的过程中，不仅需要针对多张数据表进行合并、组合等操作，而且还可能需要从多张数据表中按照要求选择关系的子集、提取具体的数据。因此，对这些操作的泛化抽象，就形成了关系代数的运算操作。关系运算以关系（即元组的集合）作为输入，通过运算产生新的关系作为结果，通常来说，关系运算分为基本的集合运算和专门的关系运算两类。

1.4.3　基本的集合运算

通过表 1.1 的示例，已经认识了现实世界的数据抽象为关系表的基本结构和定义。假设某医院有甲、乙两家分院，医院的职工表分别为 Emp1 表和 Emp2 表，示例数据如表 1.2 和表 1.3 所示。

表 1.2　甲分院职工表（Emp1）

eid	ename	gender	department
001	张医生	男	消化科
002	王医生	女	骨科
008	李医生	男	普外科
012	张医生	男	骨科
015	肖医生	女	妇产科

表 1.3　乙分院职工表（Emp2）

eid	ename	gender	department
001	张医生	男	消化科
005	刘医生	男	骨科
010	王医生	女	内科
012	张医生	男	骨科
016	杜医生	女	儿科

可以看出，在实际应用中要查找既在甲分院出诊，又在乙分院出诊的医生，就需要对 Emp1 表和 Emp2 表执行交集运算。如果要查找该医院两家分院的全部医生信息，则需要对 Emp1 表和 Emp2 表执行并集运算。关系数据库基于集合运算定义了关系代数运算，为用户提供了丰富的数据操作功能。

关系代数支持的基本集合运算包括并、交、差、笛卡儿积四种运算。在关系模型中执行基本集合运算时，假设关系 R 和关系 S 要进行并、交、差运算，那么要求关系 R 和关系 S 具有相同的属性集，即 $\text{head}(R) = \text{head}(S)$，此时称关系 R 和关系 S 是兼容表。

1. 并（union）

关系 R 和关系 S 的并运算记作：$R \cup S=\{t|t \in R \vee t \in S\}$

关系 R 和关系 S 的并运算，结果由属于 R 或者属于 S 的元组组成。

例 1.4.3–1：已知关系 R 和关系 S 如图 1.5(a)(b) 所示，求 R 和 S 的并。

R

A	B	C
a1	b1	c1
a1	b2	c3
a2	b1	c2

(a)

S

A	B	C
a1	b1	c1
a1	b1	c2
a1	b2	c3
a3	b2	c3

(b)

$R \cup S$

A	B	C
a1	b1	c1
a1	b2	c3
a2	b1	c2
a1	b1	c2
a3	b2	c3

(c)

图 1.5 $R \cup S$ 示例

由例 1.4.3–1 可见，并运算以元组作为基本计算单元，结果集是属于 R 的元组和属于 S 的元组的集合。同时根据集合运算的基本性质，相同的元组在结果集中只保留一个。

2. 交（intersection）

关系 R 和关系 S 的交运算记作：$R \cap S=\{t|t \in R \wedge t \in S\}$

关系 R 和关系 S 的交运算，结果由属于 R 并且属于 S 的元组组成。

例 1.4.3–2：已知关系 R 和关系 S 如图 1.6(a)(b) 所示，求 R 和 S 的交。

R

A	B	C
a1	b1	c1
a1	b2	c3
a2	b1	c2

(a)

S

A	B	C
a1	b1	c1
a1	b1	c2
a1	b2	c3
a3	b2	c3

(b)

$R \cap S$

A	B	C
a1	b1	c1
a1	b2	c3

(c)

图 1.6 $R \cap S$ 示例

3. 差（except）

关系 R 和关系 S 的差运算记作：

$$R-S=\{t|t \in R \wedge t \notin S\}$$

关系 R 和关系 S 的差运算，结果由属于 R 但是不属于 S 的元组组成。

例 1.4.3–3：已知关系 R 和关系 S 如图 1.7(a)(b) 所示，求 R 和 S 的差。

R

A	B	C
a1	b1	c1
a1	b2	c3
a2	b1	c2

(a)

S

A	B	C
a1	b1	c1
a1	b1	c2
a1	b2	c3
a3	b2	c3

(b)

$R-S$

A	B	C
a2	b1	c2

(c)

图 1.7 $R-S$ 示例

从例 1.4.3-3 可知，关系 R 和关系 S 的差也可以看作由属于关系 R，但是不属于关系 $R\cap S$ 的元组组成的集合，记作：$R-S=R-(R\cap S)$。

例 1.4.3-4：对表 1.2 和表 1.3 所示的医院职工表 Emp1 和 Emp2，分别求这两张表的并、交、差，其结果如图 1.8 所示。

Emp1∪Emp2

eid	ename	gender	department
001	张医生	男	消化科
002	王医生	女	骨科
008	李医生	男	普外科
012	张医生	男	骨科
015	肖医生	女	妇产科
005	刘医生	男	骨科
010	王医生	女	内科
016	杜医生	女	儿科

(a)

Emp1∩Emp2

eid	ename	gender	department
001	张医生	男	消化科
012	张医生	男	骨科

(b)

Emp1－Emp2

eid	ename	gender	department
002	王医生	女	骨科
008	李医生	男	普外科
015	肖医生	女	妇产科

(c)

图 1.8　医院职工表基本集合运算示例

图 1.8(a) 通过 Emp1 和 Emp2 两张关系表求并运算，得到甲、乙两家分院的全体职工，图 1.8(b) 表示既在甲分院上班又在乙分院上班的医生，图 1.8(c) 表示只在甲分院上班，但是不在乙分院上班的医生。

4. 笛卡儿积（Cartesian product）

关系 R 和关系 S 的并、交、差运算只能针对兼容表进行计算，即只有属性相同的关系才可以求其并、交、差。但是在实际的数据库系统中，不同的关系表属性通常是不相同的，想要从不同关系表中找到新的元组信息，就需要使用笛卡儿积运算。

关系 R 和关系 S 的笛卡儿积运算记作：

$$R\times S=\{(t_r,t_s)|t_r\in R\wedge t_s\in S\}$$

关系 R 和关系 S 的笛卡儿积运算，结果元组的第一部分由 R 中的元组组成，第二部分由 S 中的元组组成，结果集包含 R 和 S 的所有有序对。笛卡儿积运算生成一张新表，新表的属性列数为 R 表和 S 表的属性列数之和，新表的行数为 R 表和 S 表的元组数乘积。

例 1.4.3-5：已知关系 R 和关系 S 如图 1.9(a)(b) 所示，求 R 和 S 的笛卡儿积。

从图 1.9 中可以看出，关系 R 和 S 的笛卡儿积生成一张新表，新表的属性包含 R 表和 S 表的所有属性，即 3+3=6 个，新表的元组数是 R 表和 S 表中元组的所有序对，即 $3\times4=12$ 个。

例 1.4.3-6：同样以某医院的门诊业务为例，图 1.10（a）表示医院工作人员信息表，图 1.10（b）表示患者门诊挂号表，想要在查询挂号信息的同时看到医生的具体信息，就需要对 Registration 表和 Employee 表求笛卡儿积。

R

A	B	C
a1	b1	c1
a1	b2	c3
a2	b1	c2

(a)

S

A	B	C
a1	b1	c1
a1	b1	c2
a1	b2	c3
a3	b2	c3

(b)

R×S

R.A	R.B	R.C	S.A	S.B	S.C
a1	b1	c1	a1	b1	c1
a1	b1	c1	a1	b1	c2
a1	b1	c1	a1	b2	c3
a1	b1	c1	a3	b2	c3
a1	b2	c3	a1	b1	c1
a1	b2	c3	a1	b1	c2
a1	b2	c3	a1	b2	c3
a1	b2	c3	a3	b2	c3
a2	b1	c2	a1	b1	c1
a2	b1	c2	a1	b1	c2
a2	b1	c2	a1	b2	c3
a2	b1	c2	a3	b2	c3

(c)

图 1.9 $R \times S$示例

eid	ename	gender	age	education	department
001	张医生	男	50	硕士	消化科
002	王医生	女	48	硕士	骨科
003	李医生	男	48	本科	普外科
004	张医生	男	35	博士	骨科
005	肖医生	女	40	硕士	妇产科

(a) 医院工作人员信息表(Employee)

out_seq	reg_date	pat_no	pat_name	gender	eid
106783	2023-01-26	12001	张明	男	001
106784	2023-01-30	12002	李强	男	002
106785	2023-02-24	12008	王小红	女	002
106786	2023-03-02	12002	李强	男	004
106787	2023-04-16	12009	刘兰	女	008

(b) 患者门诊挂号表(Registration)

图 1.10 医院门诊业务基本表

由图 1.10 可得，元组 (106783,2023-01-26,12001, 张明 , 男 ,001,001, 张医生 , 男 ,50, 硕士 , 消化科) 表示 Employee 表和 Registration 表笛卡儿积运算后得到的一个新元组。

1.4.4 专门的关系运算

基本的集合运算主要是从行的角度对二维表中的数据进行筛选，即以元组为基本计算单元，求关系表中满足运算（并、交、差、笛卡儿积）要求的数据结果。但在实际应用中，不仅需要进行行的计算，还需要考虑属性列的筛选。例如在表 1.1 中，用户想要查询“骨科”的所有医生，就需要对医院工作人员信息表（Employee）的属性列“department”进行筛选，找到“department=‘骨科’”的所有元组。为了满足实际应用的需求，关系代数定义了专门的关系运算。

专门的关系运算包括选择、投影、连接和除运算。选择运算用于对关系表中的元组进行筛选，投影运算则是对关系表属性列的筛选。连接运算用于将两个关系基于特定的连接运算条件生成新的关系。除运算是从一个关系 R 中选出满足 R 与另一个关系 S 的某种特定条件的所有元组。

1. 选择（selection）

关系 R 的选择运算记作：

$$\sigma_F(R)=\{t|t_r \in R \wedge F(t)\}=\text{'真'}$$

选择运算从关系 R 中筛选出满足条件 F 的元组。条件运算可以是等值运算，也可以是大于、小于等非等值运算，选择中的条件可以是一个条件，也可以是多个条件的组合。条件表达式中的运算符如表 1.4 所示。

表 1.4　条件表达式中的运算符

运算符		含义
比较运算符	>	大于
	⩾	大于或等于
	<	小于
	⩽	小于或等于
	=	等于
	<> 或 !=	不等于
逻辑运算符	¬	非
	∧	与
	∨	或

例 1.4.4-1：从图 1.10（a）所示的医院工作人员信息表（Employee）中筛选出骨科的所有医生，选择运算表达式为 $\sigma_{\text{department='骨科'}}$（Employee），运算结果如图 1.11 所示。

eid	ename	gender	age	education	department
002	王医生	女	48	硕士	骨科
004	张医生	男	35	博士	骨科

图 1.11　$\sigma_{\text{department='骨科'}}$（Employee）运算结果

选择运算中的筛选条件可以是多个条件的组合。

例 1.4.4-2：从图 1.10（a）所示的医院工作人员信息表（Employee）中筛选出骨科的所有男医生，选择运算表达式为：$\sigma_{\text{department='骨科'} \wedge \text{gender='男'}}$（Employee），运算结果如图 1.12 所示。

eid	ename	gender	age	education	department
004	张医生	男	35	博士	骨科

图 1.12 $\sigma_{department='骨科' \wedge gender='男'}$（Employee）运算结果

2. 投影（projection）

关系 R 的投影运算记作：

$$\Pi_A(R)=\{t[A]|t \in R\}$$

A 表示关系 R 中的属性列，投影运算返回关系 R 的若干属性列组成新的关系。

例 1.4.4–3：从图 1.10（a）所示的医院工作人员信息表（Employee）中筛选出医生的职工编号、姓名和所在科室，投影运算表达式为：$\Pi_{eid,ename,department}$（Employee），运算结果图 1.13 所示。

eid	ename	department
001	张医生	消化科
002	王医生	骨科
003	李医生	普外科
004	张医生	骨科
005	肖医生	妇产科

图 1.13 $\Pi_{eid,ename,department}$（Employee）运算结果

3. 连接（join）

在基本的关系运算中，可以通过笛卡儿积运算，将不同关系中的元组连接起来生成新的元组，但是笛卡儿积运算生成了所有的元组序对，然而在数据库应用中，并不是所有的元组序对都有实际意义。

例如，门诊挂号表和医院工作人员信息表执行笛卡儿积运算之后，就生成了新的元组(106783,2023–01–26,张三,男,001,002,王医生,女,48,硕士,骨科)，106783 号患者挂的号是消化科张医生，而新的元组连接的是骨科王医生的相关信息，从语义上来说，这个新元组就没有实际意义。

连接运算表示如下：

$$R \bowtie S=\{(t_r t_s)|t_r \in R \wedge t_s \in S \wedge t_r[A]\theta t_s[B]\}$$

A 和 B 分别表示关系 R 和关系 S 中列数相等且可比的属性集，θ 是比较运算符，连接运算从 R 和 S 的笛卡儿积中选取 R 关系在 A 属性（属性组）上的值和 S 关系在 B 属性（属性组）上的值满足 θ 运算的元组。当 θ 是“=”时，表示等值连接。当 $A=B$，θ 是“=”，且结果集只保留 A 属性或 B 属性时，称为自然连接。

自然连接是一种特殊的等值连接，也是使用最为广泛的连接运算，该运算要求参与运算的两个关系中进行比较的分量必须是相同属性，并在结果集中将重复的属性去掉。

例 1.4.4–4：已知关系 R 和关系 S 如图 1.14(a)(b) 所示，求 R 和 S 的自然连接，即 $R \bowtie S$，运算结果如图 1.14(c) 所示，$R \times S$ 运算结果如图 1.14(d) 所示。

R

A	B	C
a1	b1	c1
a2	b2	c1
a3	b1	c2
a4	b1	c4

(a)

S

C	D	E
c1	d1	e1
c2	d1	e2
c3	d2	e3

(b)

$R \bowtie S$

R.A	R.B	R.C	S.D	S.E
a1	b1	c1	d1	e1
a2	b2	c1	d1	e1
a3	b1	c2	d1	e2

(c)

$R \times S$

R.A	R.B	R.C	S.C	S.D	S.E
a1	b1	c1	c1	d1	e1
a1	b1	c1	c2	d1	e2
a1	b1	c1	c3	d2	e3
a2	b2	c1	c1	d1	e1
a2	b2	c1	c2	d1	e2
a2	b2	c1	c3	d2	e3
a3	b1	c2	c1	d1	e2
a3	b1	c2	c2	d1	e2
a3	b1	c2	c3	d2	e3
a4	b1	c4	c1	d1	e1
a4	b1	c4	c2	d1	e2
a4	b1	c4	c3	d2	e3

(d)

图 1.14　$R \bowtie S$ 示例

从图 1.14 可以看出，关系 R 和关系 S 的自然连接运算结果，就是在关系 R 和 S 笛卡儿积运算的基础上执行了选择运算和投影运算，即

$$R \bowtie S = \Pi_{R.A,R.B,R.C,S.D,S.E}(\sigma_{R.C=S.C}(R \times S))$$

自然连接运算除了公共属性等值的内连接以外，还包括左外连接（left outer jion）、右外连接（right outer join）和全外连接（full outer join）运算，即针对公共属性上没有等值的元组，其外部属性值用 NULL 值代替。

例 1.4.4–5：已知关系 R 和关系 S 如图 1.14(a)(b) 所示，求 R 和 S 的左外连接、右外连接和全外连接，运算结果如图 1.15 所示。

$R \bowtie_{LO} S$

R.A	R.B	R.C	S.D	S.E
a1	b1	c1	d1	e1
a2	b2	c1	d1	e1
a3	b1	c2	d1	e2
a4	b1	c4	NULL	NULL

$R \bowtie_{RO} S$

R.A	R.B	R.C	S.D	S.E
a1	b1	c1	d1	e1
a2	b2	c1	d1	e1
a3	b1	c2	d1	e2
NULL	NULL	c3	d2	e3

$R \bowtie_{FO} S$

R.A	R.B	R.C	S.D	S.E
a1	b1	c1	d1	e1
a2	b2	c1	d1	e1
a3	b1	c2	d1	e2
a4	b1	c4	NULL	NULL
NULL	NULL	c3	d2	e3

图 1.15　外连接运算示例

例 1.4.4–6：查询图 1.10 所示的门诊挂号表（Registration）的详细信息，并查询挂号医生的编号、姓名和所在科室，查询结果如图 1.16 所示。

4. 除（division）

关系代数中的除运算是一个较为抽象的运算，此处先从一个引例了解除运算的计算过程。图 1.17 展示了关系 R 和关系 S 执行除运算，即 R ÷ S 的结果。

out_seq	reg_date	pat_no	pat_name	gender	eid	ename	department
106783	2023-01-26	12001	张明	男	001	张医生	消化科
106784	2023-01-30	12002	李强	男	002	王医生	骨科
106785	2023-02-24	12008	王小红	女	002	王医生	骨科
106786	2023-03-02	12002	李强	男	004	张医生	骨科

(a) Registration ⋈ ($\Pi_{eid,ename,department}$(Employee))

out_seq	reg_date	pat_no	pat_name	gender	eid	ename	department
106783	2023-01-26	12001	张明	男	001	张医生	消化科
106784	2023-01-30	12002	李强	男	002	王医生	骨科
106785	2023-02-24	12008	王小红	女	002	王医生	骨科
106786	2023-03-02	12002	李强	男	004	张医生	骨科
106787	2023-4-16	12009	刘兰	女	008	NULL	NULL

(b) Registration ⋈ $_{LO}$ ($\Pi_{eid,ename,department}$(Employee))

out_seq	reg_date	pat_no	pat_name	gender	eid	ename	department
106783	2023-01-26	12001	张明	男	001	张医生	消化科
106784	2023-01-30	12002	李强	男	002	王医生	骨科
106785	2023-02-24	12008	王小红	女	002	王医生	骨科
106786	2023-03-02	12002	李强	男	004	张医生	骨科
NULL	NULL	NULL	NULL	NULL	003	李医生	普外科
NULL	NULL	NULL	NULL	NULL	005	肖医生	妇产科

(c) Registration ⋈ $_{RO}$ ($\Pi_{eid,ename,department}$(Employee))

out_seq	reg_date	pat_no	pat_name	gender	eid	ename	department
106783	2023-01-26	12001	张明	男	001	张医生	消化科
106784	2023-01-30	12002	李强	男	002	王医生	骨科
106785	2023-02-24	12008	王小红	女	002	王医生	骨科
106786	2023-03-02	12002	李强	男	004	张医生	骨科
106787	2023-4-16	12009	刘兰	女	008	NULL	NULL
NULL	NULL	NULL	NULL	NULL	003	李医生	普外科
NULL	NULL	NULL	NULL	NULL	005	肖医生	妇产科

(d) Registration ⋈ $_{FO}$ ($\Pi_{eid,ename,department}$(Employee))

图 1.16 门诊挂号信息查询

R

A	*B*	*C*
*a*1	*b*1	*c*1
*a*1	*b*1	*c*2
*a*1	*b*1	*c*3
*a*2	*b*2	*c*1
*a*3	*b*1	*c*2
*a*3	*b*1	*c*3
*a*4	*b*1	*c*4

S

C	*D*	*E*
*c*1	*d*1	*e*1
*c*2	*d*1	*e*2
*c*3	*d*2	*e*3

R÷*S*

A	*B*
*a*1	*b*1

图 1.17 除运算示例

首先了解象集的概念，在关系运算 $R \div S$ 中，关系 R 包含属性 A，B，C，关系 S 中包含属性 C、D、E，那么在关系 R 中，称 $(a1,b1)$ 的象集为 $\{c1,c2,c3\}$，

这里可以简单地认为象集是两个关系的公共部分。

$R \div S$ 的计算过程如下：

步骤 1：R 和 S 的公共属性是 C，关系 S 在 C 属性上的投影为 $\{c1,c2,c3\}$；

步骤 2：关系 R 中，除了公共属性 C 以外，其他属性上的投影为 $\{(a1,b1)$，$(a2,b2)$，$(a3,b1)$，$(a4,b1)\}$；

步骤 3：关系 R 中 (A,B) 属性在 C 属性上的象集如下：

$(a1,b1)$ 的象集为 $\{c1,c2,c3\}$；

$(a2,b2)$ 的象集为 $\{c1\}$；

$(a3,b1)$ 的象集为 $\{c2,c3\}$；

$(a4,b1)$ 的象集为 $\{c4\}$。

步骤 4：判断除运算的包含关系，只有 $(a1,b1)$ 的象集包含关系 S 在 C 属性上投影的所有值，所以 $R \div S$ 的结果就是 $(a1,b1)$。

从上例的分析中可以看出，关系代数除运算表达了集合中“包含所有”的概念，也就是说关系 R 和关系 S 的除运算得到的是一个新的关系 $P(X)$，属性集 X 是包含在 R 中但不包含在 S 中的属性的集合，新关系 P 中的一个元组与 S 在公共属性上的投影的任意一个元组的连接结果都包含在关系 R 中。

除运算表示如下：

$$R \div S=\{t_r[X] \mid t_r \in R \wedge \Pi_Y[S] \subseteq Y_X\}$$

对关系 R 和 S 进行除运算得到一个新的关系 $P(X)$，P 是 R 中满足下列条件的元组在 X 属性（或属性组）上的投影，即元组在 X 上的分量值 x 的象集 Yx 包含 S 在 Y 上投影的集合。

例 1.4.4–7：在图 1.10 所示的医院门诊业务示例中，查找对骨科所有医生都挂过号的患者的挂号信息，其关系代数表达式为：

$$\text{Registration} \div \Pi_{\text{eid}}(\sigma_{\text{department='骨科'}}(\text{Employee}))$$

首先，在 Employee 表中求出骨科的所有医生，结果如图 1.18 所示：

eid
002
004

图 1.18　$\Pi_{\text{eid}}(\sigma_{\text{department='骨科'}}(\text{Employee}))$ 运算结果

然后，求除运算，结果如图 1.19 所示：

out_seq	reg_date	pat_no	pat_name	gender
106784	2023-01-30	12002	李强	男

图 1.19　门诊挂号信息查询

综上所述，任何一个代数系统，都是由运算对象集合、运算符集合组成的系统。在关系代数中，运算对象是关系（二维表），运算符主要包括并、交、差、笛卡儿积、选择、投影、连接、除共 8 种运算，这些运算以一个或两个关系作为输入，通过运算产生一个新的关系作为结果。关系代数为关系数据库系统基于二维表结构查询数据提供了坚实的理论基础。

1.5 SQL 简介

针对二维关系表的数据操作，计算机科学家们基于上述的关系代数运算，设计了专门用于处理关系数据库的查询语言 SQL，以支持针对关系数据库的各种复杂的数据处理操作。这是因为，二维数据表的关系结构在逻辑上与集合论的笛卡儿积完全一致，所以在理论上，上述的关系代数运算完全可以支撑关系数据库的数据处理，为关系数据库系统的查询语言开发奠定了坚实的理论基础。

1.5.1 SQL 的引入

谈及 SQL，很多人可能会疑惑：早期已经存在 Basic、FORTRAN、Pascal、C 等多种计算机编程语言，为何针对关系数据库还需要新开发一种专门的查询语言呢?

实际上，早期的 Basic、FORTRAN 等语言更擅长于数值计算。随着技术的发展，计算机还广泛地用于网络数据的传输、机电设备的控制、各种类型的数据处理等。所以除了常见的软件编程语言之外，人们还针对一些特殊的用途，发明了多种类型的计算机语言。这些语言用于特定用途的描述，比如定义网页显示模式的 HTML、UNIX 操作系统环境下的 Shell 脚本语言、游戏脚本语言等。SQL 正是专门针对二维表的数据操作处理而设计的语言。SQL 的发明，使得人们可以专注于二维表中的数据处理。

谈及 SQL，有的人也许会琢磨：SQL 是不是又像 C、Java、Python 等编程语言那样，具有复杂的数据类型，很难学习和掌握呢?

其实不然，为了更深刻地理解 SQL，特别是学习 SQL 设计背后的思维和方法，不妨从自然语言出发，深刻理解一种语言是如何产生的，如图 1.20 所示。

从图 1.20(a) 左边出发，象形文字被汉字语言学家提炼出很多偏旁部首，这些偏旁部首按照一定的组字规则构造了一个个汉字。这些汉字再根据组词规则，构造出各种类型的词组。最后，汉字、词组和各种语言规则就构成了语句，形成了汉语语言系统。

同样地，从图 1.20(b) 来看，英语语言通过构词法，由最基本的 26 个字母构成单词，各种单词构成词汇集。各种单词再通过语法、句法等语言规则就可以组成语句，进而构成了英语语言系统。

对图 1.20(a)(b) 进行抽象，可以总结出一个结论：任何系统的构造逻辑，都是基于各种元素以及元素的组合规则所组成，自然语言系统、计算机编程语言系统等概莫能外。同样地，SQL 也不例外。

从这样的视角看待 SQL 和其他任何计算机编程语言，可以得出：发明这些语言的思维和方法都是一样的。引入 SQL 的目的就是描述 RDBMS 支持数据表的创建和结构定义、数据的增删改查和访问控制等各种操作行为，因此可以说，SQL 在本质上就是一种数据库操作的行为语言。

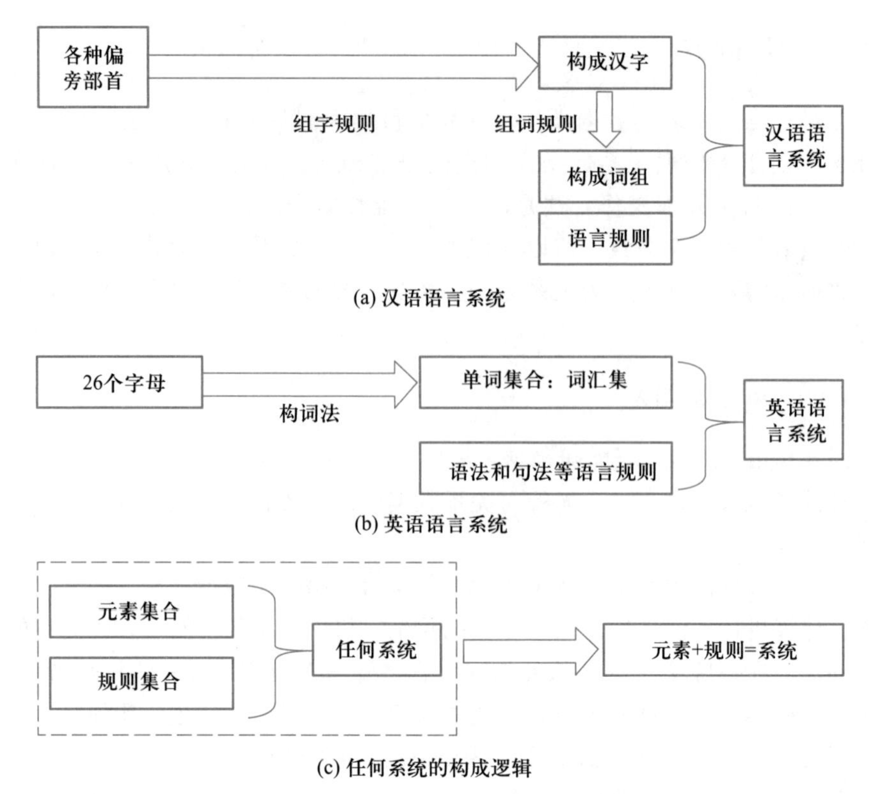

图 1.20　语言系统和任意系统的构造逻辑

说到数据库操作的行为语言，有的人可能会感到疑惑：这种数据库操作的行为语言该如何理解呢？其实，如果以肢体语言为例，结合生活常识背后的逻辑，也就不难理解 SQL 这种数据库操作的行为语言了，如图 1.21 所示。

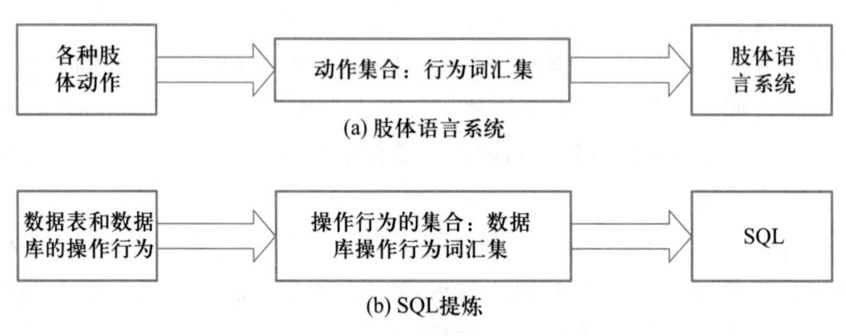

图 1.21　肢体语言和 SQL 的逻辑类比

在现实生活中，肢体语言就是指人们通过身体的各种肢体动作（或行为），表达其心理状态、思想情感或其他想法的动作语言。这时，身体的每个肢体动作（或行为）就是肢体语言的一个语言要素，多种动作要素组成的行为集合，就是肢体语言的行为词汇集，进而形成肢体语言系统，如图 1.21(a) 所示。

同样地，RDBMS 不仅需要处理二维关系表中的具体数据，如数据的增删改查，还需要创建数据表、定义数据表的结构（包括字段名称定义、数据类型选择等）、对数据库的访问控制等操作。这时，对数据库的每一个操作行为都是 SQL 的一个语言要素，对这些操作行为进行抽象和规范化，就形成了操作数据库的行为集合，这就是 SQL 操作数据库的行为词汇集，进而形成 SQL，如图 1.21(b) 所示。

具体来说，SQL 的语言要素都是基于上述关系代数运算进行提炼抽象而形成的。因此，SQL 就是一种实现特定目的的编程语言，用于存取、查询、更新和管理关系数据库，针对关系数据库实现数据的操作和处理。

基于 SQL 对数据库操作的编程，就是设计数据库的数据结构、数据操作处理的行为过程，并按照相应的处理过程实现行为过程的编排，实现数据库的数据访问和处理。所以，基于 SQL 对数据库的操作编程，也就并不像 C、Java、Python 等计算型编程语言那般复杂而难以学习掌握。

更为重要的是，DBMS 提供了 SQL 的运行环境，软件开发者或用户只需通过 DBMS 提供的访问接口，即可编写 SQL 程序，实现对数据库的编程开发，如图 1.22 所示。

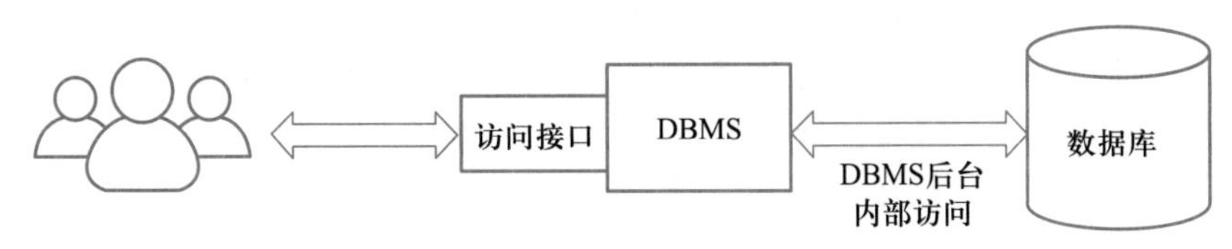

图 1.22　用户通过访问接口，实现对数据库的访问

从图 1.22 可以看出，用户只需专注于二维关系表的数据处理过程，并通过 SQL 编程实现，并将 SQL 程序通过访问接口交给 DBMS 处理即可，后台复杂的数据处理技术则交由 DBMS 完成，实现对用户的屏蔽。因此，SQL 将软件开发者从复杂的技术，特别是树的遍历、指针使用、数据存放等底层技术中解放出来，使得开发者在软件开发过程中，只需关注数据库的数据处理过程。

1.5.2　SQL 的分类

SQL 是一种功能强大且简洁易学的数据库语言。从功能上来说，SQL 不仅定义了丰富的数据查询语言，还提供了数据库对象的创建和管理功能，数据的插入、删除和更新功能，数据库安全性的控制、事务的控制等功能。SQL 可以独立完成数据库系统的管理和运行。从简捷性上来说，SQL 是一种高度非过程化的语言，其语法结构简单，采用简单的英文关键词来指明 SQL 语句的操作功能。与过程化的编程语言不同，SQL 只需要指明“做什么”，不需要说明“怎么做”，也就是说，完成数据库操作的存储路径、指令具体执行过程都是由数据库系统完成，大大简化了用户的操作；同时也提高了数据的独立性，使得用户在数据库系统运行期间，依然可以对数据库模式进行修改。

通常，SQL 按功能分为三大类：

（1）数据定义语言（data definition language，DDL）

数据定义语言主要负责数据库模式的定义和数据库对象的定义，包括对数据库模式，以及数据表、视图、索引等数据库对象的创建、删除和修改，核心指令为 CREATE、ALTER 和 DROP。

（2）数据操纵语言（data manipulation language，DML）

数据库操纵语言又可以分为数据查询和数据操作两个大类。数据查询语言核心指令为 SELECT，该指令通常与关键字 FROM、WHERE、GROUP BY、HAVING、ORDER BY 等一起使用，组成多种多样的查询语句，为数据库系统提供丰富的查询功能。数据操作语言主要实现数据的插入、删除和更新，其核心指令为 INSERT、DELETE 和 UPDATE。

（3）数据控制语言（data control language，DCL）

数据控制语言主要包括对数据访问权限的控制和数据库中事务的控制。数据访问权限控制的核心指令为 GRANT、REVOKE，表示对权限的授权和回收。事务控制的核心指令为 COMMIT、ROLLBACK、SAVEPOINT 等，主要用于定义事务的提交、回滚和保存点。

由于各种数据库管理系统产品在 SQL 标准的规范下，具体实现的 SQL 各有不同，因此，在使用某种数据库管理系统产品时，需要具体参阅该产品提供的使用手册。本书第 3 章将详细介绍 openGauss 系统中 SQL 的基本应用。

本章小结

本章以不同时期数据管理面临的问题为驱动，阐述了数据库管理技术对信息化世界建设的重要性，并对数据存储的三个发展阶段展开了逐一介绍，回顾了计算机数据存储的演变历史。并对常见的数据库模型进行分析和讲解，从不同维度阐述了四种关系数据库的特点和应用。同时，本章还对数据库系统的核心理论——关系模型进行了详细的阐述，结合具体示例展示了多个数据要素之间逻辑关联性抽象的过程，并在此基础上对关系数据库查询语言 SQL 的基本概念展开进一步的讲解。

思考题

1. 简述数据库管理系统和数据库的区别，并结合当前应用环境思考二者存在的必要性。

2. 阐述文件系统与数据库系统的区别与联系。

3. 当前主流的数据库类型有哪些？建议查阅相关资料，并简述其中三种数据库模型的特点。

4. 关系代数的基本运算包括哪些？如何使用基本运算来表示其他运算？

5. 理解域、笛卡儿积、关系、元组、属性基本概念，并说明它们之间的联系与区别。

6. 关系表 R 和 S 如图 1.23 所示，请用关系代数完成以下查询：

（1）查找 R 表中 C 的值为 $C1$ 的记录；
（2）求 R 表和 S 表的笛卡儿积；
（3）求 R 表和 S 表的交集；
（4）求 R 表和 S 表的并集；
（5）求 R 表和 S 表的差集；
（6）求 R 表和 S 表的自然连接。

*R*1

B	*E*	*M*
1	*M*	*I*
2	*N*	*J*
3	*M*	*K*

*R*2

A	*B*	*C*
A	1	*X*
C	2	*Y*
D	1	*Y*

*R*3

A	*B*	*C*	*E*	*M*
A	1	*X*	*M*	*I*
C	2	*Y*	*N*	*J*
D	1	*Y*	*M*	*I*

图 1.23　关系表 R 和 S

7. 什么是 SQL？请结合二维关系表，思考 SQL 产生的方法和分类。
8. 结合 SQL 的研究背景，阐述使用 SQL 的好处。

第 2 章　openGauss 介绍

本章要点：

本章将简略回顾 openGauss 的研发动因和发展史；然后简要介绍 openGauss 的概貌和架构；在这之后，介绍 openGauss 的访问工具，包括原生命令行访问工具 gsql，华为专为 openGauss 研发的图形化访问工具 Data Studio，以及常用的第三方图形化数据库访问工具 Navicat；通过访问工具登录 openGauss 的实例，展示 openGauss 的存储结构，并概要介绍元命令；最后，对本书中的示例以及注释方式进行了约定。

本章导图：

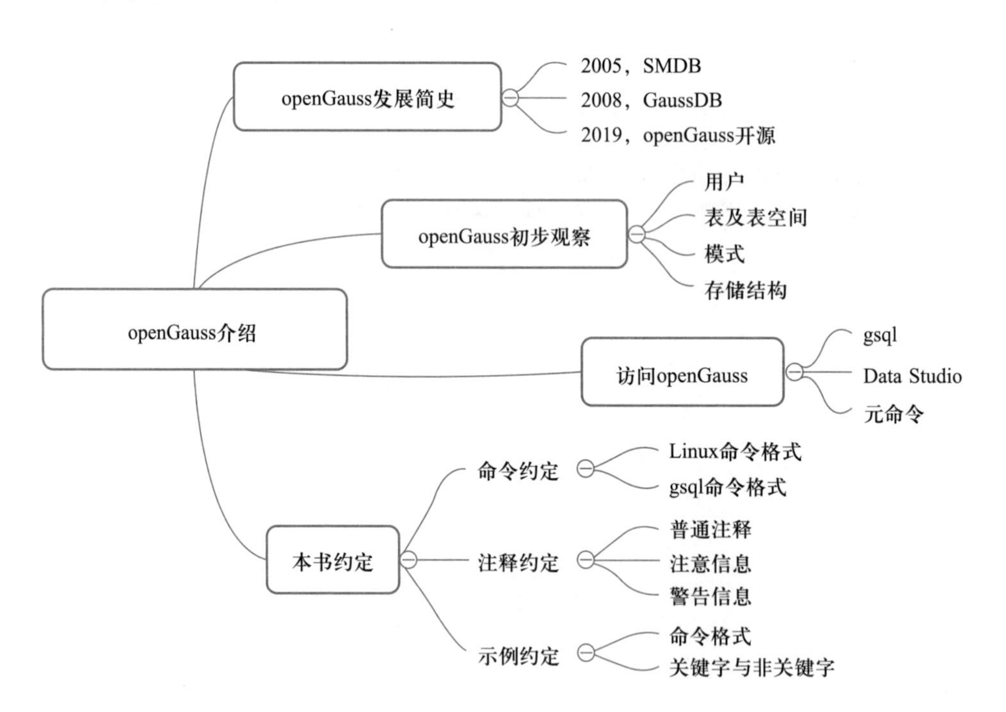

2.1 openGauss 数据库初识

2.1.1 openGauss 发展简史

熟悉华为公司历史的人都知道，华为最初是生产程控交换机、网络通信设备的厂家。现代通信设备，尤其是核心路由器、交换机等网络设备，需要对大量的结构化数据进行存储和查询，以实现对海量路由表的快速检索及更新。为了满足这些应用需求，华为中央研究院 Dopra 团队在 2001 年启动了内存数据存储组件 DopraDB 的研发，从此开启了华为自主研发数据库的历程，这是华为自主研发数据库的第一阶段。

另外，在电话网的核心交换网中，仅计费这一项功能，就需要快速地记录大量的接通、断开、通信时长、费率、费别等各种数据，并将这些通信记录与大量的用户匹配。为此在 2005 年，华为开发了电信计费软件系统，即电信业务运营支撑系统（business and operation support system，BOSS）。在开发 BOSS 的过程中，华为评估了当时性能最高的内存数据库软件，发现其性能和特性均难以满足电信业务的需求，于是启动了简单内存数据库（simple memory database，SMDB）的开发。在 BOSS 的研发和应用部署过程中，SMDB 以超高性能有效地支撑了华为 BOSS 的广泛应用。2008 年，华为的核心网产品需要一款轻量级、小型化的磁盘数据库，于是在开源数据库 PostgreSQL 的基础上，研发了 GaussDB，这是华为自主研发数据库的第二阶段。

在 GaussDB 基础上，为了更好地适配底层的 ARM 架构，华为对 GaussDB 的架构、事务、存储引擎、优化器等核心部分进行了多次改进和迭代升级，并于 2019 年正式对业界发布，同时宣布开源且将产品更名为 openGauss。这是华为自主研发数据库的第三阶段，即数据库的产业化阶段。

通过开源生态，openGauss 数据库的装机量不断上升，并于 2020 年 6 月 30 日正式开源了首个社区创新版本、2021 年 3 月 30 日发布了长期支持版本（long term support，LTS）。同时开源 openGauss 计划，之后每 6 个月更新一个社区创新版本、每年更新一个 LTS 版本，规划版本的生命周期暂定为 3 年。

2.1.2 openGauss 初步观察

虽然“盲人摸象”是一个寓意人们认识新事物不能以偏概全的笑话，提示人们不能以点带面，只知局部不识全局。然而，人们在学习任何新的知识体系时，都是从所接触到的具体知识点开始，由小到大，由浅入深，由局部拓展至整体，最后建立相应的知识体系的全貌。

因此，要认识、了解和学习 openGauss，就需要登录 openGauss 系统，体验 SQL 命令的执行。若要登录系统，需输入 openGauss 的用户名和密码。所以首先要简单了解 openGauss 的用户体系。

1. openGauss 的用户体系

任何具备安全要求的系统，通常都采用“用户名 / 密码”方式来验证用户使用系统的权限，openGauss 也不例外。通常来说，类似 openGauss 的数据库系统可以支持成百上千的用户连接数据库，对数据库系统（DBMS）管理的数据（DB）进行访问和操作。不妨设想一下，openGauss 系统是如何管理注册的用户以及每个用户所对应的权限呢?

总体而言，openGauss 系统的用户分为特权用户和普通用户两大类。所谓特权用户，就是指具有某些特定权限，特别是在系统级具有创建、管理、监控等功能权限的用户；所谓普通用户，就是指特权用户的权限之外，具有一般数据访问、处理等权限的用户。

首先对特权用户作简单介绍。特权用户主要包括如下四类用户。

（1）初始用户：在安装 openGauss 的过程中，根据操作系统赋予的权限，openGauss 自动生成的账户称为初始用户。如果在安装 openGauss 的过程中，没有对初始用户进行特别的指定，则 openGauss 的初始用户与安装 openGauss 的操作系统的用户同名。

例如，在某计算机的 Linux 环境下，Linux 用户 yaosw 安装 openGauss，除非特别指定其他用户为 openGauss 的初始用户，否则，openGauss 安装之后的初始用户即为 yaosw。

因为初始用户是安装 openGauss 的用户，所以，当按照初始用户的身份登录 openGauss 时，初始用户会绕过 openGauss 系统所有的权限检查，并具有操作数据库的一切权限。为此这里强烈建议：openGauss 的初始用户仅用于数据库管理（data base administration，DBA），并在首次登录后就修改其密码。

（2）系统管理员：是指那些具有 SYSADMIN 属性的账户。通常来说，openGauss 的初始用户可以将一些常用的系统管理权限（例如用户管理、数据库对象管理）赋予某个用户，则该用户即为系统管理员，可进行 openGauss 的系统管理。

（3）安全管理员：是指那些具有 CREATEROLE 属性的账户，拥有创建、修改、删除用户或角色的权限，主要用于 openGauss 用户权限的管理。初始用户可以将数据库的安全管理权限赋予某个用户，或在创建用户时指定其安全管理员属性，则该用户即为 openGauss 系统的安全管理员，主要负责数据库的安全管理。本书第 7 章将对 openGauss 数据库安全管理作进一步的介绍。

（4）审计管理员：是指具有 AUDITADMIN 属性的账户，可以查看和删除审计日志。初始用户可使用带 AUDITADMIN 选项的 CREATE USER 语句创建新用户，或使用带 AUDITADMIN 选项的 ALTER USER 语句将已有用户设置为审计管理员。本书第 7 章将对 openGauss 系统的审计管理作进一步的介绍。这里需要说明的是，只有在初始用户开启了 openGauss 系统三权分立机制之后，系统才会启动审计管理员相应的审计管理功能。

在开展日常运维、访问数据库的过程中，并不建议读者随意使用特权用户，特别是以初始用户的身份连接数据库，因为初始用户拥有数据库操作的所有权限。在那些具有更高安全要求的应用场景中，可以采用 openGauss 的三权分立机制，将系统的底层权限分解而不集中于单一用户，以确保系统的安全。所谓三权分立，就是指将系统管理员、安全管理员和审计管理员的权限分别赋予三个不同的用户，形成三个用户之间相互制约的权限机制。openGauss 的初始用户通过设置 enableSeparationOfDuty 参数开启三权分立机制。本书第 7 章将对三权分立作进一步的介绍。

其次对普通用户作简单介绍。普通用户通常由初始用户、系统管理员（或安全管理员）进行创建，并对所创建的普通用户赋予数据访问、处理等权限，但不赋予上述特权用户的权限。开启三权分立机制之前，普通用户由初始用户或系统管理员创建；开启三权分立机制之后，普通用户则由初始用户或安全管理员创建。openGauss 系统使用用户权限和角色设置，控制普通用户对数据库对象的访问，这里所说的数据库对象，包括一张或多张数据表、数据表中的一条或多条记录、数据表中一列或多列数据等。通常来说，创建一个普通用户后，该普通用户所拥有的各种权限可通过以下两种方式赋予：

（1）直接赋予 / 撤销权限：初始用户、系统管理员 / 安全管理员等特权用户可创建新用户，或在随后有必要时，给某个用户赋予对数据库对象的访问、处理等具体的操作权限。当然，特权用户也可以撤销某个用户的某些权限。

（2）通过角色赋予 / 撤销权限：初始用户、系统管理员 / 安全管理员等特权用户可以事先或事后对多种权限进行分组，根据权限的不同分组，相应地设置为多种角色（role）。这里需要注意的是，不同角色的权限可以相互重叠，即某个权限可以分配给多种不同的角色。

这样一来，特权用户在创建新用户或在随后有必要时，就无须向每个用户分别赋予单一的权限，而是将一个用户设置为一种或多种角色，则该用户就继承了其对应角色所覆盖的全部权限。同样地，如果更改了角色的权限，则属于这个角色的所有用户的权限都将同时发生更改，而不必逐一修改每个用户的权限。当然，特权用户也可以撤销某个用户的角色身份，从而就撤销了某些权限。

在类似 openGauss 这样的 DBMS 中，用户对数据库对象的访问、管理和处理等权限，是根据数据库对象的不同颗粒度大小进行了很细的划分，进而衍生出很多权限。所谓数据库对象的颗粒度大小，就是指数据库对象所包含的数据要素的多少。例如，一张包含 100 条记录的数据表、表中的 3 条记录、表中某几条记录的部分列的数据乃至某条记录的某一列数据都可以作为数据库对象，但是，这些数据库对象的颗粒度大小却是不一样的。

角色的引入，使得 DBMS 更便于管理具有相同权限的多个用户。假定某个系统具有 20 个权限、数百个普通用户，可以将这些权限根据实际需求进行划分，设置成 5 种角色。这时，赋予用户权限的管理工作就变得更为方便。

这里有必要再说明一点，角色这个概念比较抽象，且在不同场合有不同的含义。读者不妨梳理一下用户、角色、权限这 3 个概念之间的逻辑关系，以便更加准确地理解角色划分、权限赋予等概念；同时还需要注意，在开发具体的应用系统时，也常会根据实际应用系统的业务功能划分等原则，定义应用系统的角色。

2. 数据库和表

表（table）是 openGauss 存储数据的基本单元。openGauss 有两种类型的表：一种是系统表，用于保存 openGauss 数据库系统运行控制的重要信息，在创建数据库时由系统自动创建；另一种是用户表，是用户为存储自己的业务数据而设计创建的表。

安装部署 openGauss 后，openGauss 会自动生成两个模板数据库 template0、template1，以及一个默认的用户数据库 postgres。

3. 权限和模式

前面说过，在进行数据管理时，我们强烈建议以普通用户的身份登录，而不是以初始用户等特权用户的身份登录数据库。openGauss 对用户的权限进行了细分，如插入、删除、更改数据以及所能操纵的数据范围等。其中，“拥有者”或者“所有者”的权限是所有权限的总和，即表示用户能对自己创建的数据表执行所有的操作，不仅可以处理数据，而且还可以直接删除整个表。此外，数据表的所有者也可以将部分或全部权限授权给其他用户，还可以将授权出去的部分或全部权限收回。

数据库中有不同的用户、数据表，以及将在后续章节介绍的视图、索引、存储过程等其他数据库对象。一个用户拥有的所有数据库对象组成了一个“模式”（schema）。关于 openGauss 的模式与数据库、数据表、视图等概念之间的关系如图 2.1 所示。

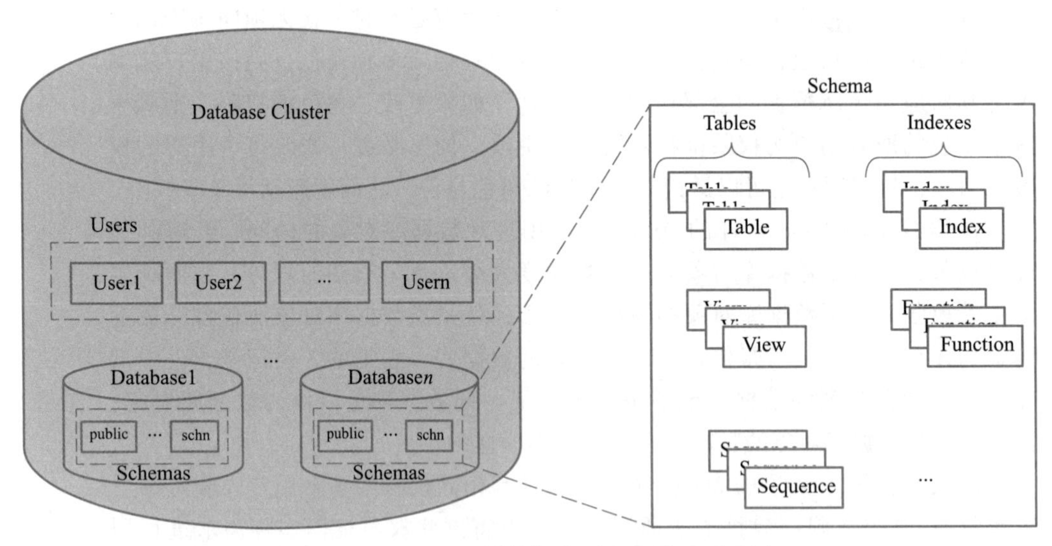

图 2.1　openGauss 的数据库用户和模式示意图

openGauss 的模式可以看成是对数据库做的逻辑划分，利用模式可以把一组对象组织在一起。例如，可以将应用中相同或者相近流程的数据表、视图、存储过程等数据库对象组合在一起，放在同一模式中。如果在创建数据表时未指定所属模式，则默认放在 openGauss 的 public 模式下。

2.1.3 openGauss 的逻辑架构

openGauss 属于客户－服务器（client/server，C/S）模式的架构，关于 C/S 模式，请参考第 6 章或自行查阅有关资料。openGauss 采用单实例多数据库的结构，即在一台数据库服务器主机中，只运行一个数据库管理实例，同时管理和支持多个数据库，其逻辑架构如图 2.2 所示。

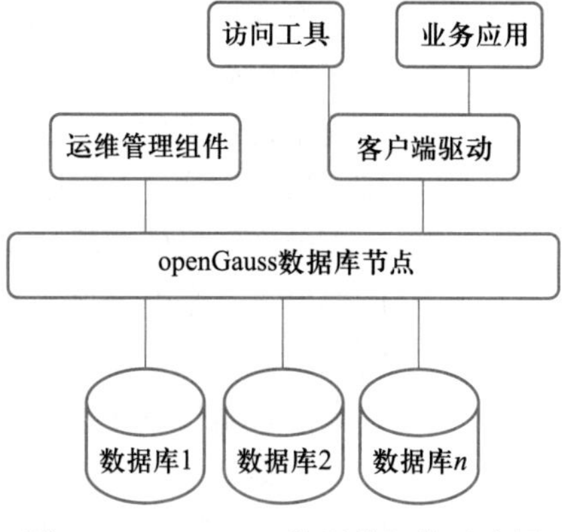

图 2.2 openGauss 的逻辑架构示意图

由图 2.2 可以看到，一个 openGauss 数据库节点，可以管理、运行多个数据库，具体如下。

1. 数据库节点

管理和调度查询引擎、存储引擎，执行数据查询任务，生成数据查询结果并返回给调用者。

2. 运维管理组件（operation manager，OM）

提供了日常运维、备份、恢复、配置管理等功能，例如，管理工具 gs_ctl、状态检查工具 gs_check、性能工具 pg_perf 等。

3. 客户端驱动

提供数据调用服务接口，对外与业务应用和访问工具进行对接，对内与 openGauss 的数据库实例进行通信、转发来自应用的访问请求，并向应用返回执行结果。

4. 访问工具

提供客户端程序连接后台数据库系统的访问接口。通过访问工具，用户可以设计、创建数据库，并进行数据库的管理。

5. 业务应用

实现数据库应用系统的业务流程、数据管理、应用功能等具体业务服务。例如，在常见的管理信息系统（management information system，MIS）中，可以采用开发工具，结合访问工具和后台的 DBMS，开发实现具体业务服务的可执行程序。

2.2 访问 openGauss 数据库

有了 openGauss 数据库管理系统，就可以创建数据库，并实现数据存储与数据管理的分离。当然，在开发各种应用系统（如开发 MIS 系统）的过程中，所开发的应用程序就需要通过 openGauss 来访问后台的数据库，正如第 1 章图 1.2 所示。

虽然可以编写程序，直接连接 openGauss 访问后台数据库；在获取数据的基础上，再编写具体的应用程序，实现各种具体的应用功能。但是，这势必带来一个问题：开发者既要关注连接 openGauss 的软件开发，又要关注应用系统具体功能的软件开发。

现代大型软件系统开发的一个显著趋势是“高内聚、低耦合”。所谓“高内聚、低耦合”，就是借鉴了生活中的给排水系统、家具、电器、汽车、机械等现代工业产品的设计逻辑。这些产品或系统被分解为不同的功能部件，每个部件实现不再细分的原子化的单一功能，进行标准化的生产，如电源插座、各种规格的汽车轮胎、水管接驳件等。

根据同样的逻辑，大型复杂的软件系统可以分解为实现不同功能任务的组成部分，各个部分之间相互依存度弱，甚至相对独立，耦合性低。而每个部分则是根据功能要求的不同，开发成相应的对象、组件和模块。同时，这些细颗粒度的功能件还可以实现多次重用（复用重用）。

根据“高内聚、低耦合”原则，针对基于 openGauss 应用系统的开发，有必要采用连接后台数据库系统的“访问工具”，以便解除应用系统的业务功能与后台数据库访问之间的耦合。这种连接后台数据库的访问工具时常又被简称为“连接工具”。针对基于 openGauss 的应用开发，华为专门开发了连接工具 gsql 和 Data Studio，用于访问后台的 openGauss 数据库；同时，可连接 SQL Server、MySQL、PostgreSQL 等数据库管理系统的第三方常用工具 Navicat，也可以用来连接 openGauss 数据库系统。

在绝大多数情况下，DBMS 和连接数据库的访问工具分别运行在不同的物理机器上，因此，要通过网络建立访问工具到 DBMS 的连接，还需要对 DBMS 服务器端和客户开发端分别进行网络配置，例如，在 DBMS 服务器端配置 IP 地址、用户名、登录密码等，在客户开发端安装驱动程序包、配置要连接的 DBMS 服务器的 IP 地址及端口等，然后通过网络“连接”到后台的 DBMS。

2.2.1 访问工具介绍

在大多数情况下，数据库系统和访问其数据的程序（访问工具）处在不同的机器中，因此，要访问一个数据库，首先就要通过网络“连接”到那个数据库。所以在很多情况下，人们也将数据库的访问工具称为“连接工具”，通过网络去访问一个远程的数据库，需要提供诸如数据库服务器的 IP 地址、用户名、密码、驱动程序包等，所有这些统称为“数据库连接”。

1. 在服务器上配置访问许可

安装 openGauss 服务器后，只有初始用户可以登录访问服务器。创建了新用户以后，其他用户方可登录访问服务器。openGauss 允许所有用户以两种方式访问服务器，即从安装 openGauss 服务器的物理机器上、通过网络登录访问服务器。

其他用户在访问服务器之前，需要由初始用户在服务器上配置 pg_hba.conf

和 postgresql.conf。其中，pg_hba.conf 用于配置允许网络连接的各个参数，如定义远程访问的 IP 地址或地址集、用户名、加密方式等，而 postgresql.conf 用于配置服务器接受网络访问连接的访问链路加密方式。

初始用户配置 pg_hba.conf 时按如下方式进行：

“连接类型　数据库 用户名称 IP 地址 / 子网 加密方式”。

图 2.3 是配置 pg_hba.conf 的示例。其中，配置参数为“host all all 0.0.0.0/0 sha256”表示允许用户从任意网络地址的物理机器上登录访问 openGauss 服务器，登录密码采用 sha256 加密方式。配置参数为“host hisdb mz_user 192.168.10.0/24 sha256”表示允许用户 mz_user 从 192. 168. 10. 0/24 这个 C 类地址的网络登录本服务器，但只能访问数据库 hisdb，登录密码的加密方式为 sha256。

```
# TYPE  DATABASE        USER            ADDRESS                 METHOD

# "local" is for Unix domain socket connections only
local   all             all                                     trust
# IPv4 local connections:
host    all             all             127.0.0.1/32            trust
host    all             all             0.0.0.0/0               sha256
# IPv4 local connections:
host    all             all             ::1/128                 trust
# Allow replication connections from localhost, by a user with the
# replication privilege.
```

图 2.3　在 pg_hba.conf 中配置远程访问许可

图 2.4 是配置 postgresql.conf 的示例。其中，配置行“ssl = off”表示允许非加密的链路访问。但在生产环境中应采用加密方式，届时这里应配置为“ssl = on”。

```
# - Security and Authentication -

#authentication_timeout = 1min          # 1s-600s
session_timeout = 10min                 # allowed duration of any un
ssl = off                               # (change requires restart)
#ssl_ciphers = 'ALL'                    # allowed SSL ciphers
                                        # (change requires restart)
```

图 2.4　在 postgresql.conf 中关闭 SSL 连接

2. 原生访问工具 gsql

gsql 是 openGauss 的原生命令行连接工具，当 openGauss 安装部署成功后，其程序文件位于 $GAUSSHOME/bin/ 目录中（$GAUSSHOME 为 openGauss 的安装部署位置）。通常情况下，在安装了 openGauss 数据库的服务器端，使用 gsql 进行 openGauss 的管理和维护，这种连接方式称为本地连接；本地连接还包括另一种场景：即，使用 Linux 的远程登录工具 SSH、scureCRT、PuTTY 等，通过网络先登录到安装了 openGauss 的服务器，然后再使用服务器上的 gsql 连接 openGauss。与本地连接相对应的是网络连接，即，将 gsql 安装在其他 Linux 机器上（和 openGauss 一样，目前 gsql 只有 Linux 版），并直接使用本机的 gsql，连接处在网络另一端的 openGauss 服务器。gsql 安装包下载地址和安装方法，请参考 openGauss 官方文档。

gsql 的基本功能：

（1）连接数据库：必须提供的关键参数是 -d 和 -p，-d 指明要连接的数据库名称；-p 指定数据库的监听端口；此外，使用 -U 指定连接的用户名时，若不用 -W 提供密码，gsql 会要求输入密码；当使用 gsql 进行远程连接时，需要用 -h 参数指定主机名或 IP 地址。本地连接则不需要使用 -h 参数。

例 2.2.1-1：本地连接，使用 -U 参数指定 tym 用户通过端口 15400 连接到本地主机上的 hisdb 数据库，由于没有使用 -W 提供密码，因此 gsql 会询问密码，如图 2.5 所示：

```
[omm@node1 ~]$ gsql -d hisdb -p 15400 -r -U tym
Password for user tym:
```

图 2.5　gsql 本地登录 openGauss 时使用 -U 但未提供密码

在安装部署了 openGauss 的主机上登录数据库时，可以不用 -U 提供用户名，此时，gsql 以初始用户 omm 身份连接数据库，如图 2.6 所示：

```
[omm@node1 ~]$ gsql -d postgres -p 15400 -r
gsql ((openGauss 3.0.0 build 02c14696) compiled at 2022-04-01 18:12:19 commit 0 last mr  )
NOTICE : The password has been expired, please change the password.
Non-SSL connection (SSL connection is recommended when requiring high-security)
Type "help" for help.

openGauss=#
```

图 2.6　gsql 以初始用户身份登录

成功登录数据库后，出现 gsql 版本号，在“数据名 =#”提示符后可以输入 SQL 语句，如图 2.6 所示，表示已经正确登录数据库。

（2）执行元命令：元命令可以理解为管理员查看数据库对象的信息、查询缓存区信息、格式化 SQL 输出结果，以及连接到新的数据库的简洁命令。如图 2.7 所示，使用 \l 元命令查看本服务器上的数据库：

```
hisdb=# \l
                          List of databases
   Name    | Owner | Encoding  |  Collate   |   Ctype    | Access privileges
-----------+-------+-----------+------------+------------+-------------------
 hisdb     | omm   | SQL_ASCII | C          | C          |
 mydb      | omm   | GBK       | C          | C          |
 mydb2     | tym   | UTF8      | zh_CN.UTF-8| zh_CN.utf-8|
 opengauss | omm   | GBK       | C          | C          |
 postgres  | omm   | SQL_ASCII | C          | C          | =Tc/omm          +
           |       |           |            |            | omm=CTc/omm      +
           |       |           |            |            | tym=CTc/omm      +
           |       |           |            |            | tym=APm/omm
 template0 | omm   | SQL_ASCII | C          | C          | =c/omm           +
           |       |           |            |            | omm=CTc/omm
 template1 | omm   | SQL_ASCII | C          | C          | =c/omm           +
           |       |           |            |            | omm=CTc/omm
(7 rows)
```

图 2.7　gsql 使用 \l 元命令

（3）执行 SQL 语句：支持交互式的键入并执行 SQL 语句，也可以执行一个文件中指定的 SQL 语句，如图 2.8 所示：

```
hisdb=# select * from person;
 per_no | per_name | spellshort | dept_no | gender | birth_date | id_no |   rem    | respectful
--------+----------+------------+---------+--------+------------+-------+----------+-----------
 WK3018 | Jhf      | jhf        | 2013    | F      |            |       | Just rem | Ms.
 NK2109 | Jhf      | jhf        | 3012    | F      |            |       |          | Ms.
(2 rows)
```

图 2.8　在 gsql 中执行 SQL 语句

☻ 解释：在 gsql 中，SQL 语句以分号结束，即在 gsql 中，回车仅为换行，在收到分号时 gsql 才执行查询命令。

3. 图形化界面的 Data Studio

由于 openGauss 目前仅有 Linux 版本，为了能在 Windows 客户端上访问、管理和运维 openGauss，华为专门开发了 Windows 环境下的 openGauss 数据库访问工具 Data Studio。

Data Studio 需要 Java 1.8.0_181 以上的版本支持，在安装并正确配置了 Java 1.8 环境的 Windows 机器上，下载解压后即可直接使用。根据上节的知识已知，使用本机安装的访问工具去访问安装在其他主机上的 openGauss 时，属于远程连接。

在 Data Studio 的图形化界面中，可以更直观地看到系统的模式（schema），观察到以不同的用户登录时的不同模式，看到各数据库对象所归属的模式。另外，在 Data Studio 的界面内（图 2.9 的最右栏），有大量的 SQL 语句用例：

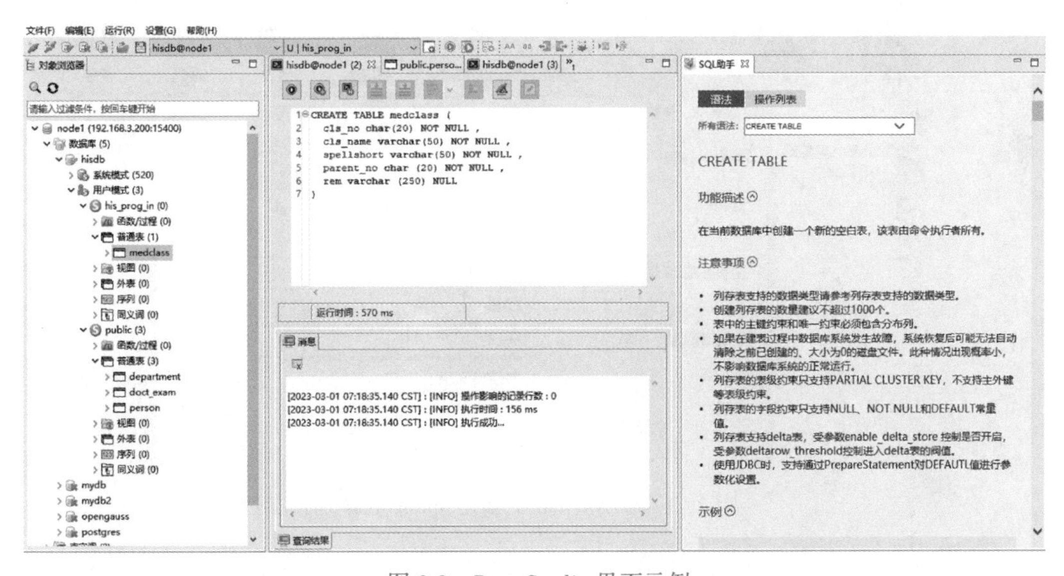

图 2.9　Data Studio 界面示例

由图 2.9 可以看到，初始用户 omm 创建的数据库对象（比如一张表），其模式为 public；以普通用户创建的对象，其模式为与用户同名的模式。但在访问时，不必以“模式名.表名”这样的点表示法进行访问，这也证实了 openGauss 的模式是弱绑定的。本书强烈建议在 Windows 环境下使用 Data Studio 来学习 openGauss。

4. 常用的第三方工具 Navicat

Navicat 是目前广泛使用的数据库前端用户界面工具，是一个闭源并且收费的第三方软件。它利用 PostgreSQL 驱动接口连接 openGauss：在建立连接时，选择 PostgreSQL；填入主机 IP，要连接的数据库名称、端口号、用户名和密码，如图 2.10 和图 2.11 所示。

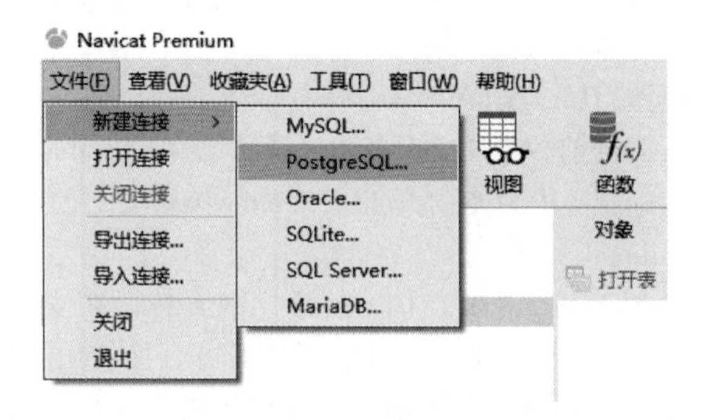

图 2.10　在 Navicat 上新建一个访问 openGauss 的连接

如图 2.11 所示，在 Navicat 下填入访问 openGauss 的连接参数。

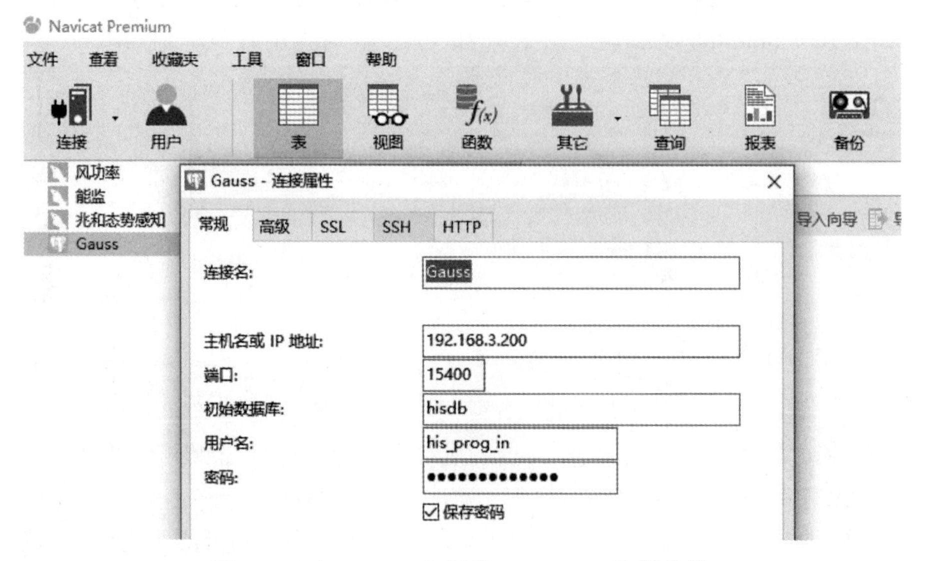

图 2.11　在 Navicat 上创建 openGauss 连接参数

2.2.2　进入 openGauss

相比原生的命令行访问工具 gsql，图形化访问工具的树形结构更能直观地反映出 openGauss 的逻辑结构。

1. openGauss 基本构成

在 Data Studio 的图形化界面中，以树形结构直观地显示了 openGauss 的各个对象。从图 2.12 可以看到节点名为 node1 的主机中，管理了 5 个数据库及相关的表空间。

图 2.12　openGauss 的单实例多数据库架构

使用原生的命令行访问工具 gsql 也可以查看 openGauss 的基本构成，图 2.13 显示了用 gsql 的 \l 元命令列出的与图 2.12 相同服务器下的数据库：

```
[omm@node1 ]$ gsql -d hisdb -p 15400 -U his_prog_in -r
Password for user his_prog_in:
gsql ((openGauss 3.0.0 build 02c14696) compiled at 2022-04-01 18:12:19 commit 0 last mr  )
Non-SSL connection (SSL connection is recommended when requiring high-security)
Type "help" for help.

hisdb=> \l
                              List of databases
   Name    | Owner | Encoding  |   Collate   |    Ctype    |  Access privileges
-----------+-------+-----------+-------------+-------------+----------------------
 hisdb     |       | SQL_ASCII | C           | C           | =Tc/omm             +
           |       |           |             |             | omm=CTc/omm         +
           |       |           |             |             | his_prog_in=CTc/omm+
           |       |           |             |             | his_prog_in=APm/omm
 mydb      |       | GBK       | C           | C           |
 mydb2     |       | UTF8      | zh_CN.UTF-8 | zh_CN.utf-8 |
 opengauss |       | GBK       | C           | C           |
 postgres  |       | SQL_ASCII | C           | C           | =Tc/omm             +
           |       |           |             |             | omm=CTc/omm         +
           |       |           |             |             | tym=CTc/omm         +
           |       |           |             |             | tym=APm/omm
 template0 |       | SQL_ASCII | C           | C           | =c/omm              +
           |       |           |             |             | omm=CTc/omm
 template1 |       | SQL_ASCII | C           | C           | =c/omm              +
           |       |           |             |             | omm=CTc/omm
(7 rows)
```

图 2.13　在 gsql 下使用 \l 元命令

比较图 2.12 和图 2.13，可以发现，\l 元命令显示出 7 个数据库，而在 Data Studio 中仅显示了 5 个数据库，这是因为在 openGauss 中有 2 个模板数据库 template0 和 template1，模板数据库仅作为创建新库时的模板，并不提供访问，因此在显示时会被 Data Studio 屏蔽。

在 gsql 的 \l 元命令下，可以看到各个数据库的更详细的信息，例如，编码模式、字符集、排序规则、所属权限等。在 Data Studio 的图形界面下，右击相应的数据库打开属性栏，进而也可以看到这些信息，如图 2.14 所示：

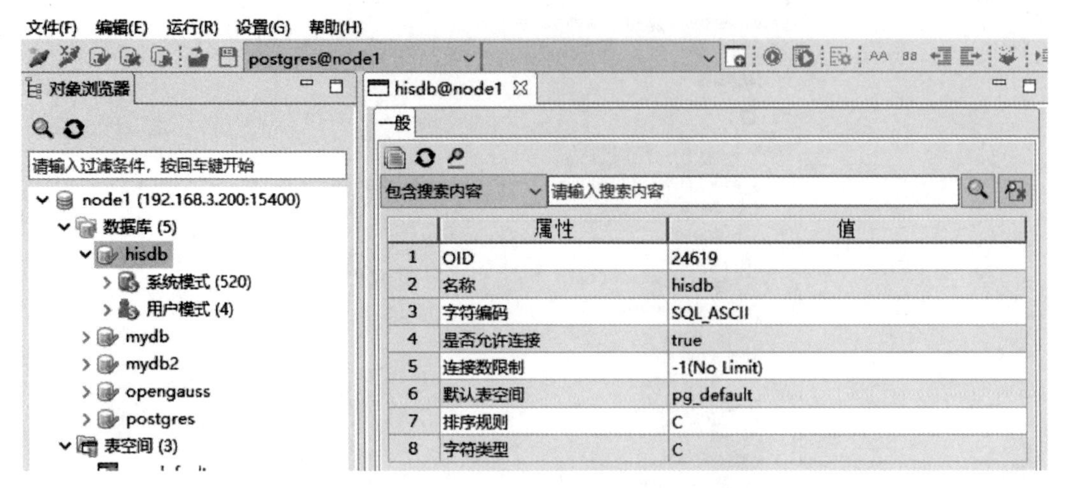

图 2.14　在 Data Studio 中查看数据库属性

2. openGauss 数据库结构

在 openGauss 的一个数据库中，有一些是处于系统模式下，来自模板的系统表，用于管理和运维；同时，还有一些是处于 public 模式和同名用户模式下的用户表，用于存储用户自己的数据，如图 2.15 所示：

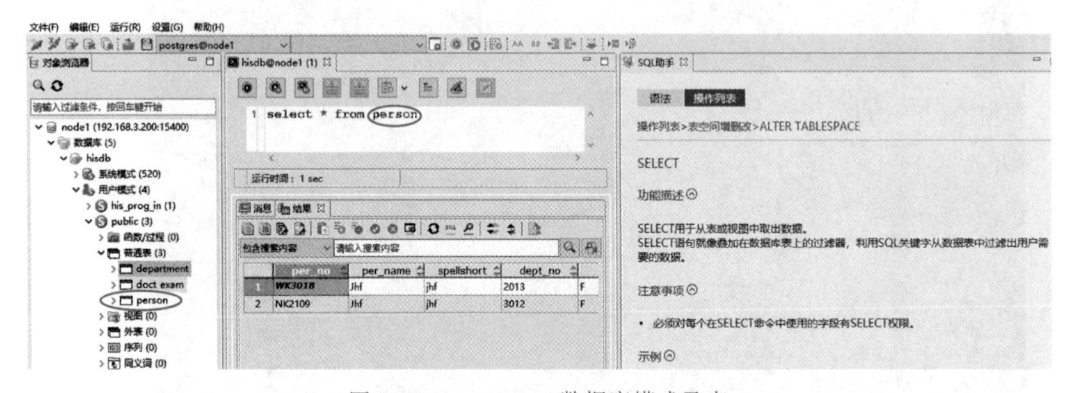

图 2.15　openGauss 数据库模式及表

3. openGauss 的表空间与表

在 openGauss 中，表 (table) 是数据的结构化表示，聚合了同类数据的集合。表所在的逻辑存储空间称为表空间 (tablespace)，如图 2.16 所示。每个表只能存在于一个表空间中，但每个表空间可以包含多个表，甚至一整个数据库的所有对象都可以存储在一个表空间中。一个数据库可以包括多个表空间，多个数据库也可以共存于一个表空间中。

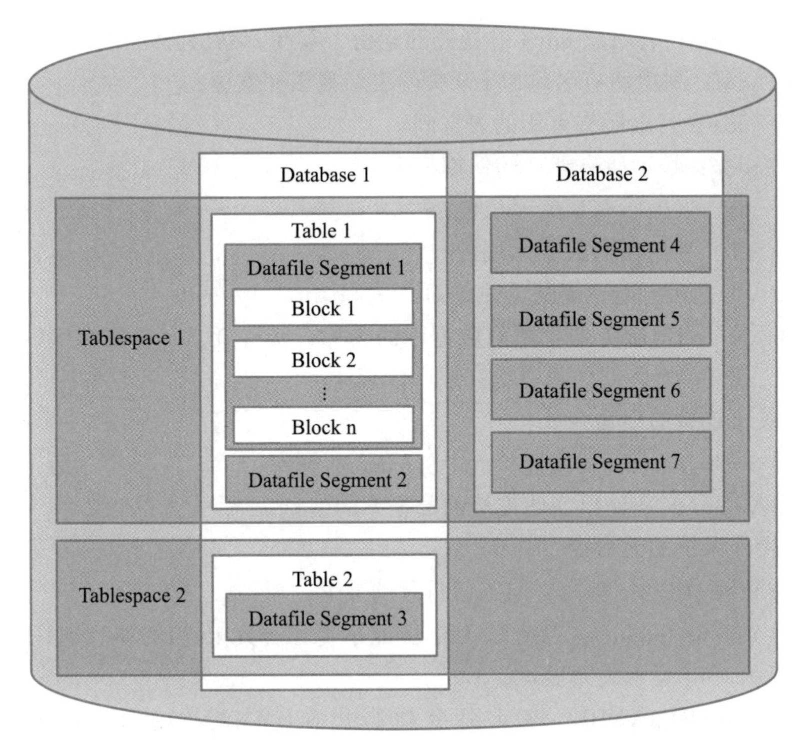

图 2.16　openGauss 数据库与表空间

2.2.3　openGauss 的元命令

元命令是 openGauss 极具特色的功能之一，以反斜杠引导，可不必以分号结束，回车即执行。本节简要介绍 openGauss 中常用的元命令，更多的元命令，请参考 openGauss 的相关手册。

openGauss 的元命令分为以下几种：

1. 一般的元命令

（1）\copyright：显示 openGauss 的版本和版权信息；

（2）\q：退出 gsql 程序。

2. 查询缓存区的元命令

（1）\p：打印当前查询缓冲区到标准输出；

（2）\r：重置（或清空）查询缓冲区；

（3）\w FILE：将当前查询缓冲区输出到名为 FILE 的文件。

3. 输入 / 输出的元命令

（1）\i FILE：从文件 FILE 中读取内容，并将其当作输入，执行查询；

（2）\o [FILE]：把所有的查询结果发送到名为 FILE 的文件。

4. 显示信息的元命令

（1）\d：列出当前模式下所有的表、视图和索引；

（2）\d+：列出所有表、视图和索引的结构（详细信息）；

（3）\d+obj：若对象 obj（、视图和索引）存在，列出其结构；

（4）\d+f：列出所有名称以 f 开头的表、视图和索引；

（5）\db+：列出所有可用的表空间；

（6）\ddp：显示所有默认的使用权限；

（7）\dg：列出所有数据库角色；

（8）\du：列出所有数据库用户；

（9）\dO：列出排序规则（注意 O 为大写）；

（10）\l：列出服务器上所有数据库的名称、所有者、字符集编码以及使用权限。

5. 关于连接的元命令

（1）\c Db_name：切换连接到 Db_name 数据库；

（2）\conninfo：输出当前连接的数据库的信息。

6. 操作系统的元命令

（1）\! cd [DIR]：切换当前工作目录到 DIR；

（2）\timing [on|off]：以毫秒为单位显示每条 SQL 语句的执行时间，on 表示打开显示，off 表示关闭显示；

（3）\! [COMMAND]：该元命令执行由 [COMMAND] 指定的操作系统（Linux）的 shell 指令，并返回执行结果。

此外，还有格式化的元命令、变量元命令、\set 常用命令、大对象元命令等元命令，请参考相关 openGauss 技术文档。

2.3 本书约定

2.3.1 命令约定

1. Linux 操作系统命令行提示

目前 openGauss 建议的运行环境为 openEuler 和 CentOS，大部分的安装文档也是基于 Linux 的这两个发行版本，鉴于安装操作系统时因人而异的主机命名习惯，除非需要特别强调环境因素时，会给出形如：

```
"[omm@node1 etc]$"
```

和

```
"[root@node1 etc]#"
```

这样的操作系统的完整命令行完全提示，其中，omm 为 openGauss 的 Linux 操作系统下安装用户及初始用户，“node1”为 openGauss 双机部署时其中一个节点的主机名，“etc”为当前所在的目录。众所周知，在 Linux 的命令行中，显示主机名称和当前目录的最末一级并无太大参考意义，因此一般情况下，本书仅以“]#”表示当前为 root 用户；以“]$”提示当前为非 root 用户，在本书的语境下，一般指 omm 用户。

为了节省空间，所有的命令示例全部顶格靠左，不留首行缩进空间，例如：

```
]#  gs_checkos  -i  A
```

本命令的含义是在 root 用户下，运行 gs_checkos 命令，参数为“-i”和“A”，命令行之中，不连续部分即为空格，不再明确标出。

```
[tym@node1 etc]$ su  -  omm
```

本命令将用户由 tym 切换为 openGauss 的安装用户或初始用户 omm，切换成功后，操作系统将按配置引入 omm 的环境参数。

2. openGauss 的 gsql 命令行提示

（1）本书尽量给出 gsql 下的完整命令行，包括所登录的数据库（如名称），“openGauss=#”或者“hisdb=#”；

（2）本书 SQL 命令以小写方式给出，如：

```
openGauss=#  select  *  from  version();
```

（3）为了节约篇幅，有时忽略数据库名称提示，例如，

```
=#  select  *  from  version();
```

此时，注意与操作系统的命令提示“]#”的差别。

（4）当 SQL 语句中有 where 子句或者排序子句时，语句往往较长并需要多行，此时会忽略数据库提示，但为了与操作系统命令行区别，以“=#”符号引领，如：

```
=#  select  name , setting , unit , category
=#  from pg_settings
=#  where  name = 'hba_file';
```

3. 关于大小写

默认情况下，gsql 工具对 SQL 命令的大小写不敏感，而我们在输入 SQL 语句时也习惯使用小写，因此，本教材提供的 SQL 语句示例大部分使用小写，例如，

例 2.3.1–1：建表语句：

```
=#  create table person (
=#  per_no char(10) primary key,
=#  per_name char(20), spellshort varchar(20),
=#  dept_no char(10) foreign key references department
    (dept_no),
=#  gender char(10), birth_date date,id_no char(20),
=#  prof_titl varchar(20),
```

```
=#  gradu_sch varchar(20),
=#  edu_bckgrd varchar(20),
=#  rem  varchar(50)
=#  );
```

在单独介绍SQL语句用法，同时解释该语句的多个选项且不提供示例时，也会使用大写，举例如下。

例 2.3.1-2：SELECT 语句用法：

```
SELECT [ ALL | DISTINCT [ ON ( expression [, …] ) ] ]
{ * | {expression [ [ AS ] output_name ]} [, …] }
[ FROM from_item [, …] ]
[ WHERE condition ]
[ GROUP BY grouping_element [, …] ]
[ HAVING condition [, …] ]
[ ORDER BY {expression  [ ASC | DESC | USING operator ] }
```

命令说明：

ALL：声明返回所有符合条件的行，这是默认行为，可以省略该关键字；

DISTINCT：从结果集中删除所有重复的行，使结果集中的每一行都是唯一的；

ON (expression [, …])：只能与DISTINCT配合使用，只保留那些在给出的表达式上运算出相同结果的行集合中的第一行；

AS：将选出的列或公式计算结果以AS子句后的名称显示。

符号说明：

大括号{}：大括号中的内容为SQL语句的必备项，如至少要包含一个列表示；

中括号[]及竖线|：中括号里的内容都是可选的，可全部不选，竖线两边的内容只能选其一；

小括号( )和expression：用以引出表达式，如在实际使用中，可能最终变为line_no > 20之类。

参数说明：

expression：指表达式。

output_name：输出时给字段指定的名称。

from_item：SELECT语句选择的目标对象，一般是表名，以逗号隔开。

condition：WHERE子句的条件表达式或HAVING子句的表达式。

grouping_element：分组条件。

operator：排序操作符。

4. 提交执行

（1）在gsql中，以反斜杠“\”打头的元命令会在输入回车后执行；

（2）在 gsql 中输入 SQL 语句时，会在输入回车后另起一行，由此可见，如果单行语句较长，可以任由该语句折行，且有多个逗号分隔的列，也可以写在一行内，最后输入分号以表示本 SQL 语句或命令输入结束，提交系统执行；

（3）在 gsql 中编辑存储过程时，用斜杠“/”进行提交和执行。

2.3.2 注释约定

有的命令如果输入错误或使用了不正确的参数和条件，则可能会产生严重后果，甚至造成很大的损失，因此，本书使用了不同的提示和图标，对命令的用法及结果甚至后果进行注释。

1. 解释

用 ☻ 符号引出解释，对相关命令给出详细的释义。当同一个语句需要给出多个解释时，则在其后加入阿拉伯数字。如下面的示例：

```
]$ gsql -d hisdb -p 15400 -r
```

☻ 解释 1 ：使用 gsql 命令行工具登录 openGauss 的用户数据库 hisdb，端口为 15400。

☻ 解释 2 ：-r 参数意为开启命令行编辑模式，如果不提供本参数，则在 gsql 中无法编辑输入的 SQL 语句。

2. 注意

用 ☢ 符号引出注意事项，指出该操作具有一定的风险，如下面的示例：

```
]$ rm -rf folder
```

☢ 注意：此命令将强制删除 folder 文件夹。

3. 警告

用 ⚠ 符号引出警告信息，指出此操作具体相当大的危险性，应特别注意并接受规避建议。

```
hisdb=# delete * from person;
```

⚠ 警告：没有 where 子句进行条件限制的 delete 语句，将导致整表数据被删除。

⚠ 警告规避：先使用 select 语句，把需要删除的数据选出来，检查无误后，再换成 delete 语句，这是一种稳妥的做法，例如：

```
hisdb=# select * from person where per_name='姓名';
```

检查无误后，改为：

```
hisdb=# delete * from person where per_name='姓名';
```

2.3.3　示例约定

为了方便引用和定位，本书以章节加编号的形式，对示例进行了编号，如本节的第一个 SQL 语句示例为“例 2.3.1-1”，则本节的第二个 SQL 语句示例为“例 2.3.1-2”，以此类推。

例 2.3.3-1：在 hisdb 数据库下创建用户，并指定密码：

```
hisdb=#  create user user_name identified by 'password';
```

参数说明：

user_name：要创建的用户名称，不能与已有用户同名。

password：这个新建用户的初始密码，不能与用户名相同，并且要具备一定的复杂度。

例 2.3.3-2：SELECT 语句的最简用法，见图 2.17。

```
hisdb=# select 'hello word!';
  ?column?
--------------
 hello word!
(1 row)
```

图 2.17　SELECT 语句的最简单用法

例 2.3.3-3：图 2.18 给出了 SELECT 语句的简单示例，选出 person 表中的所有行，并按 per_no 列进行降序排列：

```
hisdb=#  select * from person order by per_no DESC;
 per_no | per_name | spellshort | dept_no | gender | birth_date | id_no |     rem     | respectful
--------+----------+------------+---------+--------+------------+-------+-------------+------------
 WK3018 | Jhf      | jhf        | 2013    | F      |            |       | Just rem    | Ms.
 WG4032 | 张医生   | wkf        | 4031    | M      |            |       | Test check  | Mr.
 NK2109 | 王医生   | jhf        | 3012    | F      |            |       |             | Ms.
 NK2108 | 涂永茂   | tym        | 3012    | M      |            |       | Test check  | Mr.
(4 rows)
```

图 2.18　在 SELECT 语句中排序

☻ 解释 1：gsql 及 SQL 工具本身并不在乎排版格式，但是对于源代码，除了用来让计算机执行之外，更多的用途是供人阅读，因此在文档中，要注意使用规整且方便阅读的缩进格式。

☻ 解释 2：请注意在本书中，所有 SQL 语句的命令关键字均不使用大写，这仅仅是为了方便阅读。

本章小结

本章介绍了 openGauss 数据库的发展简史，并简单介绍了 openGauss 的逻辑架构和存储结构；介绍了用原生的 gsql 工具和 Windows 操作系统环境下的 Data Studio 连接访问 openGauss 的方法。通过本章的学习，希望读者能够使用 gsql 的元命令来了解数据库的基本结构；掌握在 Windows 操作系统环境下，通过 Data Studio 访问 openGauss 的方法；本章还对本书中涉及的命令、注释及示例表达形式，进行了相关说明和约定。

思考题

1. openGauss 的用户如何分类?

2. 简述你对表和表空间的理解。

3. 为自己安装一个 openGauss 学习环境。

4. 在 gsql 中执行显示信息的元命令和操作系统的元命令。

5. 在装有 Windows 系统的计算机中，下载并解压 Data Stadio，然后与第 3 题中安装成功的 openGauss 进行连接。

6. openGauss 支持哪些图形化访问工具? 尝试使用一种工具访问 openGauss 数据库。

7. openGauss 中的元命令有哪些类型? 请列举几个常用的元命令并说明其功能。

8. openGauss 提供了哪些元命令来管理表和视图?

9. openGauss 的逻辑架构包括哪些主要组件和模块? 请简要介绍它们的功能和作用。

10. 在逻辑架构中，openGauss 如何处理 SQL 请求? 它的查询优化和执行过程是怎样的?

第 3 章　SQL 技术及应用

本章要点：

结构化查询语言（structured query language，SQL）是关系数据库的标准语言，为关系数据库提供了丰富的数据定义、数据操纵和数据控制功能。本章首先以一个医院信息系统（hospital information system，HIS）的门诊业务为例，全面介绍数据定义、查询、修改、视图、索引等 SQL 技术，并概括介绍 openGauss 的系统函数和 SQL 应用示例。

本章导图：

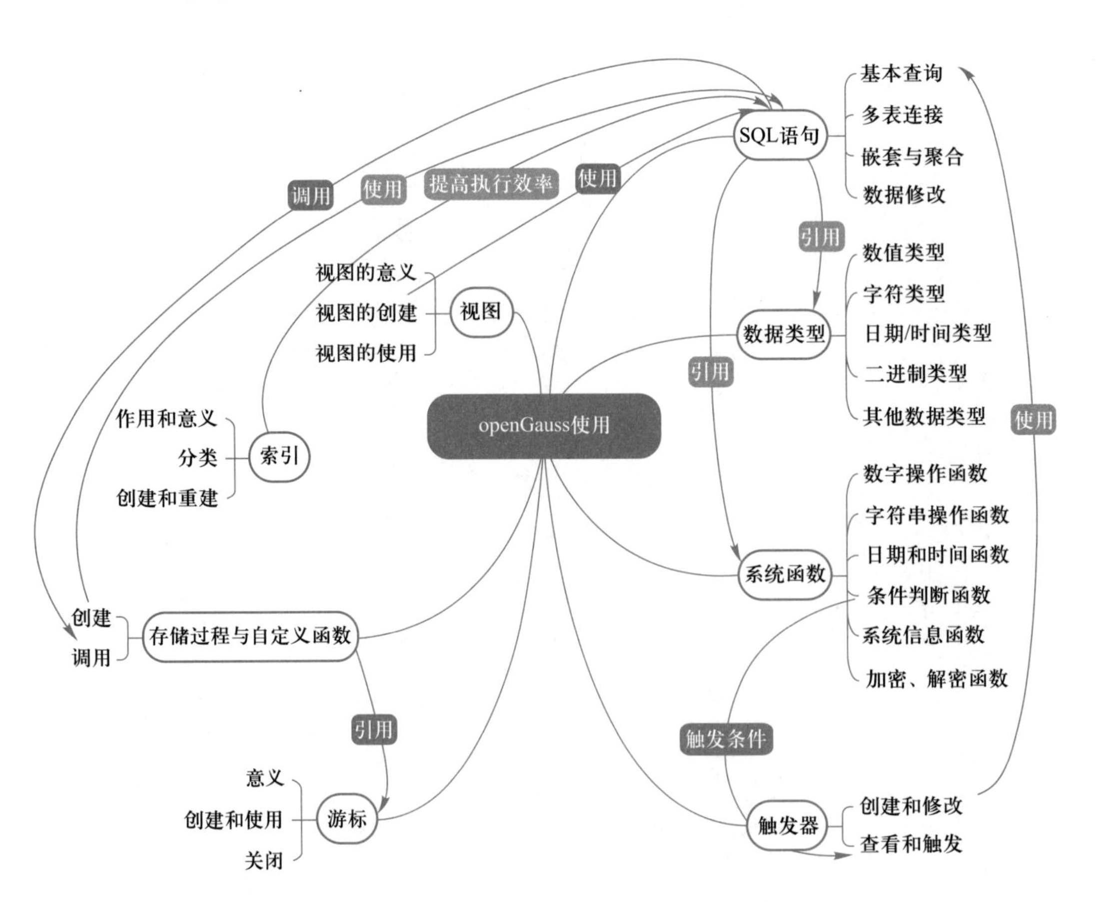

3.1　简介本章用到的表

本章主要以一个医院信息系统（hospital information system，HIS）中的门诊业务为例，介绍如何在 openGauss 中使用 SQL 语句。该业务包含 6 张表，分别是医生基本信息表、患者基本信息表、门诊挂号表、门诊处方头表、门诊处方明细表和药品字典表。其中，加粗的属性是表的主键，斜体的属性是表的外键，主键是表中记录的唯一标识，外键指明了表之间的关联关系，外键的取值具有参照性。关于数据库的完整性约束将在第 4 章做具体介绍。

（1）person(**per_no**, per_name, gender, per_birth, dept_no, *per_dir*)

person 是医生基本信息表。其中，主键 per_no 表示医生编号，是每位医生的唯一标识；per_dir 表示其上级（指导）医师，其取值参照于 per_no，也是属于 person 表中的医生。

（2）patient(**pat_no**, pat_name, pat_gender, pat_birth)

patient 是患者基本信息表。其中，主键 pat_no 表示患者的就诊卡号，是每位患者的唯一标识。

（3）out_registration(**seq_no**, reg_date, *reg_pat*, *dng_doc*, reg_dept, reg_amount)

out_registration 是门诊挂号表。其中，主键 seq_no 表示门诊序号，是每一张挂号单的唯一标识；reg_pat 表示患者的就诊卡号，取值参照于 patient 表中的 pat_no；dng_doc 表示接诊的医生编号，取值参照于 person 表中的 per_no。

（4）outrecipe_head(**seq_no**, **pre_no**, pre_date, *pre_doc*, pre_dept, audit_date, *audit_doc*)

outrecipe_head 是门诊处方头表。其中，seq_no 标识一个门诊挂号单，pre_no 标识一个处方单，由于一个门诊挂号单可以对应 1 ~ 2 个处方，所以 (seq_no, pre_no) 表示主键，即 seq_no 和 pre_no 的组合构成一个复合主键；pre_doc 表示开处方的医生，取值参考于 person 表中的 per_name。

（5）outrecipe_detail(***seq_no***, ***pre_no***, **pre_row**, *med_no*, unit, price, amount)

outrecipe_detail 是门诊处方明细表。其中，pre_row 表示处方行号；一个门诊单对应的一个处方单中包含多个处方药品，因此 (seq_no, pre_no, pre_row) 三个属性的组合是该表的主键；(seq_no, pre_no) 是外键，取值参照于 outrecipe_head 表中的 (seq_no, pre_no)；med_no 是外键，取值参照于下面提到的药品字典表 medict 中的 med_no。

（6）medict(**med_no**, med_name, specification, med_dosage, unit, abbr)

medict 是药品字典表。其中，主键 med_no 表示药品编号，是每一种药品的唯一标识。

本章采用的 HIS 系统的示例数据如表 3.1 ~ 表 3.6 所示。

表 3.1　医生基本信息表 person

医生编号 per_no	姓名 per_name	性别 gender	出生日期 per_birth	所在科室 dept_no	上级医师 per_dir
2031189	张医生	男	1992.8.1	心胸外科	2027889
2032289	李医生	男	1988.10.2	内科	2004568
2033389	王主任	女	1986.6.5	骨科	2033389
2034489	杨主任	男	1975.6.10	呼吸科	2034489
2027889	徐主任	男	1990.6.4	心胸外科	2027889
2031478	刘医生	男	1984.2.3	骨科	2033389
2004568	林主任	女	1965.5.1	内科	2004568

表 3.2　患者基本信息表 patient

就诊卡号 pat_no	姓名 pat_name	性别 pat_gender	出生日期 pat_birth
20210001	李红梅	女	1956.3.15
20210002	张振华	男	1976.03.05
20210003	李雪然	男	1986.06.05
20210004	田润叶	女	1999.07.12
20210005	刘其伟	男	2005.06.03
20210006	程心	女	2000.8.23

表 3.3　门诊挂号表 out_registration

门诊序号 seq_no	挂号日期 reg_date	就诊卡号 reg_pat	接诊医生 dng_doc	挂号科室 reg_dept	挂号金额 reg_amount
106783	2023.01.26	20210001	2031189	心胸外科	5
106784	2023.01.30	20210002	2031189	心胸外科	5
106785	2023.02.24	20210003	2033389	骨科	10
106786	2023.03.02	20210003	2034489	呼吸科	10

表 3.4 门诊处方头表 outrecipe_head

门诊序号 seq_no	处方号 pre_no	开方时间 pre_date	开方医生 pre_doc	开方科室 pre_dept	发药时间 audit_date	发药人 audit_doc
106783	5006	2023.01.27 16:30:25	张医生	心胸外科	2023.01.27 17:30:25	刘药师
106784	5004	2023.01.31 09:26:56	张医生	心胸外科	2023.01.31 14:56:56	周药师
106785	5695	2023.02.25 10:47:59	王主任	骨科	2023.02.25 15:21:59	林药师
106786	5784	2023.03.03 15:28:20	杨主任	呼吸科	2023.03.03 16:30:20	张药师

表 3.5 门诊处方明细表 outrecipe_detail

门诊序号 seq_no	处方号 pre_no	处方行号 pre_row	药品编号 med_no	药品单位 unit	药品价格 price	药品数量 amount
106783	5006	1	31010	袋	16	1
106783	5006	2	30226	支	16	1
106784	5004	1	31011	粒	21	3
106785	5695	1	30226	支	15	2
106786	5784	1	31011	粒	6	1

表 3.6 药品字典表 medict

药品编号 med_no	药品名称 med_name	药品说明 specification	药品剂量 med_dosage	剂量单位 unit	输入缩写 abbr
31010	阿莫西林颗粒	广谱抗菌素，适用于儿童敏感菌感染	250	Mg	amxlkl
31011	阿莫西林胶囊	广谱抗菌素，适用于敏感菌重度感染	750	Mg	amxljn
31012	阿莫西林胶囊	广谱抗菌素，适用于敏感菌中度感染	500	Mg	amxljn
30226	葡萄糖注射液	高渗葡萄糖注射液，适用于静脉推注	10	ml	GS;pttzsy
36040	小儿清肺口服液	有清肺，化痰，止咳的功效	100	ml	xeqfkfy

3.2 SQL 概述

结构化查询语言是 1974 年由 Boyce 和 Chamberlin 提出，并在 IBM 公司研制的 System R 上实现的语言。SQL 是一种介于关系代数和关系演算之间的语言，由于其使用方便、功能丰富、简洁易学，因此很快得到了应用和推广，典型的关系数据库系统都以 SQL 作为数据库语言。现在，SQL 得到了业界的认可，成为关系数据库的标准语言。1986 年 10 月，美国国家标准局批准 SQL 作为关系数据库语言的美国标准，同年公布了 SQL 标准文本（SQL-86）；1987 年，国际标准化组织也通过了 SQL-86 标准。之后，SQL 标准不断更新，SQL92 是当今关系数据库中使用的查询语言的基础。openGauss 数据库支持标准的 SQL92/SQL99/SQL2003/SQL2011 规范，同时还提供了一些可选特性，为使用者呈现了统一的 SQL 界面。

支持 SQL 的关系数据库系统从逻辑上可分为外模式、模式和内模式三级抽象结构和二级映像功能，如图 3.1 所示。

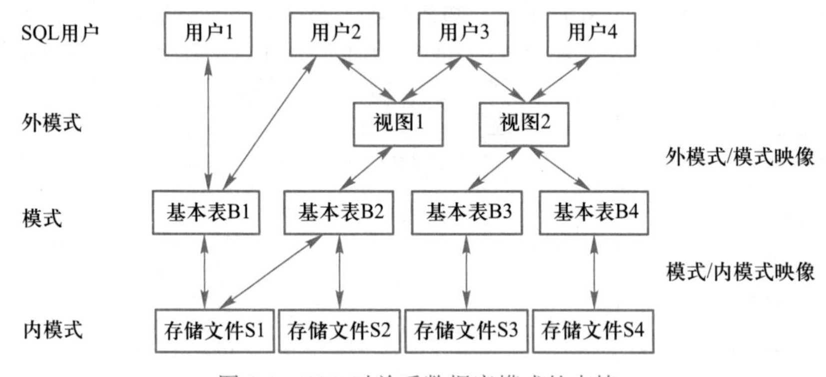

图 3.1　SQL 对关系数据库模式的支持

1. 模式

模式也称为逻辑模式或概念模式，是数据库中全体数据的逻辑结构和特征的描述，是所有用户的公共数据视图。可见，模式体现了全体用户的数据需求，一个数据库仅有一个模式。在关系数据库中，使用 SQL 的数据定义语言（DDL）来定义模式，模式可以理解为关系表。在创建模式时，不仅要定义关系表的结构，还要定义表之间的联系，以及与数据有关的安全性、完整性要求。

2. 外模式

外模式也称为子模式或用户模式，是数据库局部数据的逻辑结构和特征的描述，是面向特定用户或与某一应用相关的数据的逻辑表示。外模式通常是模式的子集，一个数据库可以有多个外模式。如图 3.1 所示，视图是部分关系表数据重新组织而成的逻辑结构，用户或应用程序通过外模式访问数据库时，仅能看到数据库中的部分数据，外模式为数据库提供了有力的安全保障措施。

3. 内模式

内模式也称为存储模式，是数据在数据库内部的组织方式，即数据的物理存储与存储方式的描述。在关系数据库中，内模式的定义包括数据库物理存储文件的定义，以及数据是否压缩存储、是否加密等，一个数据库只有一个内模式。内模式是数据库系统内的定义，它对用户操作而言是透明的。

从二级映像功能来看，外模式和模式之间存在映像关系，外模式是模式的子集，外模式从模式中抽取数据；同时，通过外模式操作可以修改模式中的数据。内模式和模式之间存在映像关系，内模式是对模式数据物理存储结构的描述，但是内模式仍然是一个抽象层，它与具体物理存储设备无关；另外，内模式和外模式是相互独立的。

3.3 数据定义

在关系数据库中，关系表的列描述了数据的属性。定义数据表时，需要指明属性的数据类型，例如，员工的姓名是字符串类型，员工的工资是数值类型等。本节将首先介绍 openGauss 支持的常用数据类型。

3.3.1 openGauss 的数据类型

openGauss 内建了种类丰富的数据类型，可以将其分为常用数据类型和其他数据类型。常用数据类型有数值类型（数值类型可以细分为整数类型、任意精度类型、序列类型和浮点类型）、字符类型、日期 / 时间类型和二进制类型；其他数据类型有布尔类型、货币类型、几何类型、UUID 类型、JSON 类型、网络地址类型等。本节主要介绍常用数据类型，有关完整的数据类型详解，请参阅 openGauss 官方文档。

1. 整数类型

TINYINT：微整数，占 1 字节，范围为 0 ~ 255。

SMALLINT：小范围整数，占 2 字节，范围为 $-2^{15} \sim 2^{15}-1$。

INTEGER：常用的整数，占 4 字节，范围为 $-2^{31} \sim 2^{31}-1$。

BIGINT：大范围的整数，占 8 字节，范围为 $-2^{63} \sim 2^{63}-1$。

使用最为广泛的整数类型是 INTEGER，因为 INTEGER 达到了取值范围、存储空间、性能之间的最佳平衡。一般只有在取值范围较小的情况下，才会使用 SMALLINT 类型，而只有在 INTEGER 的范围不够时才使用 BIGINT。

2. 任意精度类型

任意精度类型表示为：NUMERIC[(p[,s])] 或 DECIMAL[(p[,s])]。其中，p 为总位数，s 为小数位数。精度 p 取值范围为 [1,1000]，标度 s 取值范围为 [0,p]。用户声明精度，每四位（十进制位）占用 2 字节，然后在整个数据上加上 8 字节的额外开销。

与整数类型相比，任意精度类型需要更大的存储空间，其存储效率、运算效率以及压缩比效果都要差一些。在定义数值类型时，优先选择整数类型。当且仅当需要定义小数位数，或数值超出整数可表示的最大范围时，才选用任意精度类型。使用任意精度类型定义列时，建议指定该列的精度 p 以及标度 s。

3. 序列类型

SMALLSERIAL：二字节序列整型，占 2 字节，范围为 $-2^{15} \sim 2^{15}-1$。

SERIAL：四字节序列整型，占 4 字节，范围为 $-2^{31} \sim 2^{31}-1$。

BIGSERIAL：八字节序列整型，占 8 字节，范围为 $-2^{63} \sim 2^{63}-1$。

序列类型是数值类型在应用上的扩展，目前只支持在创建表的时候指定 SERIAL 列，不可以在已有的表中增加 SERIAL 列。另外，临时表也不支持创建 SERIAL 列。因为 SERIAL 不是真正的类型，所以同样不可以将表中存在的列类型转化为 SERIAL。

序列类型主要用于为表创建一个具有唯一标识性质的列。使用时首先将表中的列定义为整数类型，然后将该列的默认数值定义为从一个序列发生器读取的数值，即让序列发生器从属于相应属性列，这样当该列或表被删除时，序列发生器也将一并被删除。假设表中某个属性列为序列类型，初始值为 1，增量为 1，则该列的默认值为 {1, 2, 3, …}。

4. 浮点类型

浮点类型也用于存储数据库中的小数，但是与任意精度类型相比，浮点类型的精度没有任意精度类型高，因此，建议存储高精度数值时采用任意精度类型。常用的浮点类型包括：

REAL（FLOAT4）：单精度浮点数，不精准，占 4 字节，可以表示 6 位十进制数字精度。

DOUBLE（FLOAT8）：双精度浮点数，不精准，占 8 字节，可以表示 15 位十进制数字精度。

FLOAT[(p)]：浮点数，不精准，占 4 字节或 8 字节，精度 p 表示总位数，取值范围为 [1,53]。

除数值类型以外，openGauss 数据库还支持多种丰富的数据类型。

5. 字符类型

openGauss 支持的常用字符类型包括：

CHAR(n)/NCHAR(n)：定长字符串，n 是字节长度，如不带精度 n，默认精度为 1，当存储的字符串长度小于精度 n 时，用空格补齐，存储空间最大为 10 MB。一个英文字符占 1 字节，一个中文字符占 2 字节。NCHAR(1) 可以存储一个中文字符。

VARCHAR(n)/NVARCHAR(n)：变长字符串，n 是字节长度，当存储的字符串长度小于 n 时，按字符实际长度分配存储空间，存储空间最大为 10 MB。

TEXT：变长字符串，存储空间最大为 1 GB – 1 B，但是由于还要考虑列描述头信息的大小等因素，TEXT 类型的最大存储空间可能小于 1 GB – 1 B。

CLOB：文本大对象，同样用于存储较长的字符串，在 openGauss 中是

TEXT 类型的别名。存储空间最大为 1 GB - 1 B。

6. 日期 / 时间类型

openGauss 提供的日期 / 时间类型包括：

DATE：日期和时间，占 4 字节。示例：2023-03-15 08:10:36。

TIME [(p)] [WITHOUT TIME ZONE]：只用于一日内的时间。p 表示小数点后的精度，取值范围 0 ~ 6，占 8 字节。示例：08:10:36。

TIME [(p)] [WITH TIME ZONE]：与上面的类型相比带有时区，占 12 字节。示例：08:10:36-08，包含时区信息。

TIMESTAMP [(p)] [WITH TIME ZONE]：日期和时间，可以选择带时区，p 表示小数点后的精度，取值范围 0 ~ 6，占 8 字节。示例：不带时区的时间戳——2023-03-15 08:10:36，带有时区的时间戳——2023-03-15 08:10:36:00+08

SMALLDATETIME：日期和时间，不带时区；可精确到分钟，当秒位大于或等于 30 秒时进一位，占 8 字节。示例：2023-03-15 08:10:00

openGauss 日期和时间的输入几乎可以是任何合理的格式，包括 ISO-8601 格式、SQL- 兼容格式、传统 PostgreSQL 格式或者其他的形式。系统支持按照日、月、年的顺序自定义日期输入。如果把 datestyle 参数设置为 MDY 就按照"月 - 日 - 年"解析，设置为 DMY 就按照"日 - 月 - 年"解析，设置为 YMD 就按照"年 - 月 - 日"解析。

例 3.3.1-1：查看日期格式。

```
openGauss=# SHOW datestyle;
DateStyle
-----------
ISO, MDY
(1 row)
```

此时系统的日期格式为 MDY，则输入的日期数据样例为 '03-15-2023'，更改日期格式的命令如下：

例 3.3.1-2：设置日期格式。

```
openGauss=# SET datestyle='YMD';
```

此时输入的日期数据样例为 '2023-03-15'。

7. 二进制类型

openGauss 支持的常用二进制类型包括：

BLOB：二进制大对象，列式存储不支持 BLOB 类型。

RAW：变长的十六进制类型，列式存储不支持 RAW 类型。

BYTEA：变长的二进制字符串。

8. 其他数据类型

openGauss 还有其他多种数据类型，例如，货币类型、几何类型、网络地址类型、位串类型、文本搜索类型、UUID 类型、JSON 及 JSONB 类型、HLL 数据类型、范围类型、对象标识类型、伪类型、XML 类型、账本数据库使用的数据类型等。读者若有兴趣，可以查阅 openGauss 的官方文档。

3.3.2　创建和管理数据库

数据库的核心任务是存储和管理数据，从第 2 章图 2.2 和图 2.16 所表示的 openGauss 的逻辑架构中得知，一个服务器可以管理多个数据库，也可以管理多个表空间。在数据库视角下，表空间是一个逻辑存储单元；而在服务器视角下，表空间是一个物理文件夹。一个数据库可以对应一个表空间，也可以对应多个表空间。

1. 创建表空间

表空间，顾名思义，可以理解为存储“表”所需要的（磁盘）空间，在 openGauss 数据库中，可以将表空间理解为一个由 openGauss 管理的文件夹。openGauss 自带两个表空间：pg_default 和 pg_global。

（1）默认表空间 pg_default：用来存储非共享系统表、用户表、用户表索引、临时表、临时表索引、内部临时表的默认表空间。对应存储目录为实例数据目录下的 base 目录。

（2）共享表空间 pg_global：用来存放共享系统表的表空间。对应存储目录为实例数据目录下的 global 目录。

openGauss 支持用户创建和管理自定义的表空间。

创建表空间的基本 SQL 语法如下：

```
CREATE TABLESPACE  tablespace_name [ OWNER user_name ]
[RELATIVE] LOCATION 'directory'
```

参数说明：

tablespace_name：是要创建的表空间的名称，表空间名称不能和 openGauss 中已有的其他表空间重名，且名称不能以“pg_”和“gs_”开头，因为 pg 开头的名称是系统表空间，gs 开头容易和其他工具混淆。

OWNER：指定该表空间的所有者为 user_name，但此 user_name 必须为已经存在的用户。默认情况下，新表空间的所有者是当前用户。只有系统管理员可以创建表空间，但是可以通过 OWNER 子句把表空间的所有权赋给其他非系统管理员。

RELATIVE：表示相对路径，通常是数据库节点的数据目录 /pg_location/ 的相对路径。

LOCATION：指定表空间的目录，这里指定的是绝对路径。

例 3.3.2-1：创建表空间的几个场景。

场景 1. 使用默认参数，通过 relative 关键字，在 $PGDATA 的 pg_location 目录创建名为 tbs_his 的表空间。

```
=#  create tablespace tbs_his relative location 'tbs_
his';
```

场景 2. 指定表空间路径和所有者，创建表空间 tbs_his_1，指定所有者为用户 his_in，表空间路径为 '/data/openGauss/install/data/ustc2':=# create tablespace tbs_his_1 owner his_in location '/opt/spe_location';

场景 3. 用元命令 \db 检查本地服务器中的表空间，如图 3.2 所示。

场景 4. 使用系统表 pg_tablespace，查看表空间，如图 3.3 所示。

```
hisdb=# select spcname from  pg_tablespace;
```

```
hisdb=# \db
        List of tablespaces
    Name     | Owner  |      Location
-------------+--------+--------------------
 pg_default  | omm    |
 pg_global   | omm    |
 tbs_his     | omm    | tbs_his
 tbs_his_1   | his_in | /opt/spe_location
(4 rows)
```

图 3.2　用元命令 \db 查看表空间

```
hisdb=# select spcname from pg_tablespace;
  spcname
------------
 pg_default
 pg_global
 tbs_his
 tbs_his_1
(4 rows)
```

图 3.3　查询表空间名称

场景 5. 查看表空间的使用情况，如图 3.4 所示。

```
hisdb=# select PG_TABLESPACE_SIZE('tbs_his');
```

```
hisdb=# select pg_tablespace_size('tbs_his');
 pg_tablespace_size
--------------------
                  6
(1 row)
```

图 3.4　查询表空间大小

2. 更改表空间属性

表空间是 openGauss 管理存储空间的一个逻辑存储单元，通过表空间可以与实际的物理存储位置相关联。因此对于表空间属性的管理，重点关注的是表空间的名称和表空间的所有者。

（1）重命名表空间的 SQL 语法：

```
ALTER  TABLESPACE  tablespace_name  RENAME  TO  new_
tablespace_name;
```

（2）设置表空间所有者的 SQL 语法：

```
ALTER  TABLESPACE  tablespace_name  OWNER  TO  new_
owner;
```

例 3.3.2-2：修改表空间属性的几个场景。

场景 1. 把表空间 tbs_his_1 重命名为 tbs_his_out。

```
=#  alter  tablespace tbs_his_1  rename to tbs_his_out;
```

场景 2. 修改表空间 tbs_his_out 的所有者为用户 his_out。

```
=# alter tablespace tbs_his_1 owner to  his_out ;
```

如图 3.5 所示，修改后查看表空间：

```
hisdb=# \db
             List of tablespaces
    Name      | Owner   |      Location
-------------+---------+------------------
 pg_default   | omm     |
 pg_global    | omm     |
 tbs_his      | omm     | tbs_his
 tbs_his_out  | his_out | /opt/spe_location
(4 rows)
```

图 3.5　修改后的表空间

3. 删除表空间

删除表空间的 SQL 语法：

```
DROP TABLESPACE [ IF EXISTS ] tablespace_name;
```

如果指定的表空间不存在，则会发出一个 notice（提醒）而不是抛出一个错误。

例 3.3.2-3：删除表空间 tbs_his_out，如图 3.6 所示。

```
=# drop tablespace tbs_his_out ;
```

```
hisdb=# drop tablespace tbs_his_out ;
DROP TABLESPACE
hisdb=# \db
       List of tablespaces
    Name     | Owner | Location
------------+-------+----------
 pg_default | omm   |
 pg_global  | omm   |
 tbs_his    | omm   | tbs_his
(3 rows)
```

图 3.6　执行 drop 命令后显示的表空间

4. 创建数据库

数据库体现的是一个业务系统的全局数据逻辑，数据库之间是相互隔离的。一个数据库可以对应一个表空间，也可以对应多个表空间。

初始状态下，openGauss 包含 2 个模板数据库 template0、template1，以及 1 个默认的用户数据库 postgres。创建数据库需要具备系统管理员权限或数据库创建权限，然后通过复制模板数据库来创建新数据库。默认情况下，复制 template0 数据库。因此，template0 一般是禁止用户连接的。

创建数据库的基本 SQL 语法：

```
CREATE  DATABASE  database_name
[ [ WITH ] { [ OWNER [=] user_name ] |
[ TABLESPACE [=] tablespace_name ] |}[…] ];
```

参数说明：

database_name：数据库的名称。

OWNER [=] user_name：本子句指定数据库的所有者，默认情况下，新数据库的所有者是当前用户。

TABLESPACE [=] tablespace_name：指定数据库对应的表空间。

例 3.3.2-4：创建数据库的几个场景。

场景 1. 创建一个名为 his_db 的数据库。

```
=#  create  database  his_db;
```

场景 2. 在已创建的表空间 tbs_his 上创建名为 his_db 的数据库，并指定其所有者为已存在的用户 his_out。

```
=# create  database  his_db with tablespaces tbs_his
owner  his_out ;
```

☻ 解释：创建数据库时，如果不指定表空间，则在默认表空间 pg_default 上创建，数据库的所有者默认为创建数据库的用户。

创建好数据库后，系统并不自动进入该数据库，而是需要使用元命令“\c 数据库名”转换登录的数据库。

例 3.3.2-5：查看数据库的两个场景。

场景 1. 如图 3.7 所示，在执行了前面的创建新数据库、删除数据库的命令后，使用元命令 \l 列出本地服务器中的数据库。

```
hisdb=# \l
                                    List of databases
   Name    | Owner | Encoding  |   Collate    |    Ctype     |   Access privileges
-----------+-------+-----------+--------------+--------------+----------------------
 hisdb     | omm   | SQL_ASCII | C            | C            | =Tc/omm             +
           |       |           |              |              | omm=CTc/omm         +
           |       |           |              |              | his_prog_in=CTc/omm+
           |       |           |              |              | his_prog_in=APm/omm
 mydb      | omm   | GBK       | C            | C            |
 mydb2     | tym   | UTF8      | zh_CN.UTF-8  | zh_CN.utf-8  |
 opengauss | omm   | GBK       | C            | C            |
 postgres  | omm   | SQL_ASCII | C            | C            | =Tc/omm             +
           |       |           |              |              | omm=CTc/omm         +
           |       |           |              |              | tym=CTc/omm         +
           |       |           |              |              | tym=APm/omm
 template0 | omm   | SQL_ASCII | C            | C            | =c/omm              +
           |       |           |              |              | omm=CTc/omm
 template1 | omm   | SQL_ASCII | C            | C            | =c/omm              +
           |       |           |              |              | omm=CTc/omm
(7 rows)
```

图 3.7　使用 \l 元命令列出数据库

场景 2. 如图 3.8 所示，在系统表 pg_database 中用 select 语句查询服务器中的数据库。

```
hisdb=# select datname,datdba,datacl from pg_database;
  datname  | datdba |                                datacl
-----------+--------+----------------------------------------------------------------------
 template1 |     10 | {=c/omm,omm=CTc/omm}
 mydb      |     10 |
 opengauss |     10 |
 template0 |     10 | {=c/omm,omm=CTc/omm}
 postgres  |     10 | {=Tc/omm,omm=CTc/omm,tym=CTc/omm,tym=APm/omm}
 mydb2     |  16390 |
 hisdb     |     10 | {=Tc/omm,omm=CTc/omm,his_prog_in=CTc/omm,his_prog_in=APm/omm}
(7 rows)
```

图 3.8　使用 select 命令查看数据库

5. 修改数据库

使用 SQL 命令可以修改 openGauss 数据库的常用属性，例如，修改表空间、数据库名称、所有者等。修改数据库的基本 SQL 语法包括：

（1）修改数据库名

```
ALTER DATABASE database_name RENAME TO new_name;
```

（2）修改数据库所有者

```
ALTER DATABASE database_name OWNER TO new_owner;
```

☻ 解释：指定的新所有者 new_owner 必须是数据库中已经存在的用户，否则会报错。

（3）修改数据库默认表空间

```
ALTER DATABASE database_name SET TABLESPACE new_
tablespace;
```

例 3.3.2-6：改变数据库的属性。

场景 1. 修改数据库的名称。

```
=# alter database his_db rename to his_db_test;
```

场景 2. 修改数据库的所有者。

```
=# alter database his_db owner to new_owner;
```

场景 3. 修改数据库的表空间。

```
=# alter database his_db set tablespace tbsp_
hisdb;
```

6. 删除数据库

删除数据库的 SQL 语法：

```
DROP DATABASE [ IF EXISTS ] database_name;
```

如果指定的数据库不存在，则发出一个 notice（提醒）而不是抛出一个错误。

例 3.3.2-7：删除数据库 his_db。

```
=# drop database his_db;
```

⚠ 警告：一旦执行该语句，数据库 his_db 中的一切数据都将失去。因此，强烈建议在执行 drop database 前对数据库做一个备份，关于备份的方法，请参考本书第 8 章或 openGauss 文档。

3.3.3　创建和管理数据表

数据表是系统业务需求数据逻辑的抽象。一张二维表表示一个实体，通过外键体现了实体之间的关联关系。从数据库的三层模式上来说，数据表是数据库的核心，体现的是数据库的模式。它是数据文件的抽象表示，使得数据文件对用户是透明的，用户无须了解数据文件的具体物理存储方式；同时，数据表是外模式的基础，基于相同的数据表可以向不同的用户或应用提供不同的外部使用模式，增强了数据库系统的灵活性和可扩展性。

1. 创建表

关系数据库的数据表是一张二维表，在创建表时，需要定义表名（关系名）、列名（属性名）、列数据类型；此外，还可以提供诸如所在的表空间、所有者、主键、外键完整性约束等。完整性约束将在本书第 4 章做具体介绍。

创建表的基本 SQL 语法：

```
CREATE [ [ GLOBAL | LOCAL ] [ TEMPORARY | TEMP ] |
UNLOGGED ]
    TABLE [ IF NOT EXISTS ] table_name
    ({ column_name data_type [ column_constraint [...] ]
    | table_constraint
    )
    [ TABLESPACE  tablespace_name ];
```

参数说明：

table_name：要创建的表的名称。

column_name：新表中要创建的字段的名称。

data_type：字段的数据类型。

UNLOGGED：如果指定此关键字，则创建的表为非日志表。非日志表中写入的数据不会被记录到预写日志中，这在生成速度上就会比普通表快很多。但是，非日志表在遇到冲突、执行操作系统重启、强制重启、切断电源操作或异常关机后会被自动截断，造成数据丢失的风险。

TEMPORARY | TEMP：创建的表为临时表。

GLOBAL | LOCAL：临时表分为全局临时表和本地临时表两种类型。创建临时表时如果指定 GLOBAL 关键字则为全局临时表，否则为本地临时表。全局临时表的元数据对所有会话可见，会话结束后元数据继续存在。本地临时表只在当前会话中可见，当前会话结束后会自动删除。

column_constraint：表示列约束，可以指定 NULL、NOT NULL、DEFAULT、UNIQUE、CHECK、PRIMARY KEY、REFERENCES 等。

table_constraint：表示表级约束，可以指定 CHECK、UNIQUE、PRIMARY KEY、FOREIGN KEY 等。

TABLESPACE tablespace_name：指定数据表所在的表空间。

例 3.3.3-1：创建表的几个场景。

场景 1. 创建表的简单操作。

```
=# create  table  person(per_no  char(20) , per_name
varchar(50));
```

本命令创建了一个名为 person 的表，它包括两列 per_no 和 per_name，字段类型都为字符类型；

场景 2. 在创建表时指定主键和所在的表空间。

```
=# create  table  person( per_no  char(20) primary
key, per_name  varchar(50)) tablespace tbs_hisdb;
```

场景 3. 在创建表时指定主键和外键。

创建 3.1 节介绍的医生基本信息表、患者基本信息表和门诊挂号表。

创建医生基本信息表：

```
=# create table person (
(# per_no  char(10)  primary key,
(# per_name  varchar(20),
(# gender  varchar(10),
(#  per_birth  date,
(#  dept_no   varchar(20),
(#  per_dir   char(10)  );
```

创建患者基本信息表：

```
=# create table patient (
(# pat_no  int   primary key,
(#  pat_name    varchar(20),
(#  pat_gender    varchar(10),
(#  pat_birth   date  );
```

创建门诊挂号表：

```
=# create table out_registration (
(# seq_no     int   primary key,
(#  reg_date date,
(#  reg_pat  int   references patient(pat_no),
(#  dng_doc  char(10)   references person(per_no),
(#  reg_dept    varchar(20),
(#  reg_amount  int   );
```

例 3.3.3-2：使用元命令查看数据表，如图 3.9 所示：

```
hisdb=# \dt
                              List of relations
 Schema |        Name         | Type  | Owner |             Storage
--------+---------------------+-------+-------+----------------------------------
 public | person              | table | omm   | {orientation=row,compression=no}
 public | medict              | table | omm   | {orientation=row,compression=no}
 public | out_registration    | table | omm   | {orientation=row,compression=no}
 public | outrecipe_detail    | table | omm   | {orientation=row,compression=no}
 public | outrecipe_head      | table | omm   | {orientation=row,compression=no}
 public | patient             | table | omm   | {orientation=row,compression=no}
(6 rows)
```

图 3.9 使用元命令 \dt 查看表结构

2. 修改表属性

修改表，包括修改表的定义、重命名表、重命名表中指定的列、重命名表的约束、设置表所属的模式、添加 / 更新多个列、打开 / 关闭行访问控制开关。

修改表属性的 SQL 语法：

```
ALTER TABLE table_name action [, …];
```

参数说明：

ALTER TABLE 语句中的 action 常用操作包括：

ADD [COLUMN] column_name data_type [column_constraint […]]：向表中增加一个新的字段，所有表中现有行都初始化为该字段的默认值（如果没有声明 DEFAULT 子句，值为 NULL）。

ADD ({ column_name data_type } [, …])：向表中增加多列。

MODIFY ({ column_name data_type } [, …])：修改表中已存在字段的数据类型。

ALTER [COLUMN] column_name TYPE data_type：修改表字段的数据类型。

DROP [COLUMN] column_name [RESTRICT | CASCADE]：从表中删除一个已有字段。如果该字段被其他数据库对象引用，声明 RESTRICT 表示限制，即禁止该字段被删除，声明 CASCADE 则表示级联删除，即该字段和引用该字段的数据库对象一起被删除。该命令并不是物理上把字段删除，而只是简单地把它标记为对 SQL 操作不可见。随后对该表的插入和更新将会在该字段存储一个 NULL。因此删除一个字段是很快的，但是这不会立即释放表在磁盘上的空间，因为被删除了的字段所占据的空间还没有回收。这些空间将在执行 VACUUM 时回收。

例 3.3.3-3：修改表属性示例。

场景 1. 在一个操作中修改两个字段的数据类型，以下两种修改语句是等效的。

```
=# alter table person modify (per_name varchar(30),
dept_no varchar(50));
```

和

```
=# alter table person
```

```
-# alter column per_name varchar(30),
-# alter column dept_no varchar(50);
```

查看修改前表结构，如图 3.10 所示：

```
his_db=# \d person
                   Table "public.person"
  Column    |              Type              | Modifiers
------------+--------------------------------+-----------
 per_no     | character(10)                  | not null
 per_name   | character varying(20)          |
 gender     | character varying(10)          |
 per_birth  | timestamp(0) without time zone |
 dept_no    | character varying(20)          |
 per_dir    | character(10)                  |
```

图 3.10　用 \d 元命令查看修改前表结构

查看修改后表结构，如图 3.11 所示：

```
his_db=# alter table person modify (per_name varchar(30), dept_no varchar(50));
ALTER TABLE
his_db=# \d person
                   Table "public.person"
  Column    |              Type              | Modifiers
------------+--------------------------------+-----------
 per_no     | character(10)                  | not null
 per_name   | character varying(30)          |
 gender     | character varying(10)          |
 per_birth  | timestamp(0) without time zone |
 dept_no    | character varying(50)          |
 per_dir    | character(10)                  |
```

图 3.11　用 \d 元命令查看修改后表结构

场景 2. 在表中新增一个名为 rem 的字段。

```
=# alter table person add column rem varchar(250);
```

如图 3.12 所示，先更改表，然后使用 \d 元命令检查其变化：

```
his_db=# alter table person add column rem varchar(250);
ALTER TABLE
his_db=# \d person
                   Table "public.person"
  Column    |              Type              | Modifiers
------------+--------------------------------+-----------
 per_no     | character(10)                  | not null
 per_name   | character varying(30)          |
 gender     | character varying(10)          |
 per_birth  | timestamp(0) without time zone |
 dept_no    | character varying(50)          |
 per_dir    | character(10)                  |
 rem        | character varying(250)         |
```

图 3.12　在表中增加字段后查看表的变化

场景 3. 删除表中的字段，如图 3.13 所示。

```
=# alter table person drop column rem
```

```
his_db=# alter table person drop column rem;
ALTER TABLE
his_db=# \d person
                  Table "public.person"
  Column   |              Type              | Modifiers
-----------+--------------------------------+-----------
 per_no    | character(10)                  | not null
 per_name  | character varying(30)          |
 gender    | character varying(10)          |
 per_birth | timestamp(0) without time zone |
 dept_no   | character varying(50)          |
 per_dir   | character(10)                  |
```

图 3.13　在表中删除字段后查看表的变化

3. 删除表

```
DROP TABLE [ IF EXISTS ] { [schema.]table_name } [, …]
[ CASCADE | RESTRICT ];
```

如果指定的表不存在，则发出一个 notice（提醒）而不是抛出一个错误；schema 表示模式名；CASCADE 表示级联删除依赖于该表的对象（比如视图）；RESTRICT（默认项）表示如果存在依赖对象，则拒绝删除该表。

例 3.3.3-4：删除数据表 doctor。

```
=# drop table doctor;
```

3.4　数据查询与修改

数据操纵语言（DML）包括数据的查询与修改，即表中数据的增、删、改、查操作。查询是数据库的核心功能，基于用户多种多样的查询需求，数据库提供了功能强大的查询语句，openGauss 中 SELECT 语句的基本格式如下：

```
SELECT [ ALL | DISTINCT] { * | {expression [ [ AS ]
output_name ]} }
[ FROM from_item [, …] ]
[ WHERE condition ]
[ GROUP BY grouping_element [, …] ]
[ HAVING condition [, …] ]
[ ORDER BY {expression [ [ ASC | DESC ]
```

参数说明：

SELECT：该子句指定的是查询显示的列，相当于关系代数中的投影运算。声明 ALL 则显示所有查询结果值，声明 DISTINCT 表示如果查询结果中有重复值，则只显示一次；通配符 * 表示查询所有列，否则需通过列名指定要查询的列；也可以显示计算表达式，并且可以通过 AS 或者空格，为显示结果指定列别名。

FROM：该子句指定查询的数据源，通常是数据表或者视图，如果是多张表，则相当于关系代数中的笛卡儿积运算。

WHERE：该子句指定查询条件或者表之间的连接条件，相当于关系代数中的选择或连接运算。

GROUP BY：分组子句，在需要对查询结果进行分组时使用，但进行筛选时需要添加 HAVING 关键词。

ORDER BY：排序子句，其中的表达式指定排序字段，ASC 表示升序，DESC 表示降序。

3.4.1　基本查询

最基本的 SQL 查询结构由 SELECT、FROM、WHERE 构成。以 3.1 节门诊业务中的表为例，执行如下命令来实现相应的查询：

1. 查询基本信息

例 3.4.1-1：查询门诊挂号表的全部信息。

```
hisdb=# select *  from  out_registration ;
```

结果如图 3.14 所示：

```
seq_no |      reg_date       | reg_pat  | dng_doc | reg_dept | reg_amount
--------+---------------------+----------+---------+----------+------------
 106783 | 2023-01-26 00:00:00 | 20210001 | 2031189 | 心胸外科 |          5
 106784 | 2023-01-30 00:00:00 | 20210002 | 2031189 | 心胸外科 |          5
 106785 | 2023-02-24 00:00:00 | 20210003 | 2033389 | 骨科     |         10
 106786 | 2023-03-02 00:00:00 | 20210003 | 2034489 | 呼吸科   |         10
(4 rows)
```

图 3.14　查询 out_registration 表的全部列

例 3.4.1-2：查询表中指定的列。如查询门诊挂号表中全部接诊部门。

```
hisdb=#  select reg_dept from  out_registration ;
```

结果如图 3.15 所示：

例 3.4.1-3：使用 distinct 子句，去除字段中的重复值。如查询药品字典表中的药品名称字段，并去掉重复的名称。

```
hisdb=#  select  distinct med_name  from  medict ;
```

结果如图 3.16 所示：

```
reg_dept
----------
心胸外科
心胸外科
骨科
呼吸科
(4 rows)
```

图 3.15　查询 out_registration 表的特定列

```
med_name
----------------
阿莫西林颗粒
葡萄糖注射液
阿莫西林胶囊
小儿清肺口服液
(4 rows)
```

图 3.16　在 select 中使用 distinct

可以在 SQL 语句中使用 openGauss 的内置函数，以便执行转换或比较等功能，无论 select 子句或 where 子句均可使用，也可以组成表达式以描述或表达更复杂的需求。同时，还可在 SQL 语句中指定别名，常用的别名是列的别名和表的别名，一般在防止命名冲突（同名混淆）、为计算列赋名和方便引用子查询中的列时使用别名。

例 3.4.1-4：使用内置函数做简单计算。如查询医生的编号、姓名，根据出生年月计算其年龄（此处也可以嵌套使用更复杂的函数，仅留下医生年龄的整数部分，有兴趣的读者可自行尝试）。

```
hisdb=# select  per_no, per_name, age(current_date,
per_birth)
hisdb-# as age from  person;
```

结果如图 3.17 所示：

```
hisdb=# select  per_no, per_name, age(current_date, per_birth)
hisdb-# as age from person;
        per_no          | per_name  |            age
------------------------+-----------+---------------------------
 2032289                | 李医生     | 35 years 3 mons 11 days
 2033389                | 王主任     | 37 years 7 mons 8 days
 2034489                | 杨主任     | 48 years 7 mons 3 days
 2027889                | 徐主任     | 33 years 7 mons 9 days
 2031478                | 刘医生     | 39 years 11 mons 10 days
 2004568                | 林主任     | 58 years 7 mons 22 days
 2031189                | 张医生     | 31 years 5 mons 12 days
(7 rows)
```

图 3.17 在 select 子句中使用函数进行简单计算

2. 多种查询条件的应用

SQL 查询支持多种查询条件，如表 3.7 所示。在 SELECT 语句中，可以指定一个查询表达式，也可以是多个查询表达式的复合运算，多个查询表达式之间通过逻辑运算符（与、或、非）进行连接。

表 3.7 常用的查询条件

查询条件	谓词
比较	=，>，>=，<，<=，!=，<>，!>，!< NOT+ 上述比较运算符
确定范围	BETWEEN AND，NOT BETWEEN AND
确定集合	IN，NOT IN
字符匹配	LIKE，NOT LIKE
空值	IS NULL，IS NOT NULL
多重条件	AND，OR

例 3.4.1-5：查询 18 岁到 40 岁之间的患者姓名、性别、年龄。

```
hisdb=# select
hisdb-# pat_name, pat_gender, age(current_date, pat_birth) as age
hisdb-# from patient
hisdb-# where age between interval '18' year and interval '40' year;
```

结果如图 3.18 所示：

```
 pat_name | pat_gender |           age
----------+------------+-------------------------
 田润叶   | 女         | 24 years 1 mon 2 days
 刘其伟   | 男         | 18 years 2 mons 11 days
 程心     | 女         | 22 years 11 mons 22 days
 李雪然   | 男         | 37 years 2 mons 9 days
(4 rows)
```

图 3.18　在查询条件中使用 between

例 3.4.1–6：查询门诊处方头表中林姓药师的所有发药记录。

```
hisdb=# select * from outrecipe_head where audit_doc like '林%';
```

结果如图 3.19 所示：

```
 seq_no | pre_no |      pre_date       | pre_doc | pre_dept |     audit_date      | audit_doc
--------+--------+---------------------+---------+----------+---------------------+-----------
 106785 |   5695 | 2023-02-25 10:47:59 | 王主任  | 骨科     | 2023-02-25 15:21:59 | 林药师
(1 row)
```

图 3.19　在查询条件中使用 like

例 3.4.1–7：查询门诊处方头表中开方医生不是主任医生的全部数据。

```
hisdb=# select * from outrecipe_head where pre_doc not like '%主任';
```

结果如图 3.20 所示：

```
 seq_no | pre_no |      pre_date       | pre_doc | pre_dept |     audit_date      | audit_doc
--------+--------+---------------------+---------+----------+---------------------+-----------
 106784 |   5004 | 2023-01-31 09:26:56 | 张医生  | 心胸外科 | 2023-01-31 14:56:56 | 周药师
 106783 |   5006 | 2023-01-27 16:30:25 | 张医生  | 心胸外科 | 2023-01-27 17:30:25 | 刘药师
(2 rows)
```

图 3.20　在查询条件中使用 not like

例 3.4.1–8：查询药品字典表里没有缩写的药品。

```
hisdb=# select * from medict where abbr is null;
```

结果如图 3.21 所示：

```
med_no |     med_name      |        specification         | med_dosage | unit | abbr
-------+-------------------+------------------------------+------------+------+------
 36040 | 小儿清肺口服液     | 有清肺，化痰，止咳的功效      |        100 | Ml   |
(1 row)
```

图 3.21 null 的使用

3.4.2 嵌套查询

嵌套查询是指在一个外层查询中包含另一个内层查询。其中，外层查询称为主查询，内层查询称为子查询。嵌套查询主要分为不相关子查询和相关子查询两种。

1. 不相关子查询

在不相关子查询中，内层查询的执行与外层查询无关，可以先独立执行内层查询，再将内层查询的结果作为外层查询的筛选条件，最后执行外层查询得到最终的结果。

例 3.4.2-1：查询医生基本信息表中比最老的医生年轻的所有医生的姓名及出生日期，注意这里使用了内置的函数 min( )。

```
hisdb=# select  per_name,per_birth  from  person
hisdb-# where per_birth > (select min(per_birth) from
person);
```

结果如图 3.22 所示：

```
per_name |      per_birth
---------+---------------------
李医生   | 1988-10-02 00:00:00
王主任   | 1986-06-05 00:00:00
杨主任   | 1975-06-10 00:00:00
徐主任   | 1990-06-04 00:00:00
刘医生   | 1984-02-03 00:00:00
张医生   | 1992-08-01 00:00:00
```

图 3.22 使用嵌套查询进行排除

例 3.4.2-2：查询在门诊挂号表中的患者的基本信息。

```
hisdb=# select  *  from  patient
hisdb-# where  pat_no  in
hisdb-# (select  distinct(reg_pat)  from  out_
registration);
```

结果如图 3.23 所示：

```
  pat_no  | pat_name | pat_gender |      pat_birth
----------+----------+------------+---------------------
 20210001 | 李红梅   | 女         | 1956-03-15 00:00:00
 20210002 | 张振华   | 男         | 1976-03-05 00:00:00
 20210003 | 李雪然   | 男         | 1986-06-05 00:00:00
(3 rows)
```

图 3.23 使用嵌套查询来确定查找范围

例 3.4.2-3：在 select 子句中使用 in 和 not in 操作符，查询已有挂号或未被挂号的医生的基本信息。

场景 1. 查询在门诊挂号表中有挂号记录的医生的全部信息，结果如图 3.24 所示：

```
hisdb=# select * from person where per_no in (
hisdb (# select distinct(dng_doc) from out_
registration);
```

```
hisdb=# select * from person where per_no in (
hisdb(# select distinct(dng_doc) from out_registration);
```

per_no	per_name	gender	per_birth	dept_no	per_dir
2033389	王主任	F	1986-06-05 00:00:00	骨科	2033389
2034489	杨主任	M	1975-06-10 00:00:00	呼吸科	2034489
2031189	张医生	M	1992-08-01 00:00:00	心胸外科	2027889

图 3.24　使用 IN 谓词的嵌套查询

场景 2. 查询在门诊挂号表中没有挂号记录的医生的全部信息，结果如图 3.25 所示：

```
hisdb=# select * from person where per_no  not in
hisdb-# (select distinct(dng_doc) from out_
registration);
```

```
hisdb=# select * from person where per_no  not in
hisdb-# (select distinct(dng_doc) from out_registration);
```

per_no	per_name	gender	per_birth	dept_no	per_dir
2032289	李医生	M	1988-10-02 00:00:00	内科	2004568
2027889	徐主任	M	1990-06-04 00:00:00	心胸外科	2027889
2031478	刘医生	M	1984-02-03 00:00:00	骨科	2033389
2004568	林主任	F	1965-05-22 00:00:00	内科	2004568

图 3.25　使用 NOT IN 谓词的嵌套查询

2. 相关子查询

在相关子查询中，内层查询的执行与外层查询是相关的，外层查询涉及的表中的字段值往往是内层查询的筛选条件，因此，相关子查询是一种由外层向内层的执行方式，是一种迭代的执行结构。在相关子查询中，通常会使用 EXISTS 和 NOT EXISTS 谓词。EXISTS 谓词在子查询结果不为空时为真，否则为假；NOT EXISTS 谓词则正好相反，在子查询结果为空时为真，否则为假。

例 3.4.2-4：查询接诊过患者的医生的信息。

```
hisdb=# select * from person p where exists (
hisdb(# select *  from out_registration o
hisdb(# where p.per_no = o.dng_doc);
```

结果如图 3.26 所示：

```
hisdb=# select * from person p where exists (
hisdb(# select *  from out_registration o
hisdb(# where p.per_no = o.dng_doc);
        per_no         | per_name | gender |      per_birth       |       dept_no        |       per_dir
-----------------------+----------+--------+----------------------+----------------------+---------------------
 2033389               | 王主任   | F      | 1986-06-05 00:00:00  | 骨科                 | 2033389
 2034489               | 杨主任   | M      | 1975-06-10 00:00:00  | 呼吸科               | 2034489
 2031189               | 张医生   | M      | 1992-08-01 00:00:00  | 心胸外科             | 2027889
```

图 3.26 使用 EXISTS 谓词的嵌套查询

例 3.4.2-4 是一个相关子查询，查询 out_registration 表时，使用到了外层查询表 person 中的字段 per_no。请再来体会例 3.4.2-5，并与例 3.4.2-3 中使用 in 和 not in 操作符的示例进行比较。

例 3.4.2-5：查询没有接诊过患者的医生的信息。

```
hisdb=# select * from person p where not exists (
hisdb(# select * from out_registration o
hisdb(# where p.per_no = o.dng_doc);
```

结果如图 3.27 所示：

```
hisdb=# select * from person p where not exists (
hisdb(# select * from out_registration o
hisdb(# where p.per_no = o.dng_doc);
        per_no         | per_name | gender |      per_birth       |       dept_no        |       per_dir
-----------------------+----------+--------+----------------------+----------------------+---------------------
 2032289               | 李医生   | M      | 1988-10-02 00:00:00  | 内科                 | 2004568
 2031478               | 刘医生   | M      | 1984-02-03 00:00:00  | 骨科                 | 2033389
 2004568               | 林主任   | F      | 1965-05-22 00:00:00  | 内科                 | 2004568
 2027889               | 徐主任   | M      | 1990-06-04 00:00:00  | 心胸外科             | 2027889
```

图 3.27 使用 NOT EXISTS 谓词的嵌套查询

使用不相关子查询，可以实现第 1 章介绍的关系代数除法。除法本质上是一种“包含所有”的运算。例如，查询“挂过骨科所有医生号的患者的基本信息”，SQL 查询执行的基本思路是：找到骨科的所有医生；针对每一位患者，查找该患者没有挂过号的骨科医生信息；如果不存在该患者没有挂号的骨科医生，则说明该患者挂过骨科所有医生的号。具体 SQL 语句如例 3.4.2-6 所示。

例 3.4.2-6：查询挂过骨科所有医生号的患者的基本信息。

```
hisdb=# select * from patient p where not exists (select
* from person d
hisdb(# where d.dept_no='骨科' and  not exists  (
hisdb(# select * from out_registration o
hisdb(# where o. reg_pat =p. pat_no and o. dng_doc =
d.per_no ));
```

请读者自己执行此示例。

3.4.3 多表连接

多表连接是一种在多个表之间通过某些相关联的列来检索数据的方法，它根据这些表之间的关联关系，将这些表连接起来，从而返回符合特定条件的结果集。多表连接是关系数据库应用及查询的最常见和最主要的方法。通过多表连接，可以将为了满足关系数据库设计理论（详见本书第 4 章）而结构化和规范化了的“单一”表中的数据，按业务要求重新组合成所需要的结果集。根据连接方式的不同，可以分为内连接和外连接；根据连接条件的定义不同，又可以划分为等值连接和非等值连接。

1. 等值连接与非等值连接

连接条件定义为不同表的某个属性列取值相等的称为等值连接，否则称为非等值连接。

例 3.4.3–1：等值连接，查询医生年龄等于接诊患者年龄的医生姓名、出生日期，以及患者姓名、出生日期。

```
hisdb=# select per_name, per_birth, j.pat_name, j.pat_
birth
hisdb-# from person , (select pat_name, pat_birth,
dng_doc
hisdb(# from patient , out_registration  where pat_
no=reg_pat) j
hisdb-# where per_no=j.dng_doc and  age(per_
birth)=age(j.pat_birth);
```

结果如图 3.28 所示：

```
 per_name |      per_birth      | pat_name |      pat_birth
----------+---------------------+----------+---------------------
 王主任   | 1986-06-05 00:00:00 | 李雪然   | 1986-06-05 00:00:00
(1 row)
```

图 3.28　查询医生年龄等于接诊患者年龄的医生和患者

例 3.4.3–2：非等值连接，查询医生年龄小于接诊患者年龄的医生姓名、出生日期，以及患者姓名、出生日期。

```
hisdb=# select per_name, per_birth, pat_name, pat_
birth from person,
hisdb-# (select pat_name, pat_birth, dng_doc
hisdb(# from patient , out_registration  where pat_
no=reg_pat)
hisdb-# where per_no=dng_doc and age(per_birth) <
age(pat_birth);
```

结果如图 3.29 所示：

per_name	per_birth	pat_name	pat_birth
张医生	1992-08-01 00:00:00	李红梅	1956-03-15 00:00:00
张医生	1992-08-01 00:00:00	张振华	1976-03-05 00:00:00

(2 rows)

图 3.29　查询医生年龄小于接诊患者年龄的医生和患者

2. 内连接

满足连接条件的行才作为结果输出的连接称为内连接，内连接使用的连接条件通常是等值连接，如果在输出列中公共属性列只输出一列，则称为自然连接。

例 3.4.3–3：查询门诊处方对应的药品详细信息：

```
hisdb=#  select seq_no, pre_no, pre_row, m.*
hisdb-#  from outrecipe_detail o, medict m
hisdb-#  where o.med_no=m.med_no ;
```

结果如图 3.30 所示：

hisdb=# select seq_no, pre_no, pre_row, m.* from outrecipe_detail o, medict m where o.med_no=m.med_no;

seq_no	pre_no	pre_row	med_no	med_name	specification	med_dosage	unit	abbr
106783	5006	1	31010	阿莫西林颗粒	广谱抗菌素，适用于儿童敏感菌感染	250	Mg	amxlkl
106783	5006	2	30226	葡萄糖注射液	高渗葡萄糖注射液，适用于静脉推注	10	ml	GS;pttzsy
106784	5004	1	31011	阿莫西林胶囊	广谱抗菌素，适用于敏感菌重度感染	750	Mg	amxl
106785	5695	1	30226	葡萄糖注射液	高渗葡萄糖注射液，适用于静脉推注	10	ml	GS;pttzsy
106786	5784	1	31011	阿莫西林胶囊	广谱抗菌素，适用于敏感菌重度感染	750	Mg	amxl

(5 rows)

图 3.30　两个表的内连接示例

例 3.4.3–4：查询患者挂号日期、患者姓名、接诊医生姓名及挂号科室。

方法 1. 使用等值连接：

```
hisdb=#  select reg_date , pat_name , per_name , reg_dept
hisdb-#  from out_registration , person , patient
hisdb-#  where  dng_doc = per_no and reg_pat = pat_no ;
```

结果如图 3.31 所示：

reg_date	pat_name	per_name	reg_dept
2023-01-26 00:00:00	李红梅	张医生	心胸外科
2023-01-30 00:00:00	张振华	张医生	心胸外科
2023-02-24 00:00:00	李雪然	王主任	骨科
2023-03-02 00:00:00	李雪然	杨主任	呼吸科

图 3.31　三个表的内连接示例 1

方法 2. 使用内连接：

```
hisdb=#  select reg_date , pat_name , per_name , reg_dept
```

```
hisdb-#  from out_registration
hisdb-#  inner join person  on  dng_doc = per_no
hisdb-#  inner join patient  on  reg_pat = pat_no ;
```

结果如图 3.32 所示：

```
hisdb=# select reg_date , pat_name , per_name , reg_dept
hisdb-# from out_registration
hisdb-# inner join person  on  dng_doc = per_no
hisdb-# inner join patient  on  reg_pat = pat_no ;
      reg_date       | pat_name | per_name | reg_dept
---------------------+----------+----------+----------
 2023-01-26 00:00:00 | 李红梅   | 张医生   | 心胸外科
 2023-01-30 00:00:00 | 张振华   | 张医生   | 心胸外科
 2023-02-24 00:00:00 | 李雪然   | 王主任   | 骨科
 2023-03-02 00:00:00 | 李雪然   | 杨主任   | 呼吸科
```

图 3.32　三个表的内连接示例 2

3. 外连接

与内连接相对应的，外连接是指这样一种连接方法：在执行多表连接时，不仅把公共属性上等值的元组进行连接以生成结果集中的新元组，而且那些没有满足等值条件的元组也将生成新元组，读者可以参考第 1 章 1.4 节关系代数中的外连接执行示例。外连接可以分为左外连接、右外连接和全外连接。

由于外连接还涉及两个表中的不匹配部分，相对复杂，所以为了避免被实际业务中的数据干扰，本节先以两个简单的表来说明：

表 tb_1(t1id int , t1cont char(20))

```
 t1id |       t1cont
------+--------------------
    1 | t1_row1
    2 | t1_row2
    3 | t1_row3
      | t1_row4
    5 | t1_row5
```

表 tb_2(t2id int , t2cont char(20))

```
 t2id |       t2cont
------+--------------------
    1 | tb2_row1
    2 | tb2_row2
      | tb2_row3
      | tb2_row4
```

对于这两个表的 t1id 列和 t2id 列中的空白部分，数据库将记录为 null，众所周知，null 的值代表“没有”或“不确定”，因此是不能被比较的，请参见例 3.4.3-5 的等值连接示例。

例 3.4.3-5：tb_1 和 tb_2 的等值连接结果集，如图 3.33 所示：

```
hisdb=# select * from tb_1, tb_2 where t1id=t2id;
 t1id |        t1cont        | t2id |       t2cont
------+----------------------+------+--------------------
    1 | t1_row1              |    1 | tb2_row1
    2 | t1_row2              |    2 | tb2_row2
(2 rows)
```

图 3.33　tb_1 和 tb_2 的等值连接结果集

下面以这两个表中的数据来研究三种外连接。

例 3.4.3-6：左外连接（left outer join 或者 left join）就是在等值连接的基础上加入主表中的未匹配数据。

场景 1. 以 tb_1 作为主表，结果集将包含 tb_1 中的未匹配数据，如图 3.34 所示：

```
hisdb=# select * from tb_1 left outer join tb_2 on t1id=t2id;
 t1id |         t1cont          | t2id |        t2cont
------+-------------------------+------+----------------------
    1 | t1_row1                 |    1 | tb2_row1
    2 | t1_row2                 |    2 | tb2_row2
    3 | t1_row3                 |      |
      | t1_row4                 |      |
    5 | t1_row5                 |      |
(5 rows)
```

图 3.34　以 tb_1 为主表的左外连接

场景 2. 以 tb_2 作为主表，结果集将包含 tb_2 中的未匹配数据，如图 3.35 所示：

```
hisdb=# select * from tb_2 left outer join tb_1 on t1id=t2id;
 t2id |         t2cont          | t1id |        t1cont
------+-------------------------+------+----------------------
    1 | tb2_row1                |    1 | t1_row1
    2 | tb2_row2                |    2 | t1_row2
      | tb2_row3                |      |
      | tb2_row4                |      |
(4 rows)
```

图 3.35　以 tb_2 为主表的左外连接

例 3.4.3-7：右外连接（right outer join 或者 right join）是在等值连接的基础上加入被连接表的未匹配数据。

场景 1. 以 tb_1 为主表，tb_2 为被连接的表，结果集将包含 tb_2 中的未匹配数据，如图 3.36 所示：

```
hisdb=# select * from tb_1 right outer join tb_2 on t1id=t2id;
 t1id |         t1cont          | t2id |        t2cont
------+-------------------------+------+----------------------
    1 | t1_row1                 |    1 | tb2_row1
    2 | t1_row2                 |    2 | tb2_row2
      |                         |      | tb2_row3
      |                         |      | tb2_row4
(4 rows)
```

图 3.36　以 tb_1 为主表的右外连接

场景 2. 以 tb_2 为主表，tb_1 为被连接的表，结果集将包含 tb_1 中的未匹配数据，如图 3.37 所示：

```
hisdb=# select * from tb_2 right outer join tb_1 on t1id=t2id;
 t2id |         t2cont          | t1id |        t1cont
------+-------------------------+------+----------------------
    1 | tb2_row1                |    1 | t1_row1
    2 | tb2_row2                |    2 | t1_row2
      |                         |    3 | t1_row3
      |                         |      | t1_row4
      |                         |    5 | t1_row5
(5 rows)
```

图 3.37　以 tb_2 为主表的右外连接

例 3.4.3-8：全外连接（full outer join 或者 full join）是在等值连接的基础上将左表和右表的未匹配数据都加上，注意这与两个表之间的笛卡儿积并不相同。

场景 1. tb_1 与 tb_2 的全外连接结果集，如图 3.38 所示：

```
hisdb=# select * from tb_1 full outer join tb_2 on t1id=t2id;
 t1id |         t1cont          | t2id |        t2cont
------+-------------------------+------+----------------------
    1 | t1_row1                 |    1 | tb2_row1
    2 | t1_row2                 |    2 | tb2_row2
    3 | t1_row3                 |      |
      | t1_row4                 |      |
    5 | t1_row5                 |      |
      |                         |      | tb2_row4
      |                         |      | tb2_row3
(7 rows)
```

图 3.38　tb_1 和 tb_2 的全外连接结果集

场景 2. tb_1 与 tb_2 的笛卡儿积，如图 3.39 所示：

```
hisdb=# select * from tb_1,tb_2;
 t1id |         t1cont          | t2id |        t2cont
------+-------------------------+------+----------------
    1 | t1_row1                 |    1 | tb2_row1
    1 | t1_row1                 |    2 | tb2_row2
    1 | t1_row1                 |      | tb2_row3
    1 | t1_row1                 |      | tb2_row4
    2 | t1_row2                 |    1 | tb2_row1
    2 | t1_row2                 |    2 | tb2_row2
    2 | t1_row2                 |      | tb2_row3
    2 | t1_row2                 |      | tb2_row4
    3 | t1_row3                 |    1 | tb2_row1
    3 | t1_row3                 |    2 | tb2_row2
    3 | t1_row3                 |      | tb2_row3
    3 | t1_row3                 |      | tb2_row4
      | t1_row4                 |    1 | tb2_row1
      | t1_row4                 |    2 | tb2_row2
      | t1_row4                 |      | tb2_row3
      | t1_row4                 |      | tb2_row4
    5 | t1_row5                 |    1 | tb2_row1
    5 | t1_row5                 |    2 | tb2_row2
    5 | t1_row5                 |      | tb2_row3
    5 | t1_row5                 |      | tb2_row4
(20 rows)
```

图 3.39　tb_1 和 tb_2 的笛卡儿积

下面以医院信息系统 (HIS) 为例，研究外连接的实际应用及其意义。

例 3.4.3-9：左外连接：查询全部患者姓名以及对应的接诊医生和所在科室。

```
hisdb=# select  pat_name , j.per_name , j.dept_no
from  patient
hisdb-# left join  (select per_name , dept_no, reg_pat
hisdb(# from person , out_registration where per_no =
dng_doc) j
hisdb-# on pat_no = j.reg_pat ;
```

结果如图 3.40 所示：

pat_name	per_name	dept_no
李红梅	张医生	心胸外科
张振华	张医生	心胸外科
李雪然	王主任	骨科
李雪然	杨主任	呼吸科
刘其伟		
田润叶		
程心		

(7 rows)

图 3.40 左外连接示例

在例 3.4.3-9 中，patient 是主表（也称为左表），j 是被连接的表（也称为右表），左外连接以左表为主。由本例可知，被连接的表可以是由 SQL 语句生成的临时表。本例的意义是查出患者的挂号情况，若患者没有挂号信息，则其接诊医生和所在科室信息为空（null）。

例 3.4.3-10：右外连接：查询全部医生姓名和所在科室以及其接诊的患者。

```
hisdb=# select per_name, dept_no, rj.pat_name
hisdb-# from (select pat_name,dng_doc from patient,out_registration
hisdb(# where  pat_no = reg_pat ) rj
hisdb-# right join  person  on  per_no = rj.dng_doc;
```

结果如图 3.41 所示：

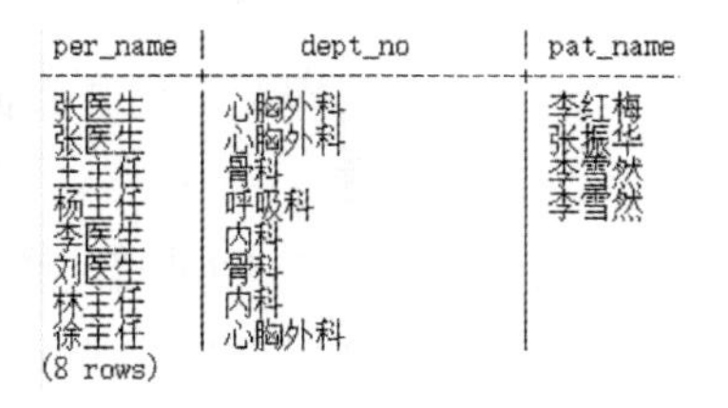

per_name	dept_no	pat_name
张医生	心胸外科	李红梅
张医生	心胸外科	张振华
王主任	骨科	李雪然
杨主任	呼吸科	李雪然
李医生	内科	
刘医生	骨科	
林主任	内科	
徐主任	心胸外科	

(8 rows)

图 3.41 右外连接示例

在例 3.4.3-10 中，rj 是由 SQL 语句构成的主表（也称为左表），person 是被连接的表（也称为右表），右外连接以右表信息为主，如果医生没有接诊患者，则医生对应的患者信息为空（null）。

3.4.4 聚合查询

聚合查询通过包含一个聚合函数（如 Sum 或 Avg），以实现汇总来自多个行的信息，也被称作分组查询。

例 3.4.4-1：查询每个科室医生的平均年龄。

```
hisdb=# select  dept_no, avg(age(current_date, per_birth)) as  avg_age
hisdb-# from  person group  by  dept_no;
```

结果如图 3.42 所示：

dept_no	avg_age
骨科	38 years 9 mons 12 days
心胸外科	32 years 6 mons 13 days 12:00:00
内科	46 years 11 mons 19 days 12:00:00
呼吸科	48 years 7 mons 6 days

(4 rows)

图 3.42 按所在科室求平均年龄

例 3.4.4-2：查询每个科室的医生人数，结果如图 3.43 所示：

```
hisdb=# select  dept_no, count(*)  as  emp_num
hisdb-# from  person
```

```
hisdb-# group  by  dept_no;
```

例 3.4.4-3：查询每个科室医生的年龄最大值，结果如图 3.44 所示：

```
hisdb=# select  dept_no,  max(age(per_birth))  as  age
hisdb=# from  person
hisdb=# group  by  dept_no;
```

```
      dept_no         | emp_num
----------------------+---------
 骨科                 |       2
 心胸外科             |       2
 内科                 |       2
 呼吸科               |       1
(4 rows)
```

图 3.43　按科室统计人数

```
      dept_no         |           age
----------------------+--------------------------
 骨科                 | 39 years 11 mons 13 days
 心胸外科             | 33 years 7 mons 12 days
 内科                 | 58 years 7 mons 25 days
 呼吸科               | 48 years 7 mons 6 days
(4 rows)
```

图 3.44　按科室查找医生的年龄最大值

☻ 解释 1：若要查询最小值，则只需使用 min 函数，其他情况以此类推。

☻ 解释 2：在实际系统中，为每个工种建一个表并不是一个好主意，一般在人员表中使用工种列进行区分，因此，在此类聚合查询中还要使用 where 子句根据工种进行过滤。

```
 reg_dept | sum
----------+-----
 骨科     |  10
 心胸外科 |  10
 呼吸科   |  10
(3 rows)
```

图 3.45　按部门求和

例 3.4.4-4：查询每个科室的挂号总金额，结果如图 3.45 所示：

```
hisdb=# select  reg_dept, sum(reg_amount)
hisdb-# from  out_registration
hisdb-# group  by  reg_dept;
```

3.4.5　集合查询

SELECT 语句的查询结果是记录的集合，常见的操作如并（Union）、交（Intersect）、差（Except）操作。

例 3.4.5-1：查询所有患者和医生的姓名、性别以及出生日期，结果如图 3.46 所示：

```
hisdb=#  select  per_name as name , gender , per_birth
as birth
hisdb-#  from person
hisdb-#  union
hisdb-#  select  pat_name,pat_gender,pat_birth
hisdb-#  from  patient;
```

```
  name   | gender |        birth
--------+--------+---------------------
 李医生 | 男     | 1988-10-02 00:00:00
 刘医生 | 男     | 1984-02-03 00:00:00
 徐主任 | 男     | 1990-06-04 00:00:00
 张振华 | 男     | 1976-03-05 00:00:00
 田润叶 | 女     | 1999-07-12 00:00:00
 张医生 | 男     | 1992-08-01 00:00:00
 杨主任 | 男     | 1975-06-10 00:00:00
 刘其伟 | 男     | 2005-06-03 00:00:00
 程心   | 女     | 2000-08-23 00:00:00
 林主任 | 女     | 1965-05-01 00:00:00
 王主任 | 女     | 1986-02-08 00:00:00
 李雪然 | 男     | 1986-06-05 00:00:00
 李红梅 | 女     | 1956-03-15 00:00:00
(13 rows)
```

图 3.46 集合查询——并集

例 3.4.5-2：查询内科的女性医生信息。

方法 1. 采用集合查询——交集的方式，结果如图 3.47 所示：

```
hisdb=# select  per_name , gender , age(per_birth) as
age
hisdb-# from  person where gender = 'F'
hisdb-# intersect
hisdb-# select  per_name , gender , age(per_birth)
hisdb-# from person where  dept_no = '内科';
```

```
hisdb=# select  per_name , gender , age(per_birth) as age
hisdb-# from  person where gender = 'F'
hisdb-# intersect
hisdb-# select  per_name , gender , age(per_birth)
hisdb-# from person where  dept_no = '内科';
 per_name | gender |          age
----------+--------+-------------------------
 林主任   | F      | 58 years 7 mons 25 days
(1 row)
```

图 3.47 集合查询——交集

方法 2. 在 where 子句中使用组合条件，结果如图 3.48 所示：

```
hisdb=# select  per_name , gender , age(per_birth) as age
hisdb-# from  person
hisdb-# where gender = 'F'  and  dept_no = '内科';
 per_name | gender |          age
----------+--------+-------------------------
 林主任   | F      | 58 years 7 mons 25 days
(1 row)
```

图 3.48 组合条件查询

```
hisdb=# select  per_name , gender , age(per_birth) as
age
hisdb-# from  person
```

```
hisdb-# where gender = 'F'  and  dept_no = '内科';
```

例 3.4.5-3：查询年龄不大于 40 岁的男性患者的全部信息。

方法 1. 采用集合查询——差集的方式：

```
hisdb=# select  *  from  patient  where  gender='M'
hisdb-# except select  *  from patient
hisdb-# where age(pat_birth) > interval '40' year;
```

结果如图 3.49 所示：

```
hisdb=# select  *  from  patient  where  gender='M'
hisdb-# except select  *  from patient
hisdb-# where age(pat_birth) > interval '40' year;
   pat_no    | pat_name | gender  |      pat_birth
-------------+----------+---------+---------------------
 20210005    | 刘其伟   | M       | 2005-06-03 00:00:00
 20210003    | 李雪然   | M       | 1986-06-05 00:00:00
(2 rows)
```

图 3.49　集合查询——差集

方法 2. 在 where 子句中使用组合条件，此时要注意条件：不大于的反逻辑是小于，结果如图 3.50 所示：

```
hisdb=# select  *  from  patient
hisdb-# where  gender='M' and
hisdb-# age(pat_birth) < interval '40' year;
```

```
hisdb=# select  *  from  patient
where  gender='M'  and age(pat_birth) < interval '40' year;
   pat_no    | pat_name | gender  |      pat_birth
-------------+----------+---------+---------------------
 20210003    | 李雪然   | M       | 1986-06-05 00:00:00
 20210005    | 刘其伟   | M       | 2005-06-03 00:00:00
(2 rows)
```

图 3.50　组合条件查询

3.4.6　数据修改

在数据库系统中，对数据的查询操作称为只读操作，对数据的插入、更新和删除操作称为对数据的修改。

1. 插入新数据

语句格式：

```
INSERT INTO table_name [(column_name[,…])]
    {VALUES {({expression|DEFAULT} [,…])}[,…] | query }
```

参数说明：

table_name：要插入数据的表的名称。

column_name：目标表中的字段名。

values：在该子句后添加要插入的字段值，值的顺序必须与表中字段的顺序完全一致，可以插入默认值、表达式计算值，空值用“null”代替，字符和时间用单引号包住。

query：一个查询语句（SELECT 语句），将查询结果作为插入的数据。

☻ 解释：values 子句后要插入的列值必须与表的定义和顺序完全一致，空值用“null”代替，字符用单引号包住。

例 3.4.6-1：在 hisdb 数据库的 person 表中插入新行。

场景 1. 在 person 表插入一个新行：

```
hisdb=# insert into person
hisdb-# values(2019231 , '段主任', '男', '1982-9-21’,
'外科', 2019231);
```

场景 2. 在 person 表插入多个新行。

```
hisdb-# insert into person
hisdb-# values
hisdb-# (2029222, '毛医生', '男', '1995-2-11', '外科',
2019231),
hisdb-# (2041321, '苗医生', '女', '1989-6-21', '外科',
2019231);
```

插入数据后的结果如图 3.51 所示：

```
hisdb=# select * from person;
 per_no  | per_name | gender |      per_birth      |  dept_no  | per_dir
---------+----------+--------+---------------------+-----------+---------
 2032289 | 李医生   | M      | 1988-10-02 00:00:00 | 内科      | 2004568
 2033389 | 王主任   | F      | 1986-06-05 00:00:00 | 骨科      | 2033389
 2034489 | 杨主任   | M      | 1975-06-10 00:00:00 | 呼吸科    | 2034489
 2027889 | 徐主任   | M      | 1990-06-04 00:00:00 | 心胸外科  | 2027889
 2031478 | 刘医生   | M      | 1984-02-03 00:00:00 | 骨科      | 2033389
 2004568 | 林主任   | F      | 1965-05-22 00:00:00 | 内科      | 2004568
 2031189 | 张医生   | M      | 1992-08-01 00:00:00 | 心胸外科  | 2027889
 2019231 | 段主任   | 男     | 1982-09-21 00:00:00 | 外科      | 2019231
 2029222 | 毛医生   | 男     | 1995-02-11 00:00:00 | 外科      | 2019231
 2041321 | 苗医生   | 女     | 1989-06-21 00:00:00 | 外科      | 2019231
(10 rows)
```

图 3.51 插入数据

☻ 解释：仔细观察图 3.51，你发现了什么？将来在你自己设计的数据库中，应该怎样避免类似的问题？

2. 插入从其他表中选择的数据

待插入的列值可以是来自其他表的字段，使用 select 子句（子查询）从其他表中选出字段即可。格式为：

```
INSERT INTO  table1 (field1 , field2 ,…)
SELECT  value1 ,value2 , …
```

```
FROM  table2 [, table3]
WHERE  condition;
```

☻ 解释：table2 [, table3] 必须为已经存在的表，中括号表示可选项，即此处的 select 选出的列值可以来自多表连接，但要正确地设置 where 条件；此外，要注意 value1、value2 等列值，其数据类型要与 table1 表中相应列的数据类型一致，以免产生数据类型转换，进而影响性能、导致丢失精度，或导致错误。

例 3.4.6-2：林医生同时也是一个患者，将林医生的基本信息插入到患者基本信息表中，结果如图 3.52 所示：

```
hisdb=# insert into patient(pat_no,pat_name,pat_gender, pat_birth)
hisdb-# select per_no, per_name, gender, per_birth
hisdb-# from person
hisdb-# where per_no = 2004568;
```

```
hisdb=# select * from patient;
  pat_no  | pat_name | pat_gender |      pat_birth
----------+----------+------------+---------------------
 20210001 | 李红梅   | 女         | 1956-03-15 00:00:00
 20210002 | 张振华   | 男         | 1976-03-05 00:00:00
 20210004 | 田润叶   | 女         | 1999-07-12 00:00:00
 20210005 | 刘其伟   | 男         | 2005-06-03 00:00:00
 20210006 | 程心     | 女         | 2000-08-23 00:00:00
 20210003 | 李雪然   | 男         | 1986-06-05 00:00:00
  2004568 | 林主任   | 女         | 1965-05-01 00:00:00
(7 rows)
```

图 3.52　插入子查询的数据

3. 更新已有数据

使用 UPDATE 语句更新现有行时，需要提供以下三种信息：表的名称和要更新的字段的名称；字段的新值；要更新哪些行。UPDATE 语句一般不会为数据行提供唯一标识，因此无法直接声明需要更新哪一行，但是可以通过 WHERE 声明一个被更新的行所必须满足的条件。

SQL 语法格式如下：

```
UPDATE table_name
SET {column_name = { expression | DEFAULT } |sub_query }}[, …]
[WHERE condition ]
```

参数说明：

table_name：要更新的表的名称。

column_name：要修改的字段的名称，字段值可以修改为表达式计算值、默认值，或者一个子查询查到的值。

sub_query：子查询，将查询的结果作为要更新的值。

例 3.4.6-3：在 hisdb 数据库执行下列语句：

```
hisdb=# update person set per_name='改的张主任'
hisdb-# where  per_no = 2031189 ;
```

结果如图 3.53 所示：

```
hisdb=# select * from person;
       per_no          | per_name  | gender |      per_birth        |    dept_no    |    per_dir
-----------------------+-----------+--------+-----------------------+---------------+-------------
 2032289               | 李医生    | M      | 1988-10-02 00:00:00   | 内科          | 2004568
 2033389               | 王主任    | F      | 1986-06-05 00:00:00   | 骨科          | 2033389
 2034489               | 杨主任    | M      | 1975-06-10 00:00:00   | 呼吸科        | 2034489
 2027889               | 徐主任    | M      | 1990-06-04 00:00:00   | 心胸外科      | 2027889
 2031478               | 刘医生    | M      | 1984-02-03 00:00:00   | 骨科          | 2033389
 2004568               | 林主任    | F      | 1965-05-22 00:00:00   | 内科          | 2004568
 2019231               | 段主任    | 男     | 1982-09-21 00:00:00   | 外科          | 2019231
 2029222               | 毛医生    | 男     | 1995-02-11 00:00:00   | 外科          | 2019231
 2041321               | 苗医生    | 女     | 1989-06-21 00:00:00   | 外科          | 2019231
 2031189               | 改的张主任 | M     | 1992-08-01 00:00:00   | 心胸外科      | 2027889
(10 rows)
```

图 3.53　更新表中已有数据

4. 删除已有数据

关系数据库采用的是以行为主的数据操作方式，数据库系统使用 DELETE 命令，从指定的表中删除满足 WHERE 子句的行。如果 WHERE 子句不存在，将删除表中所有行，结果只保留表结构。SQL 语法格式如下：

```
DELETE FROM [ ONLY ] table_name
[ WHERE condition ]
```

参数说明：

table_name：要删除数据的目标表的名称。

ONLY：如果指定 ONLY，则只有该表被删除；如果没有声明，则该表及其所有子表将都被删除。

WHERE condition：删除表中满足 WHERE 条件的行。

例 3.4.6-4：删除 2004568 号患者的基本信息，结果如图 3.54 所示：

```
hisdb=# delete from patient where pat_no = 2004568;
```

```
hisdb=# select * from patient;
  pat_no  | pat_name | pat_gender |      pat_birth
----------+----------+------------+---------------------
 20210001 | 李红梅   | 女         | 1956-03-15 00:00:00
 20210002 | 张振华   | 男         | 1976-03-05 00:00:00
 20210004 | 田润叶   | 女         | 1999-07-12 00:00:00
 20210005 | 刘其伟   | 男         | 2005-06-03 00:00:00
 20210006 | 程心     | 女         | 2000-08-23 00:00:00
 20210003 | 李雪然   | 男         | 1986-06-05 00:00:00
(6 rows)
```

图 3.54　删除表中指定的数据

3.5　视图

3.5.1　视图的意义

视图是 SQL 的查询结果，其内容由查询定义，其结构也是二维表。视图可以理解为一个虚拟的表。与基本表不同，在 openGauss 中（所有数据库系统也是如此），仅存放视图的定义而不存放视图对应的数据，这些数据仍存放在原来的基本表中。若基本表中的数据发生变化，则从视图中查询出的数据也许会改变。之所以是“也许”，是因为变化的部分必须是被视图所过滤和选取的部分，否则视图不一定能反映出原表的变化。

那么，既然已经有了基本表，为什么还需要视图呢？让我们回顾一下图 3.1 中数据库模式的分层结构。基本表是数据库的模式，是面向全体用户、全局数据设计的关系模型，基本表要满足业务系统的需求，同时要符合数据库设计的规则，从而保证数据库中的数据冗余尽可能小。然而，用户对数据的使用需求是多种多样的。一方面，有些用户需要执行涉及多张表的复杂查询，这就使得用户应用程序中不得不编写复杂的 SQL 查询语句，从而增加了应用程序开发的难度，也导致数据库访问效率下降。另一方面，由于安全策略的控制，某些受限用户仅能访问表中的部分内容，openGauss 支持表级访问控制策略，并进一步提供了行级访问控制 (row level security) 策略和列级访问控制策略，但仍然需要复杂的配置，而视图正好可以解决这些问题。

视图是数据库的外模式，为不同的用户访问需求提供了灵活的数据表结构，视图在数据库中主要有以下作用：

（1）简化复杂查询，提高数据访问效率。视图可基于多张关联表的查询而建立，数据库系统存储了视图的定义，即复杂的多表连接任务在数据库端完成，这项操作对用户端是透明的。使用视图之后，极大地简化了用户端的操作，用户端将视图当成一张表来使用，无须关心原表的结构、关联条件等。

（2）强化数据库访问安全控制机制。视图可基于安全控制策略需求，通过单表查询或多表查询而建立。在定义视图的查询语句中仅选择那些允许访问的列，然后将视图授权给用户，从而间接达到列级访问控制的目的。

可见，视图是对基本表的一种补充，使用多种视图，可以大大扩展数据库对应用系统的支持能力。

3.5.2　视图的使用

从是否存储数据的角度分析，视图分为普通视图和物化视图两类。

1. 普通视图

以 HIS 系统为例，观察门诊处方需要显示的内容：

表 3.8 门诊处方内容

列名	数据类型	列定义	意义
seq_no	int	门诊序号	外键，参照 out_registration.seq_no
pre_no	SMALLINT	处方号	一个挂号单允许有多张处方
pre_row	SMALLINT	处方行号	一个处方包含多种药品
med_no	CHAR(10)	药品编号	外键，参照于 medict.med_no
unit	CHAR(10)	药品单位	
price	DECIMAL(10,2)	药品价格	
amount	INTERGE	药品数量	
med_name	VARCHAR(20)	药品名称	来自 medict.med_name
sepcification	VARCHAR(20)	药品说明	来自 medict.specification

从表 3.8 可以看出，表中有些信息来自门诊处方明细表 outrecipe_detail，有些信息来自药品字典表 medict，要得到上述信息，需使用多表查询。但是多表查询的 SQL 语句较为复杂且耗时。如果直接将药品名称 med_name 和药品说明 specification 这两个列添加到门诊处方明细表 outrecipe_detail 中会怎么样呢？由于同一种药品会出现在许多不同的处方中，因此会造成大量的数据冗余。

视图的存在给了人们另一种选择。可以不改变原有的数据表结构，就为用户提供各种各样的数据视图；同时，在用户端看来，这些数据都来自一个视图，只需要简单的 SQL 查询语句就能够获得所需数据，大大简化了用户端的编程工作。

例 3.5.2-1：创建门诊处方详细信息视图。

```
hisdb=# create  view  v_get_outpre
hisdb-# as
hisdb-# select  seq_no, pre_no, pre_row , x.med_no,
med_name ,
hisdb-# specification , x.unit, price, amount
hisdb-# from  outrecipe_detail x, medict y
hisdb-# where  x.med_no = y.med_no;
```

由此得到了一个数据信息丰富的门诊处方视图 v_get_outpre，用户使用简单的查询语句 select * from v_get_outpre 就可以查看所需信息，结果如图 3.55 所示：

```
hisdb=# select * from v_get_outpre;
 seq_no | pre_no | pre_row | med_no |   med_name   |          specification           |   unit   | price  | amount
--------+--------+---------+--------+--------------+----------------------------------+----------+--------+--------
 106783 |   5006 |       1 | 31010  | 阿莫西林颗粒 | 广谱抗菌素，适用于儿童敏感菌感染 | 袋       | 16.000 |      1
 106784 |   5004 |       1 | 31011  | 阿莫西林胶囊 | 广谱抗菌素，适用于敏感菌重度感染 | 粒       | 21.000 |      3
 106786 |   5784 |       1 | 31011  | 阿莫西林胶囊 | 广谱抗菌素，适用于敏感菌重度感染 | 粒       |  6.000 |      1
 106783 |   5006 |       2 | 30226  | 葡萄糖注射液 | 高渗葡萄糖注射液，适用于静脉推注 | 支       | 16.000 |      1
 106785 |   5695 |       1 | 30226  | 葡萄糖注射液 | 高渗葡萄糖注射液，适用于静脉推注 | 支       | 15.000 |      2
(5 rows)
```

图 3.55　创建 v_get_outpre 视图

创建视图的基本 SQL 语法如下：

```
CREATE [ OR REPLACE ] VIEW view_name [ ( column_name [, …] ) ]
    AS
query;
```

参数说明：

view_name：要创建的视图的名称。可以用模式修饰，需要符合 openGauss 数据库对象标识符命名规范。

query：为视图提供行和列的 SELECT 或 VALUES 语句。

OR REPLACE：如果视图已存在，则重新定义。

例 3.5.2-2：创建 2023 年 1 月的门诊挂号信息视图。

```
hisdb=# create  view  v_get_reg1
hisdb-# as
hisdb-# select * from  out_registration
hisdb-# where  reg_date between '2023-1-1' and '2023-1-31';
```

这样，当执行“select * from v_get_reg1;”这个语句时，实际上等同于执行“select * from out_registration where reg_date between '2023-1-1' and '2023-1-31';”

结果如图 3.56 所示：

```
hisdb=# select * from v_get_reg1;
 seq_no |      reg_date       | reg_pat  | dng_doc | reg_dept | reg_amount
--------+---------------------+----------+---------+----------+------------
 106783 | 2023-01-26 00:00:00 | 20210001 | 2031189 | 心胸外科 |          5
 106784 | 2023-01-30 00:00:00 | 20210002 | 2031189 | 心胸外科 |          5
(2 rows)
```

图 3.56　创建 v_get_reg1 视图

例 3.5.2-3：创建门诊挂号详细信息视图，包括患者姓名和接诊医生姓名。

```
=# create  view  v_get_regdetail(reg_date, seq_no, pat_name, per_name, reg_dept, reg_amount)
-# as
```

```
-# select reg_date, seq_no, pat_name, per_name, reg_
dept, reg_amount
-# from  out_registration , patient , person
-# where  reg_pat=pat_no and dng_doc=per_no ;
```

结果如图 3.57 所示：

```
hisdb=# select * from v_get_regdetail;
      reg_date        | seq_no | pat_name |  per_name  | reg_dept | reg_amount
----------------------+--------+----------+------------+----------+------------
 2023-01-26 00:00:00 | 106783 | 李红梅   | 改的张主任 | 心胸外科 |      $5.00
 2023-01-30 00:00:00 | 106784 | 张振华   | 改的张主任 | 心胸外科 |      $5.00
 2023-02-24 00:00:00 | 106785 | 李雪然   | 王主任     | 骨科     |     $10.00
 2023-03-02 00:00:00 | 106786 | 李雪然   | 杨主任     | 呼吸科   |     $10.00
(4 rows)
```

图 3.57　创建 v_get_regdetail 视图

视图创建后，就可以像普通的基本表一样支持数据查询。

例 3.5.2–4：查询心胸外科的门诊处方详细信息。

```
=# select x.*
-# from v_get_outpre x, outrecipe_head y
-# where x.seq_no = y.seq_no  and  x.pre_no = y.pre_no
and
-# y.pre_dept = '心胸外科';
```

结果如图 3.58 所示：

```
seq_no | pre_no | pre_row | med_no |   med_name   |         specification          | unit | price  | amount
-------+--------+---------+--------+--------------+--------------------------------+------+--------+--------
106783 |   5006 |       1 | 31010  | 阿莫西林颗粒 | 广谱抗菌素，适用于儿童敏感菌感染 | 袋   | 16.000 |      1
106783 |   5006 |       2 | 30226  | 葡萄糖注射液 | 高渗葡萄糖注射液，适用于静脉推注 | 支   | 16.000 |      1
106784 |   5004 |       1 | 31011  | 阿莫西林胶囊 | 广谱抗菌素，适用于敏感菌重度感染 | 粒   | 21.000 |      3
(3 rows)
```

图 3.58　使用视图

2. 物化视图

普通视图的数据是在查询过程中从其他表实时收集的。如果建立视图的基表数据很多，那么使用视图的时候，实时收集视图（的数据）表示的结果集将消耗很大的计算资源，并且费时很长。

为了解决这个矛盾，可以使用物化视图，即提前查询出视图的结果集，并将该结果集保存在数据库里。

如果更新了基表，物化视图将过期。也就是说，基表更新后，物化视图不能反映最新的数据情况。因此在基表发生变化的时候，需要对物化视图进行更新。此时，可以使用触发器来更新物化视图。

由物化视图的工作方式可以知道，物化视图不适用于基表频繁变化的场合，如上例的门诊处方视图，就不合适使用物化视图。物化视图适用于需要两张或两张以上的基础表（字典表）组合的半基础表的场合。

物化视图语法：

```
=#  create  materialized  view   mv_name
-#       [ (column_name [, …] ) ]
-#  as  query;
```

参数说明：

mv_name：要创建的物化视图的名称（可以被模式限定），命名要符合标识符的命名规范。

column_name：新物化视图中的一个列名。物化视图支持指定列，指定列需要和后面的查询语句结果的列数量保持一致；如果没有提供列名，则从查询的输出列名中获取列名，此列名的命名要符合标识符的命名规范。

query：一个 SELECT、TABLE 或者 VALUES 命令。这个查询将在一个安全受限的操作中运行。

例 3.5.2-5：创建挂号日期、患者姓名、性别、挂号科室的物化视图。

```
=# create  materialized  view  v_pat_regist
-# as
-# select reg_date , pat_name , pat_gender , reg_dept
-# from patient, out_registration
-# where patient.pat_no = out_registration.reg_pat;
```

结果如图 3.59 所示：

```
hisdb=# select * from v_pat_regist;
      reg_date       | pat_name | pat_gender | reg_dept
---------------------+----------+------------+----------
 2023-01-26 00:00:00 | 李红梅   | 女         | 心胸外科
 2023-01-30 00:00:00 | 张振华   | 男         | 心胸外科
 2023-02-24 00:00:00 | 李雪然   | 男         | 骨科
 2023-03-02 00:00:00 | 李雪然   | 男         | 呼吸科
(4 rows)
```

图 3.59　创建物化视图

物化视图的使用等同于普通视图，但当基表发生变化时，需要刷新此物化视图，SQL 基本语法格式如下：

```
REFRESH  MATERIALIZED  VIEW  mv_name;
```

例 3.5.2-6：现门诊挂号表增加了一行信息（如下图），需要更新相关的视图 v_pat_regist。

向 out_registration 添加数据，结果如图 3.60 所示：

更新视图 v_pat_regist：

```
=# refresh materialized view v_pat_regist;
```

```
hisdb=# insert into out_registration
hisdb-# values (106787,'2023.03.04',20210006,2031478,'骨科',5);
INSERT 0 1
hisdb=# select * from out_registration;
 seq_no |      reg_date       | reg_pat  | dng_doc | reg_dept | reg_amount
--------+---------------------+----------+---------+----------+------------
 106783 | 2023-01-26 00:00:00 | 20210001 | 2031189 | 心胸外科 |          5
 106784 | 2023-01-30 00:00:00 | 20210002 | 2031189 | 心胸外科 |          5
 106785 | 2023-02-24 00:00:00 | 20210003 | 2033389 | 骨科     |         10
 106786 | 2023-03-02 00:00:00 | 20210003 | 2034489 | 呼吸科   |         10
 106787 | 2023-03-04 00:00:00 | 20210006 | 2031478 | 骨科     |          5
(5 rows)
```

图 3.60　out_registration 表新增数据

结果如图 3.61 所示：

```
hisdb=# select * from v_pat_regist;
      reg_date       | pat_name | pat_gender | reg_dept
---------------------+----------+------------+----------
 2023-01-26 00:00:00 | 李红梅   | 女         | 心胸外科
 2023-01-30 00:00:00 | 张振华   | 男         | 心胸外科
 2023-02-24 00:00:00 | 李雪然   | 男         | 骨科
 2023-03-02 00:00:00 | 李雪然   | 男         | 呼吸科
 2023-03-04 00:00:00 | 程心     | 女         | 骨科
(5 rows)
```

图 3.61　更新物化视图

3.5.3　视图的更改

视图不实际存储数据，因此不能通过视图对表中的数据进行更改，“视图的更改”有以下 3 层含义：更改视图的各种辅助属性；更改视图的结构；删除视图。

1. 更改视图的各种辅助属性

（1）重命名视图

```
=#  alter  view  view_name  rename  to  new_name;
```

（2）更改视图的所有者

```
=#  alter view  view_name  owner  to  new_owner;
```

（3）更改视图所属的模式

```
=#  alter  view  view_name set schema new-schema;
```

例 3.5.3-1：新建视图 v_for_alter，并进行上述修改。

场景 1. 新建视图 v_for_alter。

```
=# create view v_for_alter
-# as
-# select reg_date , per_name , gender , reg_dept
```

```
-# from person, out_registration
-# where person.per_no = out_registration.dng_doc;
```

查看全部视图信息，如图 3.62 所示：

```
hisdb=# \dv
                  List of relations
 Schema |       Name       | Type | Owner | Storage
--------+------------------+------+-------+---------
 public | v_for_alter      | view | omm   |
 public | v_get_outpre     | view | omm   |
 public | v_get_reg1       | view | omm   |
 public | v_get_regdetail  | view | omm   |
(4 rows)
```

图 3.62　查看视图

场景 2. 重命名视图为 v_alter。

```
=# alter view v_for_alter rename to v_alter;
```

结果如图 3.63 所示：

```
hisdb=# \dv
                  List of relations
 Schema |       Name       | Type | Owner | Storage
--------+------------------+------+-------+---------
 public | v_alter          | view | omm   |
 public | v_get_outpre     | view | omm   |
 public | v_get_reg1       | view | omm   |
 public | v_get_regdetail  | view | omm   |
(4 rows)
```

图 3.63　重命名视图

场景 3. 更改视图的所有者为 his_in。

```
=# alter view v_alter owner to his_in;
```

结果如图 3.64 所示：

```
hisdb=# \dv
                  List of relations
 Schema |       Name       | Type | Owner  | Storage
--------+------------------+------+--------+---------
 public | v_alter          | view | his_in |
 public | v_get_outpre     | view | omm    |
 public | v_get_reg1       | view | omm    |
 public | v_get_regdetail  | view | omm    |
(4 rows)
```

图 3.64　更改视图所有者

场景 4. 更改视图所属的模式为 his_out。

```
=# alter view v_alter set schema his_out;
```

2. 更改视图的结构

通过重新定义视图的 query 语句，可以更改一个已存在视图的结构。

```
=#  replace view view_name [ ( column_name [, …] ) ]
-#  as  query ;
```

3. 删除视图

（1）删除普通视图（如图 3.65 所示）

```
=#  drop  view  view_name ;
```

```
hisdb=# \dmv
                                   List of relations
 Schema |      Name        |       Type        | Owner |              Storage
--------+-----------------+-------------------+-------+----------------------------------
 public | v_get_reg1      | view              | omm   |
 public | v_get_regdetail | view              | omm   |
 public | v_pat_regist    | materialized view | omm   | {orientation=row,compression=no}
(3 rows)
```

图 3.65　删除普通视图

例 3.5.3-2：删除 v_get_outpre，然后检查该视图是否存在。

```
=# drop view v_get_outpre;
```

（2）删除物化视图（如图 3.66 所示）

```
=#  drop  materialized  view  mv_name ;
```

```
hisdb=# \dmv
                  List of relations
 Schema |      Name        | Type | Owner | Storage
--------+-----------------+------+-------+---------
 public | v_get_reg1      | view | omm   |
 public | v_get_regdetail | view | omm   |
(2 rows)
```

图 3.66　删除物化视图

例 3.5.3-3：删除 v_pat_regist。

```
=# drop materialized view v_pat_regist;
```

3.5.4　视图的作用

1. 使用视图可以让一些查询表达式更加简洁

视图是已命名了的导出表，可以运用很复杂的查询定义，但却可以像基本表一样使用。这样使用视图就屏蔽了实现细节，可以简化前端的查询表达式。对于知道视图定义的用户，视图名是定义视图的表达式的缩写。但是对于仅知道视图存在的用户，视图可以像基本表那样使用，只是不能更改而已。

2. 视图提供了一定程度的逻辑独立性

使用视图可以定义外模式，而应用程序可以建立在外模式上。这样一来，当模式（即基本表）发生变化时，可以定义新的视图或修改视图的定义，通过视图屏蔽表的变化，从而保证建立在外模式上的应用程序不需要修改。

3. 视图可以起到安全保护作用

视图与授权配合使用，能够在某种程度上对数据库起到保护作用。可以对不同的用户定义不同的视图，并利用授权将不同视图上的访问权限授予不同的用户，而不允许他们访问用来定义视图的基本表。这样，每个用户只能看到自己有权看到的数据，从而实现对机密数据的保护，这也是在 openGauss 数据库中实现列级访问控制的另一个简略的方法。

4. 视图使得用户能够以不同角度看待相同的数据

从用户角度，视图就是表。这使得在相同的数据库模式下，用户透过不同的视图可以看到不同的数据组织形式。此外，在定义视图时还可以对属性重新命名，对不同的用户使用不同的属性名。这种灵活性对于数据共享而言是重要的。

3.6　索引

3.6.1　索引的意义

支持数据查询是数据库系统最主要的功能之一，因此，怎样提高数据查询的性能是数据库系统设计的一个关键问题。而索引正是能提高查询性能的数据库对象。索引是对数据库表中一列或多列的值进行排序的一种存储结构，其基本形式是一个二元组，表示为 <key,rowID>，其中 key 表示索引键值，即被索引的一列或多列的值，rowID 表示行指针，指向索引键对应的行所在的存储位置。索引通常按索引键值排序，它就好像一本书的目录，可以帮助用户快速检索到想要查找的数据。

例如，在医生基本信息表中查询张医生："select * from person where per_name='张医生';"。如果没有索引，openGauss 必须遍历整个表，直到 per_name 等于张医生的这一行被找到为止；在 per_name 列上建立索引之后，即可通过索引进行定位，从而不需要扫描大量无关数据。如果索引是顺序表结构，此时 per_name 列是排好序的，可以通过二分查找算法加快查找速度，如果索引采用了 B+ 树或哈希表等高效的数据结构，则索引的查找效率会更高。

索引是单独的、物理存储数据的一种结构。索引可以提高数据库查询性能，但代价是在插入、更新或者删除基本表中的数据时，索引需要随之重建，因此，在修改数据时会带来额外的索引维护开销。总的来说，首先，索引需要在数据库中占用额外的存储空间；其次，索引还要占用计算资源，特别是频繁插入导致的索引重建会极大地影响数据库性能。不恰当的索引反而会导致数据库性能下降，因此，数据库中索引的添加应当谨慎。

3.6.2 索引分类

在 openGauss 数据库中可以创建三种索引：唯一索引、主键索引和聚集索引。

1. 唯一索引

唯一索引是不允许索引中任意两行具有相同索引键值的索引。建立了唯一索引的表能防止在索引列上添加重复值。例如，如果在医生基本信息表 person 中的医生姓名 per_name 上创建了唯一索引，则表中不能有同名的数据行。但是需要注意的是，如果 per_name 列上输入 null 值，则会出现重复，因此唯一索引通常是不可为空的。

2. 主键索引

根据第二范式，数据库表中必须有一个主码，其值能够唯一标识表中的每一行。该主码也称为表的主键。主键可以是单列，也可以是组合的多列。在数据库中为表定义主键时，将自动创建主键索引，主键索引是唯一索引的特定类型。该索引要求主键中的每个值都唯一。当在查询中使用主键索引时，它还允许对数据快速访问。

3. 聚集索引

在聚集索引中，表中行的物理顺序与键值的逻辑（索引）顺序相同。一个表只能包含一个聚集索引。如果某索引不是聚集索引，则表中行的物理顺序与键值的逻辑顺序不匹配。与非聚集索引相比，聚集索引通常可以提供更快的数据访问速度。下面举例说明聚集索引和非聚集索引的区别：字典默认情况下按字母顺序排序，读者如果知道某个字的读音，则可根据字母顺序快速定位。因此，聚集索引和表的内容是在一起的。当读者需查询某个生僻字时，则需按字典前面的索引（例如，按偏旁）进行定位，以找到该字对应的页数，再打开对应页码找到该字。这种通过两道定位工序而查询到某个字的方式就是非聚集索引。

3.6.3 索引的使用

索引的使用包括创建索引、修改索引的属性和删除索引。

1. 创建索引

openGauss 数据库创建索引的基本语法如下：

```
CREATE [UNIQUE] INDEX [index_name] ON table_name
{{column_name
|(expression)} [ASC|DESC ]
```

参数说明：

index_name：要创建的索引的名称，索引的模式与表相同。

table_name：需要为其创建索引的表的名称。

column_name：表中需要创建索引的列的名称（字段名）。

expression：创建一个基于该表的一个或多个字段的表达式索引，通常必须写在圆括弧中。如果表达式有函数调用的形式，圆括弧可以省略。

ASC|DES：指定索引的排序方式，ASC 表示升序（默认），DESC 表示降序。

UNIQUE：创建唯一性索引，每次添加数据时检测表中是否有重复值。如果插入或更新的值会引起记录重复，将导致一个错误。目前，openGauss 中只有 B+ 树索引支持唯一索引。

（1）单列索引

单列索引是基于表的一个列创建的索引。

例 3.6.3-1：基于门诊处方头表 outrecipe_head 的 pre_no 建立单列索引。

```
=# create index out_head_index on outrecipe_head (pre_
no);
```

（2）组合索引

组合索引是基于表的多个列创建的索引。

例 3.6.3-2：基于 outrecipe_head 表的 seq_no 和 pre_no 建立组合索引。

```
=# create index out_comp_index on outrecipe_head (seq_
no, pre_no);
```

（3）唯一索引

指定唯一索引的字段时不允许插入重复值，在 openGauss 数据库中，如果创建一个单列主键，则将在此列上隐含地创建一个唯一索引。

例 3.6.3-3：基于门诊处方头表 outrecipe_head 的 pre_no 字段建立唯一索引。

```
=# create unique index out_unique_index on outrecipe_
head (pre_no);
```

使用元命令查看索引时，可见 openGauss 数据库默认在每张表的主键上都创建了索引，除此以外，用户可以根据系统需求适当地添加索引。

2. 修改索引属性

（1）重命名已有索引的名称

```
ALTER INDEX [ IF EXISTS ] index_name RENAME TO new_
name;
```

例 3.6.3-4：修改索引名。

```
=# ALTER INDEX out_unique_index RENAME TO out_unique_
preno_index;
```

（2）修改索引的所属表空间

```
ALTER INDEX [ IF EXISTS ] index_name
SET TABLESPACE tablespace_name;
```

例 3.6.3-5：修改索引所属的表空间。

```
=# ALTER INDEX out_unique_index SET TABLESPACE tbs_
his;
```

（3）设置索引不可用

```
ALTER INDEX [ IF EXISTS ] index_name UNUSABLE;
```

例 3.6.3-6：设置索引不可用。

```
=# ALTER INDEX out_unique_index UNUSABLE;
```

（4）重建索引

```
ALTER INDEX index_name REBUILD;
```

例 3.6.3-7：重建索引。

```
=# ALTER INDEX out_unique_index REBUILD;
```

3. 删除索引

```
DROP INDEX [ IF EXISTS ] index_name
[ CASCADE | RESTRICT ];
```

说明：CASCADE 表示允许级联删除依赖于该索引的对象。RESTRICT（默认值）表示如果有依赖于此索引的对象存在，则该索引无法被删除。

例 3.6.3-8：删除索引。

```
DROP INDEX out_unique_index;
```

3.7 openGauss 的系统函数

openGauss 为内建的数据类型提供了很多函数和操作符。丰富的函数让用户得以使用 SQL 来执行更多的计算。

3.7.1 数字操作函数

数据库内对数学运算的支持极大增加了数据库的使用场景。本节将介绍常用的数字操作函数的语法和使用范例。

（1）abs(double precision 或 numeric)：计算绝对值，返回值类型是 double precision 或 numeric。

例如：abs(−16.4) 的执行结果是 16.4，如图 3.67 所示。

```
hisdb=# select abs(-16.4);
 abs
------
 16.4
(1 row)
```

图 3.67　函数使用示例

☻ 解释：在 gsql 命令行中使用函数时，应加 select，其余函数不再给出截图的示例。

（2）cbrt(double precision)：计算立方根，返回值类型为 double precision。

例如：cbrt(27.0) 的执行结果是 3.0。

（3）exp(double precision 或 numeric)：自然指数，返回值类型为 double precision 或 numeric。

例如：exp(1.0) 的执行结果是 2.718 281 828 459 05。

（4）mod(y, x)：y/x 的余数（模），返回值类型与参数相同。

例如：mod(9,4) 的执行结果是 1。

（5）power(a double precision, b double)：a 的 b 次幂，返回值类型为 double precision。

例如：power(9.0,3.0) 的执行结果是 729.0。

（6）random( )：生成 0.0 ~ 1.0 的随机数，返回值类型为 double precision。

（7）Setseed(double precision)：为随后的 random( ) 调用设置种子 (−1.0 ~ 1.0，包含 −1.0 和 1.0)，返回为空。

3.7.2　字符串操作符和函数

本节描述针对字符串元素的操作符和函数。openGauss 提供的字符处理函数和操作符主要用于字符串与字符串、字符串与非字符串的连接，以及字符串的模式匹配操作。这些函数如果没有特殊说明，能够处理的字符串包括 character、character varying、text 类型的值；还有一些函数能够处理位串类型。SQL 定义的有些函数使用关键词（而非逗号）分隔函数参数。

（1）string || string：字符串连接。

例如：'open' || 'Gauss' 的执行结果是 openGauss。

（2）bit_length(string)：返回字符串的位数。

例如：bit_length('jose') 的执行结果是 32。

（3）char_length(string)：返回字符的个数。

例如：char_length('jose') 的执行结果是 4。

（4）overlay(string placing string from int [for int])：字符串替换。

例如：overlay('Txxxas' placing 'hom' from 2 for 4) 的执行结果是 Thomas。

（5）substring(string [from int] [for int])：截取子串。

例如：substring('Thomas' from 2 for 3) 的执行结果是 hom。

（6）initcap(string)：把每个单词的第一个字母转换为大写。

例如：initcap('hi THOMAS') 的执行结果是 Hi Thomas。

（7）reverse(string)：字符串逆序。

例如：reverse('abcde') 的执行结果是 edcba。

3.7.3　日期和时间函数

openGauss 提供的日期和时间函数以及操作符主要用于对日期的格式进行操作。用户在使用日期和时间操作符时，请选用明确的类型前缀修饰对应的操作数，以确保数据库在解析操作数时能够与用户的预期一致，不产生非用户预期的结果。

1. 操作符 +

例 3.7.3–1：date '2001–09–28'+integer '7' 的执行结果是 date '2001–10–05'。

例 3.7.3–2：date'2001–09–28'+ interval '1 hour' 的执行结果是 timestamp '2001–09–28 01:00:00'。

例 3.7.3–3：date '2001–09–28'+time '03:00' 的执行结果是 timestamp '2001–09–28 03:00:00'。

例 3.7.3–4：timestamp '2001–09–28 01:00'+interval '23 hours' 的执行结果是 timestamp '2001–09–29 00:00:00'。

2. 操作符 –

例 3.7.3–5：–interval '23 hours' 的执行结果是 interval '–23:00:00'。

例 3.7.3–6：date '2001–10–01'– date '2001–09–28' 的执行结果是 integer '3'(days)。

例 3.7.3–7：date '2001–09–28'– interval '1 hour' 的执行结果是 timestamp '2001–09–27 23:00:00'。

例 3.7.3–8：time '05:00' – time '03:00' 的执行结果是 interval '02:00:00'。

3.7.4　条件判断函数

1. coalesce(expr1,expr2,…,exprn)

主要用于对所选列中的空值进行替换，如表 3.9 所示。

表 3.9　coalesce 函数说明

原表有空值	使用 coalesce 函数将空值替换为 99
hisdb=# select * from tb_2; t2id | t2cont ------+-------------------- 1 | tb2_row1 2 | tb2_row2 | tb2_row3 | tb2_row4 (4 rows)	hisdb=# select coalesce(t2id,99),t2cont from tb_2; coalesce | t2cont ----------+---------------------- 1 | tb2_row1 2 | tb2_row2 99 | tb2_row3 99 | tb2_row4 (4 rows)

2. decode(basc_expr,comparel,value1,compare2,value2,…,default)

将 base_expr 与后面的每个 compare(n) 进行比较，如果匹配，则返回相应的 value(n)。如果没有发生匹配，则返回 default。

3. nullif(expr1.expr2)

当且仅当 expr1 和 expr2 相等时 nullif 才返回 NULL，否则返回 expr1。

4. greatest(expr1[,…])

获取并返回参数列表中值最大的表达式的值。

5. least(expr1[,…])

获取并返回参数列表中值最小的表达式的值。

3.7.5 系统信息函数

用户可以通过系统信息函数，查询数据库信息、内核版本、连接信息、访问权限等信息。

1. 会话信息函数

（1）current_catalog：返回当前数据库的名称(在标准 SQL 中称为 catalog)。

（2）current_database( )：返回当前数据库的名称。

（3）current_schema[( )]：返回当前模式的名称。

（4）pg_current_sessionid( )：返回当前执行环境下的会话 ID。

（5）current_user：返回当前执行环境下的用户名。

2. 访问权限查询函数

（1）has_any_column_privilege(user,table,privilege)：指定用户是否有访问表中任何列的权限。

（2）has_column_privilege(user,column,privilege)：指定用户是否有访问列的权限。

（3）has_database_privilege(user,database,privilege)：指定用户是否有访问数据库的权限。

（4）has_directory_privilege(user,directory,privilege)：指定用户是否有访问目录的权限。

（5）has_foreign_data_wrapper_privilege(user,fdw,privilege)：指定用户是否有访问外部数据封装器的权限。

3. 模式可见性查询函数

（1）pg_collation_is_visible(collation_oid)：该排序是否在搜索路径中可见。

（2）pg_conversion_is_visible(conversion_oid)：该转换是否在搜索路径中可见。

（3）pg_function _is_visible(function_oid)：该函数是否在搜索路径中可见。

（4）pg_opclass_is_visible(opclass_oid)：该操作符类是否在搜索路径中可见。

（5）pg_operator_is_visible(operator_oid)：该操作符是否在搜索路径中可见。

3.7.6 加密、解密函数

1. gs_encrypt_aes128(encryptstr,keystr)

以 keystr 为密钥，对 encryptstr 字符串进行加密，并返回加密后的字符串。keystr 的长度范围为 1 B ~ 16 B。支持的加密数据类型：目前数据库支持的数值类型，字符类型，二进制类型中的 RAW，日期 / 时间类型中的 DATE、

TIMESTAMP、SMALLDATETIME。

2. gs_decrypt_aes128(decryptstr,keystr)

以 keystr 为密钥，对 decrypt 字符串进行解密，并返回解密后的字符串。解密使用的 keystr 必须保证与加密时使用的 keystr 一致，才能正常解密。keystr 不得为空。

函数说明如表 3.10 所示。

表 3.10　安全函数说明

函数	返回类型	描述
gs_encrypt_aes128(encryptstr,keystr)	text	以 keystr 为密钥，对 encryptstr 字符串进行加密，并返回加密后的字符串。keystr 的长度范围为 1B ~ 16B。支持的加密数据类型：目前数据库支持的数值类型，字符类型，二进制类型中的 RAW，日期 / 时间类型中的 DATE、TIMESTAMP、SMALLDATETIME
gs_decrypt_aes128(decryptstr,keystr)	text	以 keystr 为密钥，对 decrypt 字符串进行解密，并返回解密后的字符串。解密使用的 keystr 必须保证与加密时使用的 keystr 一致，才能正常解密。keystr 不得为空

3.8　数据库中的 SQL 编程

3.8.1　过程化 SQL 简介

SQL 被大多数数据库用作查询语言。它是可移植的并且容易学习，但是每一个 SQL 语句必须由数据库服务器单独执行。这意味着客户端应用必须发送每一个 SQL 操作到数据库服务器，等待命令被接收、处理，然后返回操作结果给客户端。如果客户端和数据库服务器不在同一台机器上，则会引起进程间通信并且将带来网络负担。通过过程化 SQL（procedural language/SQL，PL/SQL），可以将一整块计算和一系列查询分组存储在数据库服务器内部，用户只需要调用 SQL 程序段，然后接收执行结果就可以了，SQL 的具体执行在数据库服务器端完成。PL/SQL 提供了一种过程语言的能力并且让 SQL 变得更易于使用，同时能节省客户端 / 服务器通信开销。

本节主要介绍在数据库系统中基于过程化 SQL 编写的几种常用数据库对象的用法，主要包括存储过程、自定义函数和游标的用法。

3.8.2　存储过程的使用

存储过程（stored procedure）是指在大型数据库系统中，一组具备特定功能的 SQL 语句集，它存储于数据库中，当经过第一次编译后，后续调用则无须再次编译。用户可通过指定存储过程的名字并给出参数（如果该存储过程带有参数）来调用存储过程。

存储过程主要具有以下优点：

（1）封装性。调用者不需要看到存储过程内复杂的 SQL 语句，只需简单地调用存储过程就能执行相应功能，并且对存储过程的修改也不会影响到调用它的应用程序源代码。

（2）灵活性。可增强 SQL 语句的功能和灵活性。存储过程中可以增加流程控制语句，能灵活地完成复杂的运算。

（3）安全性。提高数据库的安全性和数据的完整性。外部程序无法直接操作数据库表，只能通过存储过程来执行数据库操作，因此可以提高数据库安全性。

1. 创建存储过程

openGauss 创建存储过程的语法如下所示：

```
CREATE [OR REPLACE] PROCEDURE procedure_name
    [ ( {[ argname ] [ argmode ] argtype [ = expression
]}[,…]) ]
    { IS | AS }
BRGIN
    procedure_body
END
```

参数说明：

procedure_name：创建的存储过程的名称。

argname：参数的名称。

argmode：参数的模式；取值范围：IN，OUT，INOUT。

argtype：参数的数据类型。

expression：设定参数默认值的表达式。

IS|AS：语法格式要求，声明过程体，必须写其中一个。

procedure_body：存储过程具体内容。

存储过程主要由过程声明和过程体两部分组成，在过程声明中定义存储过程的名称和参数，在过程体部分实现存储过程的功能。存储过程可以带有参数，参数的类型就是 SQL 标准中的多种数据类型，在向存储过程传递参数时需要保证参数类型一致，否则存储过程无法正常执行。

存储过程的参数有 3 种不同的输入 / 输出模式：IN、OUT、INOUT。

（1）IN 参数是存储过程的输入参数，它将存储过程外部的值传递给存储过程使用。

（2）OUT 参数是存储过程的输出参数，存储过程在执行时，会将执行的中间结果赋值给 OUT 参数，存储过程执行完毕后，外部用户可以通过 OUT 参数获得存储过程的执行结果。

（3）INOUT 参数则同时具有 IN 参数和 OUT 参数的性质，它既是存储过程的输入参数，同时在存储过程执行中，也会通过 INOUT 参数将中间结果输出给外部用户。

2. 调用存储过程

```
CALL procedure_name (param_expr);
```

参数说明：

procedure_name：调用的存储过程的名称。

param_expr：参数列表可以用符号“:=”或者“=>”将参数名和参数值隔开，这种方法的好处是参数可以按任意顺序排列。若参数列表中仅出现参数值，则参数值的排列顺序必须和存储过程定义时的排列顺序相同。

3. 删除存储过程

```
DROP PROCEDURE procedure_name;
```

参数说明：

procedure_name：要删除的存储过程的名称。

下面以 hisdb 数据库的应用为例，给出存储过程应用的几个基本示例。

例 3.8.2–1：创建存储过程，统计 2023 年 1 月份的门诊挂号总数，如图 3.68 所示：

```
hisdb=# create procedure proc_cal_registration(OUT num int)
hisdb-# as
hisdb$# begin
hisdb$# select count(*)
hisdb$# into num
hisdb$# from out_registration
hisdb$# where reg_date between '2023-1-1' and '2023-1-31';
hisdb$# end;
hisdb$# /
CREATE PROCEDURE
hisdb=# call proc_cal_registration(count);
 num
-----
   2
(1 row)
```

图 3.68 存储过程示例 1

例 3.8.2–1 是一个带输出参数的存储过程。在存储过程中计算题目要求的门诊挂号总数，并将该计算值传递给输出参数 num，该参数必须在调用时提供。

例 3.8.2–2：创建存储过程，统计指定日期的门诊挂号总数，如图 3.69 所示，在调用时必须同时提供输入参数和输出参数。

例 3.8.2–3：删除存储过程。

```
hisdb=# drop procedure proc_cal_registration;
```

```
hisdb=# create or replace procedure proc_cal_registration( IN regdate date, OUT num int)
hisdb-# as
hisdb$# begin
hisdb$# select count(*)
hisdb$# into num
hisdb$# from out_registration
hisdb$# where reg_date=regdate;
hisdb$# end;
hisdb$# /
CREATE PROCEDURE
hisdb=# call proc_cal_registration('2023.1.26',count);
 num
-----
   1
(1 row)
```

图 3.69　存储过程示例 2

openGauss 中存储过程的特性：

（1）如果创建存储过程时参数或返回值带有精度，则不进行精度检测。

（2）如果存储过程参数中带有输出参数，那么在使用 CALL 调用存储过程时，必须指定输出参数。

（3）创建存储过程时，不能在 avg( ) 函数的外面嵌套其他的 agg( ) 函数，或者其他的系统函数。

3.8.3　自定义函数的使用

自定义函数是一种与存储过程十分相似的过程式数据库对象。它与存储过程一样，都是由 SQL 语句和过程式语句组成的代码片段，并且可以被应用程序和其他 SQL 语句调用。存储过程和函数都可以用于提高数据库性能，通过减少频繁访问数据库和减少网络延迟等方式，优化和加速应用程序的执行效率。

自定义函数与存储过程的区别主要体现在以下方面：

（1）返回值的方式不同：函数使用 RETURN 语句返回值，而存储过程通常没有返回值，一般是通过 OUT 或 INOUT 参数返回值。

（2）参数传递方式不同：函数的参数只能作为输入参数，而存储过程的参数有三种模式，分别是输入参数、输出参数或者输入 / 输出参数。

（3）使用场景不同：函数一般用于计算和查询相关的任务，而存储过程通常用于完成比较复杂的业务逻辑以及与数据库管理相关的任务，如数据导入、备份和恢复等。

（4）执行方式不同：函数通常作为表达式的一部分来调用，并且返回一个值；而存储过程则需要显式地被调用，并且可以包含各种复杂的控制结构和代码块。

1. 创建自定义函数

```
CREATE [OR REPLACE] Function function_name
    [ ( {[ argname ] [ argmode ] argtype [ = expression ]}
[,…]) ]
    [RETURNS rettype |RETURNS TABLE ({column_name
```

```
column_type})]
    { IS | AS }
BRGIN
    function_body
END
```

参数说明：

function_name：创建的自定义函数的名称。

argname：参数的名称。

argmode：参数的模式；取值范围：IN，OUT，INOUT，参数模式的定义与存储过程一致。

argtype：参数的数据类型。

expression：设定参数默认值的表达式。

IS|AS：语法格式要求，声明过程体，必须写其中的一个。

function_body：自定义函数的具体内容。

Returns：定义函数返回值。

rettype：函数返回值的数据类型，该类型必须和输出参数所表示的结果类型一致，如果有多个输出参数，则 rettype 为 RECORD，用 SETOF 修饰词表示该函数将返回一个集合，而不是单独一项。如果存在 OUT 或 INOUT 参数，则可以省略 RETURNS 子句。

2. 调用自定义函数

```
CALL function_name (param_expr);
```

参数说明：

function_name：调用的自定义函数的名称。

param_expr：参数列表，注意与函数定义中的参数数据类型要一致。

3. 删除自定义函数

```
DROP FUNCTION function_name;
```

例 3.8.3-1：创建一个函数 func_add，计算两个整数的和，并返回结果。

场景 1. 创建用户自定义函数 func_add。

```
hisdb=# create function func_add(num1 integer, num2
integer)
hisdb-# return integer
hisdb-# as
hisdb$# begin
hisdb$# return num1 + num2;
hisdb$# end;
hisdb$# /
```

场景 2. 查看函数定义，如图 3.70 所示：

```
hisdb=# \sf func_add
CREATE OR REPLACE FUNCTION public.func_add(num1 integer, num2 integer)
 RETURN integer NOT FENCED NOT SHIPPABLE
AS  DECLARE
begin
return num1 + num2;
end;
/
```

图 3.70　查看自定义函数

场景 3. 按参数值传递，如图 3.71 所示：

```
hisdb=# call func_add(10,5);
 func_add
----------
       15
(1 row)
```

图 3.71　调用自定义函数

使用命名标记法传递参数。

方法 1（见图 3.72）：

```
hisdb=# call func_add(num1=>3, num2=>5);
 func_add
----------
        8
(1 row)
```

图 3.72　命名标记法 1 传递函数参数

方法 2（见图 3.73）：

```
hisdb=# call func_add(num1:=4, num2:=2);
 func_add
----------
        6
(1 row)
```

图 3.73　命名标记法 2 传递函数参数

例 3.8.3-2：向 hisdb 数据库的医生基本信息表 person 中插入数据，并将表的元组数作为返回值。

```
hisdb=# create function func_insert_doctor(
hisdb(# doc_no integer,
hisdb(# doc_name varchar(30),
hisdb(# doc_gender varchar(5),
hisdb(# doc_birth date,
hisdb(# doc_dept varchar(30),
hisdb(# doc_dir integer
```

```
hisdb(# )
hisdb=# return integer
hisdb-# as
hisdb-# declare count integer;
hisdb-# begin
hisdb-# insert into person values (per_no, per_name,
gender, per_birth, dept_no, per_dir);
hisdb-# select count(*) into count from person;
hisdb-# return count;
hisdb-# end;
hisdb-# /
```

调用函数：

```
hisdb=# call func_insert_doctor (2022369, '纪医生', '女',
'1999-8-23', '内科', 2004568);
```

例 3.8.3-3：创建带输出参数的自定义函数，求两个整数中的最大值。

```
hisdb=# create function func_max(num1 IN integer, num2
IN integer, res OUT integer)
hisdb=# return integer
hisdb=# as
hisdb=# begin
hisdb=# if num1 > num2 then
hisdb=#  res := num1;
hisdb=# else
hisdb=#  res := num2;
hisdb=# end if;
hisdb=# end;
hisdb=# /
```

调用函数：

```
hisdb=# call func_max(3,7,0);
```

函数执行结果如图 3.74 所示：

```
hisdb=# call func_max(3,7,0);
 res
-----
   7
(1 row)
```

图 3.74 例 3.8.3-3 自定义函数执行结果

例 3.8.3-4：创建返回 RECORD 类型的函数

```
hisdb=# create function func_record( x IN integer,
result1 OUT integer, result2 OUT integer)
hisdb=# return setof record
hisdb=# as
hisdb=# begin
hisdb=# result1 := x + 1;
hisdb=# result2 := x * 10;
hisdb=# return next;
hisdb=# end;
hisdb=# /
```

调用函数：

```
hisdb=# call func_record(5, 0, 0);
```

执行结果如图 3.75 所示：

```
hisdb=# call func_record(5, 0, 0);
 result1 | result2
---------+---------
       6 |      50
(1 row)
```

图 3.75　例 3.8.3-4 自定义函数执行结果

3.8.4　游标的使用

游标是一种临时的数据库对象，既可以用来存放在数据库表中的数据行副本，也可以指向存储在数据库中的数据行的指针。例如，查询是基于表进行的操作，查询的结果游标提供了在逐行的基础上处理表中数据的方法。游标通常在存储过程或函数中使用；在数据库系统中，为了处理 SQL 语句，存储过程进程分配一段内存区域来保存上下文联系。游标是指向上下文区域的句柄或指针。借助游标，存储过程可以控制上下文区域的变化。

openGauss 数据库的游标主要有以下特点：

（1）通过 CURSOR 命令定义一个游标，用于在一个大的查询里面检索少数几行数据。

（2）游标命令只能在事务块里使用。

（3）通常，游标和 SELECT 一样返回文本格式。因为数据在系统内部是用二进制格式存储的，所以系统必须对数据做一定的转换以生成文本格式。一旦数据以文本格式返回，客户端应用就要把它们转换成二进制进行操作。使用 FETCH 语句，游标可以返回文本或二进制格式。

1. 创建游标

```
CURSOR cursor_name
    [BINARY] [NO SCROLL] [{WITH|WITHOUT}HOLD]
FOR query ;
```

参数说明：

cursor_name：将要创建的游标的名称。

BINARY：指明游标以二进制而不是文本格式返回数据。

NO SCROLL：声明该游标不能用于以倒序的方式检索数据行。如果没有该关键词则根据执行计划的不同，自动判断该游标是否可以用于以倒序的方式检索数据行。

WITH HOLD：声明该游标在创建它的事务结束后仍可继续使用；WITHOUT HOLD 是默认选项，声明该游标在创建它的事务之外不能再继续使用，此游标将在事务结束时被自动关闭。

query：使用 SELECT 或 VALUES 子句指定游标返回的行。

openGauss 没有明确打开游标的 OPEN 语句，因为游标在使用 CURSOR 命令定义的时候就打开了。可以通过查询系统视图 pg_cursors 看到所有可用的游标。

2. 从游标中提取数据

数据库系统通过 FETCH 命令从已创建的游标中检索数据。每个游标都有一个供 FETCH 使用的关联位置，游标的关联位置可以在查询结果的第一行之前，或者在结果中的任意行，或者在结果的最后一行之后，一般情况如下：

- 刚创建完游标之后，关联位置在第一行之前。
- 在抓取了一些行之后，关联位置在当前检索到的最后一行上。
- 如果 FETCH 抓取完所有可用行，则会停在最后一行后面；或者，在反向抓取的情况下，停在第一行前面。
- FETCH ALL 或 FETCH BACKWARD ALL 将总是把游标的关联位置放在最后一行后面或者第一行前面。

FETCH 命令的基本语法格式为：

```
FETCH [ direction { FROM | IN } ] cursor_name;
```

参数说明：

{FROM|IN} cursor_name：使用关键字 FROM 或 IN 指定抓取数据的游标名称。

direction：定义抓取数据的方向。

- 默认值是 NEXT，表示从当前关联位置开始，抓取下一行。
- PRIOR 表示从当前关联位置开始，抓取上一行。
- FIRST 表示抓取查询的第一行（和 ABSOLUTE 1 相同）。

- LAST 表示抓取查询的最后一行（和 ABSOLUTE -1 相同）。
- ABSOLUTE count 表示抓取查询中第 count 行，如果 count 为正数，就从查询结果的第一行开始，抓取第 count 行。如果 count 为负数，就从查询结果末尾抓取第 abs(count) 行。count 为 0 时，定位在第一行之前。
- RELATIVE count 表示从当前关联位置开始，抓取随后或前面的第 count 行。如果 count 为正数，就抓取当前关联位置之后的第 count 行；如果 count 为负数，就抓取当前关联位置之前的第 abs(count) 行。如果当前行没有数据的话，RELATIVE 0 返回空。
- ALL 表示从当前关联位置开始，抓取所有剩余的行（和 FORWARD ALL 一样）。
- FORWARD 抓取下一行（和 NEXT 一样）。
- FORWARD count 从当前关联位置开始，抓取随后的 count 行。
- FORWARD ALL 从当前关联位置开始，抓取所有剩余行。
- BACKWARD 表示从当前关联位置开始，抓取上一行（和 PRIOR 一样）。
- BACKWARD count 从当前关联位置开始，抓取前面的 count 行（向后扫描）。当 count 为正数时就抓取当前关联位置之前的 count 行；当 count 为负数时就抓取当前关联位置之后的 abs（count）行。如果有数据的话，BACKWARD 0 重新抓取当前行。
- BACKWARD ALL 从当前关联位置开始，抓取所有前面的行（向后扫描）。

3. 移动游标

MOVE 可以在不检索数据的情况下重新定位一个游标。MOVE 的作用类似于 FETCH 命令，但只是重定位游标而不返回行。

```
MOVE [ direction [ FROM | IN ] ] cursor_name;
```

MOVE 命令中的 direction 参数与 FETCH 命令中定义一样。

4. 关闭游标

CLOSE 将释放与一个游标关联的所有资源。数据库系统中不允许对一个已关闭的游标再做任何操作。通常情况下，一个不再使用的游标应该尽早关闭。当创建游标的事务用 COMMIT 或 ROLLBACK 终止之后，每个不可保持的已打开游标都将隐含关闭。当创建游标的事务通过 ROLLBACK 退出之后，每个可以保持的游标都将隐含关闭。当创建游标的事务成功提交，可保持的游标将保持打开，直到执行一个明确的 CLOSE 命令或者客户端断开。

CLOSE 命令的基本语法格式为：

```
CLOSE { cursor_name | ALL };
```

参数说明：

cursor_name：一个待关闭的游标的名称。

ALL：关闭所有已打开的游标。

例 3.8.4-1：游标的使用。创建指向医生基本信息表 person 的游标，使用 FETCH 抓取数据、MOVE 重定位游标，结果如图 3.76 所示：

```
 doc_no  | doc_name | doc_gender |      doc_birth       | doc_dept | doc_dir
---------+----------+------------+---------------------+----------+---------
 2004568 | 林主任   | 女          | 1965-05-01 00:00:00 | 内科     | 2004568
 2019231 | 段主任   | 男          | 1982-09-21 00:00:00 | 外科     | 2019231
 2022369 | 纪医生   | 女          | 1999-08-23 00:00:00 | 内科     | 2004568
(3 rows)
```

图 3.76　游标的使用

- 开始一个事务：

```
hisdb=# start transaction;
```

- 建立一个名为 cursor1 的游标：

```
hisdb=# cursor cursor1 for select * from person order
by per_no;
```

- 抓取头 3 行到游标 cursor1 里：

```
hisdb=# fetch forward 3 from cursor1;
```

- 关闭游标并提交事务：

```
hisdb=# close cursor1;
```

- 结束事务：

```
hisdb=# end;
```

例 3.8.4-2：创建一个使用游标的存储过程，在医生基本信息表中逐行读取医生的姓名，如图 3.77 所示：

```
hisdb=# create or replace procedure p_cursor
hisdb-# as
hisdb$#         id integer;
hisdb$#         name varchar;
hisdb$#         gender varchar;
hisdb$#         cursor c1_all is --cursor without args
hisdb$#                 select per_no, per_name,gender from person order by 1;
hisdb$# begin
hisdb$#         if not c1_all%isopen then
hisdb$#                 open c1_all;
hisdb$#         end if;
hisdb$#         loop
hisdb$#                 fetch c1_all into id, name, gender;
hisdb$#                 RAISE INFO 'name: %' ,name;
hisdb$#                 exit when c1_all%notfound;
hisdb$#         end loop;
hisdb$#         if c1_all%isopen then
hisdb$#                 close c1_all;
hisdb$#         end if;
hisdb$# end;
hisdb$# /
CREATE PROCEDURE
```

图 3.77　创建一个使用游标的存储过程

调用存储过程，执行结果如图 3.78 所示：

```
hisdb=# call p_cursor();
INFO:  name: 林主任
INFO:  name: 段主任
INFO:  name: 纪医生
INFO:  name: 徐主任
INFO:  name: 毛医生
INFO:  name: 张主任
INFO:  name: 刘医生
INFO:  name: 李医生
INFO:  name: 王主任
INFO:  name: 杨主任
INFO:  name: 苗医生
INFO:  name: 苗医生
 p_cursor
----------

(1 row)
```

图 3.78　调用一个使用游标的存储过程

3.9　触发器

3.9.1　触发器介绍

触发器和存储过程一样，都是嵌入 openGauss 的一段程序，是 openGauss 中管理数据的有力工具。不同的是执行存储过程要使用 CALL 语句来调用，而触发器的执行不需要使用 CALL 语句来调用，也不需要手工启动，而是通过对数据表的相关操作来触发、激活，从而实现执行。可以总结为：触发器是对应用动作的响应机制，当应用向一个对象发起 DML 操作时，就会产生一个触发事件（event）。如果该对象上拥有事件对应的触发器，则会检查是否满足触发器的触发条件（condition），如果满足触发条件，就会执行触发动作（action）。

3.9.2　创建触发器

1. 注意事项

在 openGauss 中使用触发器时应注意以下几点：

（1）当前仅支持在普通行存表上创建触发器，不支持针对列存表、临时表、非日志表创建触发器。

（2）如果为同一事件定义了多个相同类型的触发器，则按触发器的名称字母顺序触发它们。

（3）触发器常用于多表间数据关联同步场景，对 SQL 的执行性能影响较大，不建议在大数据量同步及对性能要求高的场景中使用。

2. 语法格式

```
CREATE TRIGGER trigger_name { BEFORE | AFTER | INSTEAD
```

```
OF } { event
    [ OR ] } ON table_name
    [ FOR [ EACH ] { ROW | STATEMENT } ]
    [ WHEN ( condition ) ]
EXECUTE PROCEDURE function_name ( arguments );
```

参数说明：

trigger_name：触发器名称。

BEFORE：触发器函数是在触发事件发生前执行。AFTER：触发器函数是在触发事件发生后执行。INSTEAD OF：触发器函数直接替代触发事件。

event：启动触发器的事件，取值范围包括：INSERT、UPDATE、DELETE或TRUNCATE，也可以通过OR同时指定多个触发事件。

table_name：触发器对应的表的名称。

FOR EACH ROW | FOR EACH STATEMENT：触发器的触发频率。

- FOR EACH ROW是指该触发器在受触发事件影响的每一行触发一次。
- FOR EACH STATEMENT是指该触发器在每个SQL语句出现时触发一次。

未指定时的默认值为FOR EACH STATEMENT。约束触发器只能指定为FOR EACH ROW。

function_name：用户定义的函数，必须声明为不带参数并且返回类型为触发器，在触发器触发时执行。

arguments：执行触发器时要提供给函数的以逗号分隔的可选参数列表。

例3.9.2-1：创建插入数据触发器。创建一张患者基本信息表的备份表patient2，当在patient表中插入数据时，同步在patient2表中插入数据。

- 创建触发表patient_2：

```
hisdb=# create table patient_2(pat_no int, pat_name
varchar(30), pat_gender varchar(5), pat_birth date);
```

- 创建触发器函数：

```
hisdb=# create or replace function tri_insert_func()
RETURNS TRIGGER AS
hisdb-# $$
hisdb-# declare
hisdb-# begin
hisdb-# insert into patient_2 VALUES(
hisdb-# new.pat_no, new.pat_name,new.pat_gender, new.
pat_birth);
hisdb-# return new;
hisdb=# end
```

```
hisdb=# $$ language plpgsql;
```

- 创建 INSERT 触发器：

```
hisdb=# create trigger insert_trigger
hisdb-# before insert on patient
hisdb-# for each row
hisdb-# execute procedure tri_insert_func();
```

3.9.3　查看触发器

如表 3.11 所示，PG-TRIGGER 系统表用于存储触发器信息。

表 3.11　PG-TRIGGER 系统表

名称	类型	描述
oid	oid	行标识符（隐藏属性，必须明确选择）
tgrelid	oid	触发器所在表的 OID
tgname	name	触发器名
tgfoid	oid	要被触发器调用的函数
tgtype	smallint	触发器类型
tgenabled	char	O = 触发器在 origin 和 local 模式下触发 D = 触发器被禁用 R = 触发器在 replica 模式下触发 A = 触发器始终触发
tgisinternal	boolean	内部触发器标识，如果为 true，则表示内部触发器
tgconstrrelid	oid	完整性约束引用的表
tgconstrindid	oid	完整性约束的索引
tgconstraint	oid	约束触发器在 pg_constraint 中的 OID
tgdeferrable	boolean	约束触发器是否为 DEFERRABLE 类型
tginitdeferred	boolean	约束触发器是否为 INITIALLY DEFERRED 类型
tgnargs	smallint	触发器函数的入参个数
tgattr	int2vector	当触发器指定列时的列号，若未指定，则为空数组
tgargs	bytea	传递给触发器的参数
tgqual	pg_node_tree	表示触发器的 WHEN 条件，如果没有，则为 null
tgowner	oid	触发器的所有者

3.9.4 执行触发器

通过触发器事件，使得触发器开始执行。在例 3.9.4–1 中，执行 patient 表上的插入操作，可以使得触发器执行。

例 3.9.4–1：执行触发器。

由图 3.79 可以看出，在 patient 表中插入数据时，该数据被同步插入到了 patient2 表中。

```
hisdb=# INSERT INTO patient VALUES(20210007,'张伟','男','1995-6-6');
INSERT 0 1
hisdb=# SELECT * FROM patient;
  pat_no  | pat_name | pat_gender |      pat_birth
----------+----------+------------+---------------------
 20210001 | 李红梅   | 女         | 1956-03-15 00:00:00
 20210002 | 张振华   | 男         | 1976-03-05 00:00:00
 20210004 | 田润叶   | 女         | 1999-07-12 00:00:00
 20210005 | 刘其伟   | 男         | 2005-06-03 00:00:00
 20210006 | 程心     | 女         | 2000-08-23 00:00:00
 20210003 | 李雪然   | 男         | 1986-06-05 00:00:00
 20210007 | 张伟     | 男         | 1995-06-06 00:00:00
(7 rows)

hisdb=# SELECT * FROM patient_2;
  pat_no  | pat_name | pat_gender |      pat_birth
----------+----------+------------+---------------------
 20210007 | 张伟     | 男         | 1995-06-06 00:00:00
(1 row)
```

图 3.79 触发器的执行

3.9.5 修改和删除触发器

只有触发器的所有者可以执行 DROP/ALTER TRIGGER 操作，系统管理员默认拥有此权限。

1. 修改触发器语法格式

```
ALTER TRIGGER trigger_name ON table_name RENAME TO
new_trigger_name;
```

说明：修改触发器操作主要是给触发器重命名。

2. 删除触发器语法格式

DROP TRIGGER trigger_name ON table_name [CASCADE | RESTRICT];

在删除触发器时如果声明 RESTRICT，则当该触发器还有引用对象时禁止删除；如果声明 CASCADE，则将该触发器及引用对象级联删除。

例 3.9.5–1：修改及删除触发器示例。

- 修改触发器：

```
hisdb=# alter trigger insert_trigger on patient
hisdb-# rename to insert_trigger_renamed;
```

- 删除触发器：

```
hisdb=# drop trigger  insert_trigger_renamed  on
patient;
```

例 3.9.5-2：在门诊挂号表 out_registration 上创建一个完整的触发器，触发器的工作是在 wh_log 表中记录 DELETE/UPDATE/INSERT 操作的具体信息。

- 创建触发表：

```
hisdb=# create table outreg_log(event VARCHAR(10),
time_stamp TIMESTAMP, seq_no INT, reg_pat INT);
```

- 创建触发器函数：

```
hisdb=# create function record_outreg_log() returns
trigger as
hisdb-# $$
hisdb-# declare
hisdb-# begin
hisdb-# if (TG_OP = 'DELETE') then
hisdb-# insert into outreg_log VALUES('D', now(), OLD.
seq_no, OLD.reg_pat);
hisdb-# return  OLD;
hisdb-# elsif  (TG_OP = 'UPDATE')  then
hisdb-#    insert into outreg_log VALUES('U', now(),
NEW.seq_no, NEW.reg_pat);
hisdb-# return  NEW ;
hisdb-# elsif  (TG_OP = 'INSERT')  then
hisdb-#   insert into outreg_log VALUES('I', now(),
NEW.seq_no, NEW.reg_pat);
hisdb-#   return NEW ;
hisdb-# end if ;
hisdb=# end
hisdb=# $$ LANGUAGE plpgsql;
```

- 创建触发器：

```
hisdb=# create trigger out_registration_log
hisdb-# after insert or update or delete
hisdb-# on  out_registration
hisdb-# for each row
hisdb-# execute  procedure  record_outreg_log();
```

测试触发器效果如图 3.80 所示：

```
hisdb=# insert into out_registration values(106790,'2023-5-1',20210006,2004568,'内科',10);
INSERT 0 1
hisdb=# update out_registration set reg_amount=5 where seq_no=106790;
UPDATE 1
hisdb=# delete from out_registration where seq_no=106790;
DELETE 1
hisdb=# select * from outreg_log;
 event |         time_stamp          | seq_no | reg_pat
-------+----------------------------+--------+----------
 I     | 2023-08-22 07:18:00.997219 | 106790 | 20210006
 U     | 2023-08-22 07:18:05.755724 | 106790 | 20210006
 D     | 2023-08-22 07:18:09.283022 | 106790 | 20210006
(3 rows)
```

图 3.80　测试触发器执行效果

本章小结

数据库是应用程序的基石。openGauss 数据库不仅为应用程序提供数据存储的功能，它本身还具有强大的数据管理和 SQL 编程能力。自 SQL 成为国际标准语言之后，各种数据库产品都提供了自己的 SQL 支持接口，本章重点介绍了 SQL 查询在 openGauss 数据库中的应用，主要包括简单查询、多表查询以及各种复杂查询。同时，本章还介绍了 openGauss 数据库中的存储过程、自定义函数的创建及使用方法；并且展现了触发器的使用方法。

思考题

1. 请简要描述 SQL 的特点。
2. 什么是基本表？什么是视图？两者的区别和联系是什么？
3. 简述视图的优点。
4. 简述等值连接与自然连接的区别和联系。
5. 考虑如下雇员数据库，为下面每个问题语句写出 SQL 表达式：

```
employee (employee_name, street, city)
works(employee_name, company_name, salary)
company(company_name, city)
```

（1）找出所有为 First Bank Corporation 工作的雇员名字和居住城市。

（2）找出所有为 First Bank Corporation 工作且薪金超过 $10000 的雇员名字、居住街道和城市。

（3）找出比 Small Bank Corporation 的每一个雇员收入都高的所有雇员姓名。

（4）找出雇员最多的公司。

（5）找出平均工资高于 First Bank Corporation 平均工资的所有公司。

6. 设有三个关系：

```
S(SNO, SNAME, AGE, SEX, Sdept)
SC(SNO, CNO, GRADE)
C(CNO, CNAME, TEACHER)
```

试用 SQL 表示下列查询：

（1）查询所有课程都及格的学生的学号。

（2）查询既有课程大于 90 分又有课程不及格的学生的学号。

（3）查询平均分不及格的课程号和平均成绩。

（4）查询课程名以“数据”两个字开头的所有课程的课程号和课程名。

第 4 章　数据库设计

本章要点：

本章将以 HIS 数据库设计为例，强调在理解需求的基础上，找出业务数据之间的关联，详细介绍数据库的概念设计、逻辑设计和物理设计。概念设计的目标是以形式化的方式，阐明业务流程中数据的变化及存储需求，介绍用 E-R 模型建立概念模型的方法；逻辑设计是在概念数据模型得到各方同意后，将其映射成逻辑数据模型的过程，用关系模型来进一步表达业务数据的相关性；物理设计是根据选定的数据库产品，将逻辑数据模型映射成内部数据模型，并且用 DDL 生成相关的数据定义。

E-R 模型映射到关系模型是数据库设计的重要环节，本章也将介绍不同的 E-R 模型转换为关系模型的方法，阐述关系之间的约束关系。为了确保数据符合业务规则，需要满足域完整性、参照完整性、自定义的完整性等约束。本章还将分析关系规范化的准则和关系代数的依赖关系，介绍 3 个常用的范式。

本章导图：

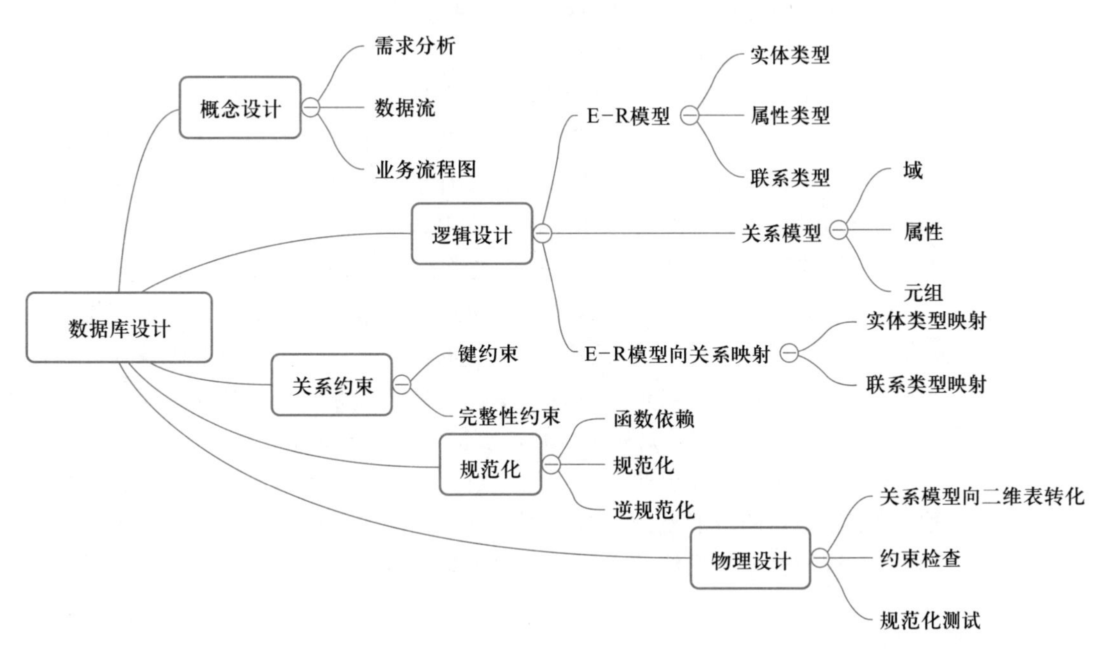

4.1　数据库设计概述

4.1.1　什么是数据库设计

数据库设计就是根据业务系统的需求，结合所选用的数据库管理系统（DBMS）的技术特点，为待开发的业务系统构造出最优的数据存储模型，然后，据此建立起数据库中的表结构及表与表之间相互关联的关系。目标是让最终的设计成果能有效地对应用系统中的数据进行存储，并可以高效地对已经存储的数据进行访问。即有效存储，高效访问，快捷统计。

数据库设计是应用系统设计最关键的部分，优秀的数据库设计是系统稳定高效运行的决定性因素。一个优良的设计能够提高系统的运行效率，降低业务流程和应用系统的构造难度，减少数据冗余，避免数据维护异常，节约空间，高效访问；而一个糟糕的数据库设计，将带来大量的数据冗余，增大业务系统的构造难度，导致访问数据低效，浪费大量存储空间，甚至带来数据插入、更新、删除等数据操作异常。

本章主要以医院信息系统（hospital information system，HIS）的数据库设计为例，说明数据库设计的方法、原则及技巧。

4.1.2　数据库设计方法

1. 需求分析

需求分析要解决的首要问题是目标系统要做什么？可以把现实中的系统称为旧系统，即将建设的系统称为目标系统。现实中，即使业务没有使用计算机，但其运行逻辑和业务流程仍然组成了一个系统，就是前面所说的旧系统。这就需要深入地观察现实运行的旧系统，深入地剖析现有的业务流程，并且与用户密切地沟通，充分地理解并还原用户的需求。对已有系统越深入地理解和分析，则得出的需求分析就越有价值。

分析的重点是对现有业务的理解，首先是要把业务的边界定下来，即回答哪些工作是系统必须处理的，哪些工作是系统一定不处理的，还有哪些是无法准确界定的。这个阶段的交付物一般是现有系统的流程图。此时先不考虑如何使用计算机去实现，而是要分析所画的流程和现有的流程有什么区别，如有不同，是理解的偏差，还是进行了优化？或者是需求方对新系统的期待？

对于 HIS 来说，首先在认真观察医院业务的基础上，发现其业务在主线上分为三大块：门诊业务、住院业务、药品卫材业务。支撑业务有医技业务、诊疗设备管理、医技人才培训、党建人事、资金管理等业务。其次，还有一些统计类型的业务，典型的就是病案统计、疫情管控上报等业务。

观察、分析并整理出业务分类后，还可进一步了解到，病案管理、资金管理必须使用指定的行业专用系统，因此，在此次的系统功能中，不必包括这两项业务。这样就划下系统的界限，这对于系统设计很重要，找准了不该做的范围，有时比界定该做的范围更难。

然后可以进一步分析门诊流程，将之分为门诊挂号、医生接诊、处方开具、费用缴纳，药房发药，统计分析等子业务，并研究这些业务所要处理的信息。最后，画出业务流程图。

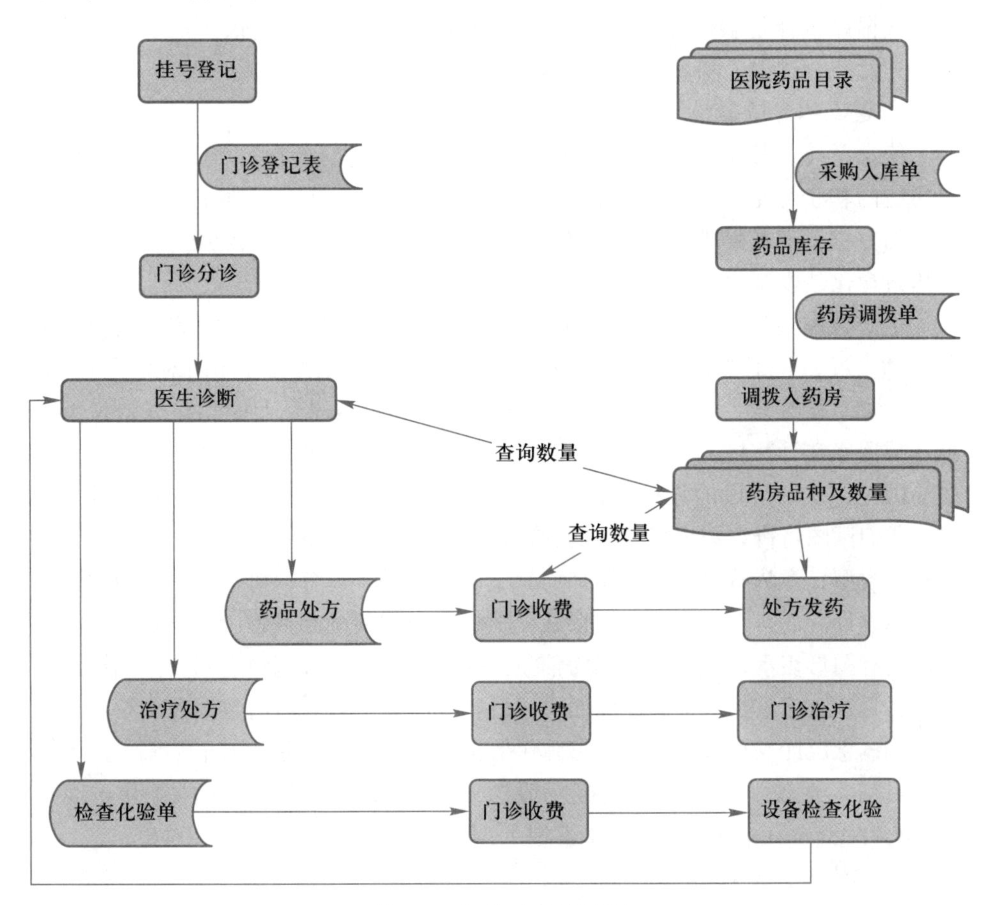

图 4.1　门诊业务流程图

由图 4.1 可见，本 HIS 系统的门诊业务要处理的流程主要有患者流程、药品流程和收费流程，如门诊登记表这样的图标所代表的含义就是流程中各个动作所产生的数据，这些数据需要由系统存储，并且这些数据也是流程中下一动作要处理的输入数据。我们在图 4.1 中看到，药品处方、治疗处方、采购入库单等都是在流程中产生的，并且是需要在系统中存储和处理的流程数据。

通过需求分析所获得的业务流程是进行数据库设计的重要基础信息。因为，相同的业务，在不同的视角下，用不同的流程来完成，处理环节不同，所产生的中间数据集也会不同，不同的数据集的总合，可以设计出不同的数据库。由此可见，业务数据库设计，是受控于业务流程设计，由需求分析所决定的。

通过需求分析建立了业务流程图后，再观察此系统在运转过程中又产生了哪些信息（数据）？需要以怎样的形式进行保存？数据在业务处理中如何流动？

数据有没有进行分层？数据如何分解？数据的来源有哪些？哪些数据是起始的数据？哪些数据是在业务过程中产生的？业务过程中产生的数据，该按照什么逻辑进行存储？对业务的统计口径是什么？数据有什么特点或者特征？这一阶段的工作重点，就是进行业务数据的属性分析。

数据库设计是软件开发的一个重要组成部分，但限于篇幅，本书无法描述软件开发的全过程，相关知识，请参考软件工程原理类教材。

2. 建立概念数据模型

信息系统，其实就是现实业务在计算机中的模拟。因此，在完成流程分析和功能的初步界定后，接下来将思考如何在计算机中有组织地存储业务流程所产生的数据，并按照业务的推进对数据进行加工和转变，将数据进行相应的抽取和概念化、模型化。

这个数据模型应能反映现实世界（旧系统）各部门各层级的信息结构、信息流动情况，特别要注意反映信息间互相制约的关系以及各部门对信息存储、查询和加工的要求，即数据在各个视角上的描述和需求。此时，建立的模型应避开数据库在计算机上的具体实现细节，用一种抽象的形式表示出来。

因此，这一阶段的设计工作也可以称作数据库的概念设计。在概念设计期间，我们试图将概念数据模型中的数据需求形式化，这是一个与具体数据库无关的高级模型，意味着对于业务用户而言，它应该易于理解；对于下一步使用它的数据库设计者而言，它应该足够形式化。概念数据模型必须是用户友好的，并且最好具有图形表示，以便可以作为信息系统设计师与业务用户之间交流和讨论的便利工具；它应该足够灵活，以便可以轻松地将新的或更改的数据需求添加到模型中。概念设计或需求分析的唯一目标是充分、准确地收集和分析数据需求。

目前，比较常见的用于数据库概念设计的形式化工具是实体 - 联系模型（entity-relationship model，E-R 模型），我们将在下一节展开详细讨论。

3. 逻辑设计步骤

一旦信息系统相关各方（投资方、研发方、潜在用户等）都同意了概念数据模型，数据库设计者就可以在逻辑设计步骤中将其映射为逻辑数据模型。逻辑数据模型是基于对现实环境进行分析后得到的概念模型。如果下一阶段已经确定使用关系数据库，则本阶段需要考虑将所获得的 E-R 模型，映射为二维的关系模型，将业务数据以表（概念表）的形式进一步表达出来。此时，还要站在业务的视角，关注数据之间的联系，比如，是“1 对 1”的联系，还是“1 对多”的联系？抑或是“多对多”的联系？从而梳理出数据之间的关系。这个阶段建立的二维表仍然独立于具体的数据库，主要关注业务性质，并不关心具体的数据库实现，聚焦的是业务数据如何以二维表格的形式表现和存储；不关注业务推进所导致的数据变化过程，至于业务流程推进如何驱动数据发生变化，是下一步系统开发的任务。

以门诊挂号和门诊开处方为例，观察流程，查看实际流程中产生的单据，分析如下：

（1）门诊挂号应存储的信息

（首次）挂号日期、健康档案号、患者姓名、身份证号、医保（社保）号、性别、出生日期、患者类型、接诊科室、接诊医生、挂号工作人员等。

（2）门诊处方应存储的信息

处方号、取药药房、开方时间、开方科室、开方医生、审核时间、审核医生、药品规格、数量、用法、收款时间、收款人、发药时间、发药人等。

（3）支撑信息

药房存量：药房名称、药品数量、药品价格、管理药师等。

排班情况：排班日期、医师专业、挂号情况等。

（4）基础信息

药品信息：药品种类、名称、剂型、剂量、用法、分类。

医师信息：医师姓名、专业、处方权限、所属科室等。

4. 物理设计

前面已经分析了业务推进过程中所产生的数据，并将这些数据按二维表格的形式进行了组织，在物理设计阶段，就是要将这些以二维数据的形式组织的表，转化成符合所选择的数据库技术要求的数据库表。本章以 openGauss 为例，说明怎样将逻辑数据模型向实际的产品数据库转换。

在将概念表向实际数据库表转化的过程中，应当考虑具体的数据库产品特点、相关的约束条件、表的拆分与合并等。由于前面工序已完成对具体业务的分析，此时，可以专注于具体表的实现。

5. 数据库设计的基本流程

综上所述，即可分析得出数据库设计的基本方法和流程，如图 4.2 所示：

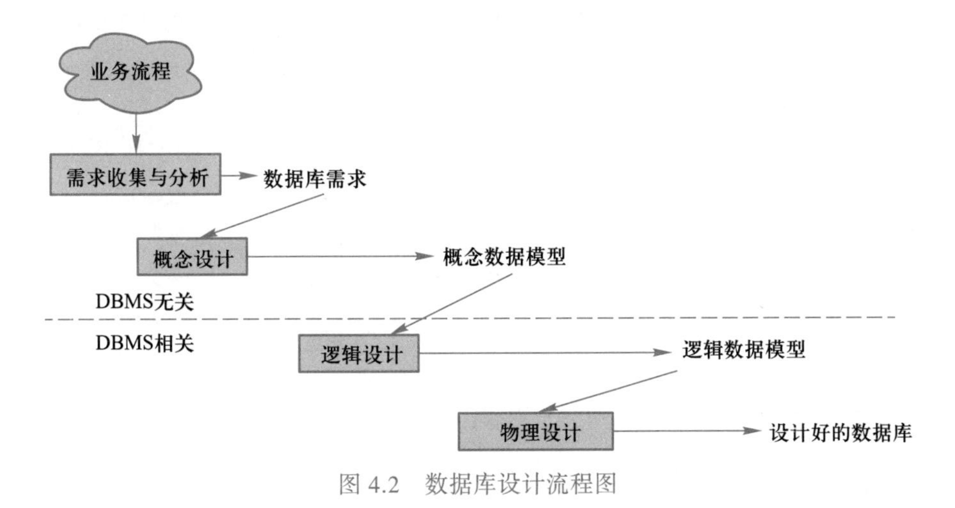

图 4.2　数据库设计流程图

4.2　E-R 模型

实体 - 联系模型（E-R 模型）是关系数据库设计中重要的方法之一，它揭示了数据库设计的基本方法，并给出了一系列规范、可用的步骤。用 E-R 模型描述数据库的概念模式，不需考虑数据库的逻辑与物理结构，它用易于理解，可结构化的方式来反映现实世界，将现实世界的实体（实物）模型，通过这个建模方法，转化为信息世界的概念模型。

例如，在医院信息系统的设计中，包含医院科室、医务工作人员、患者、药品等实体。通过进一步分析发现，在门诊挂号和患者入院等活动中，患者和医生是联系在一起的；而对于处方的开具，更是将医生、患者、药品三者联系在一起，产生了各种数据流。下文以使用 E-R 模型对医院信息系统数据进行建模为例，讲解了 E-R 模型的定义、分析方法和使用技巧。

E-R 模型有三个构件，分别是实体类型、属性类型和联系类型。

4.2.1　实体类型

实体（entity）是客观存在并且可以互相区分的事物，实体既可以是具体的人或物，也可以是抽象的概念。换句话说，实体类型定义了具有相似特征的实体的集合，而实体则是实体类型中的特定事件或实例。在现实世界，实体并不是孤立存在的，实体与实体之间也存在联系。例如，在医院信息系统（HIS）中，医生是一类实体，患者是另一类实体。每个实体都有一组性质，其中一些性质的值可以唯一地标识一个实体。例如在 HIS 中，一个医院的医务工作人员具有 per_no(人员编号)来唯一地标识自己，这样即便是重名也能区分。与此类似，药品也可以看作另一类实体，而 med_no(药品编号)唯一标识了本医院使用的药品集合中的某个药品实体。实体可以是物理存在的，如前面提到的医生和药品；也可以是人造或派生的，如处方、报表或排班计划表等。

实体集（entity set）是一个具有相同类型（即相同性质（或属性））的实体集合。一家医院的所有医务工作人员的集合可定义为实体集 person。类似地，实体集 medict 可以表示医院中所有药品的集合。

在 E-R 模型中，实体类型使用矩形来描绘，如图 4.3 所示的实体类型是医务工作人员（person）：

person

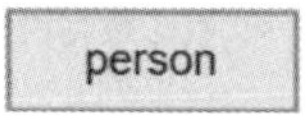

图 4.3　实体类型医务工作人员（person）

4.2.2　属性类型

构成一类实体区别于其他实体的特点就是属性，实体可以通过一组属性（attribute）来表示。属性是实体集中每个成员所拥有的描述性性质，每个实体都可以用一组属性来刻画。显然，某一类实体的性质需要不止一个属性来描述，这些描述，就是该实体在每个属性上的值。如实体集医务工作人员（person）可能具有属性：工作证号 per_no、身份证号 per_ID、姓名 per_name、所在科室

dept_name 和薪水 salary。在现实生活中，工作人员可能还有更多的属性，如其居住的房间号、街道号、省 / 市 / 自治区、邮政编码和国家（地区），但为了适应目标，就忽略了这些属性。

每个实体的每个属性都有一个值（value）。如图 4.4 所示，医务人员实体的一个示例，实体可能的工作证号 per_no 值为“WK-0103”，姓名 per_name 的值为“张医生”。由于现实生活中存在同名同姓的情况，因此必须允许姓名 per_name 的值可以相同，所在科室 dept_name 的值为“外一科”，当同科室存在相同姓名时，可以用 per_no 这个属性唯一地标识医务人员。

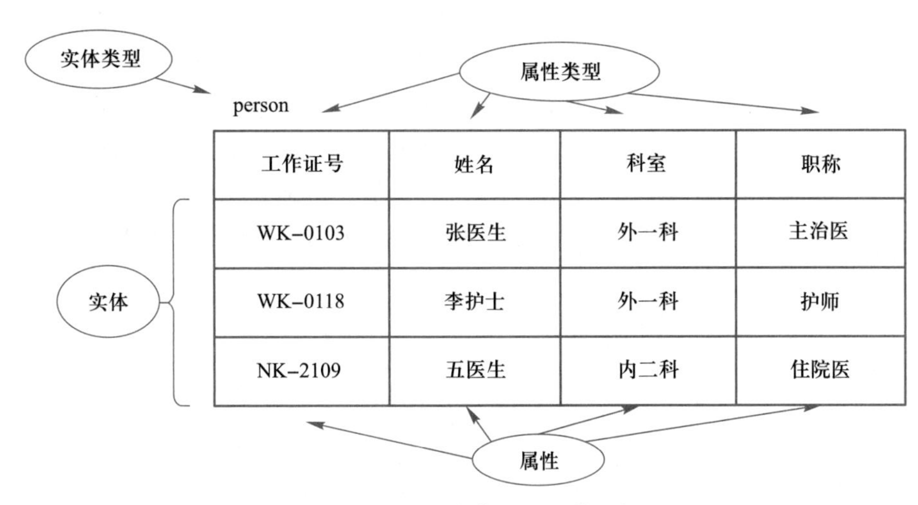

图 4.4　医务人员的实体及属性模型概念图

在 E-R 模型中，用椭圆来描绘属性类型，如图 4.5 所示：

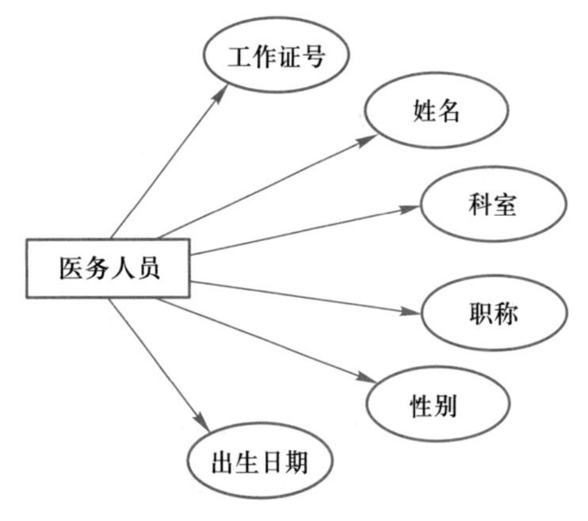

图 4.5　医务人员各属性的表达图

下面讨论属性的相关性质。

1. 域

域是可以分配给每个实体的属性的一组值，例如，可以将性别指定为男 (male) 和女 (female)；日期域可以将日期定义为年 (year)、月 (month)、日 (day)；域也可以包含空值，空值表示未知、不适用或不相关，与值 0 或空字符串 "" 不同。

2. 键属性类型

键属性类型是指其值对于每个实体都是不同的属性，因此，键属性类型可用于唯一地标识实体。例如，对于国内居民而言，最好的区分依据是身份证号，因为每个居民的身份证号是唯一的；在医院信息系统的药品实体 medict 中，医院内每个药品的编号都是唯一的；在医院信息系统中，医疗机构会给每个工作人员赋予一个唯一的编号（工作证号），这个编号可用作医务人员实体 person 中的唯一标识，如图 4.6 所示。键属性类型可以是属性类型的组合。例如，医生门诊排班表中，单靠医生的人员编号 per_no 不能完全区分一个医生的门诊排班记录，必须同时使用出诊日期，才能区分一个医生的排班历史或者排班计划。对于这种需要多个属性才能唯一区分实体集中不同个体的情况，称为组合键属性。在图 4.6 所示的 E-R 模型图中，用下画线来表明该属性具有键属性。

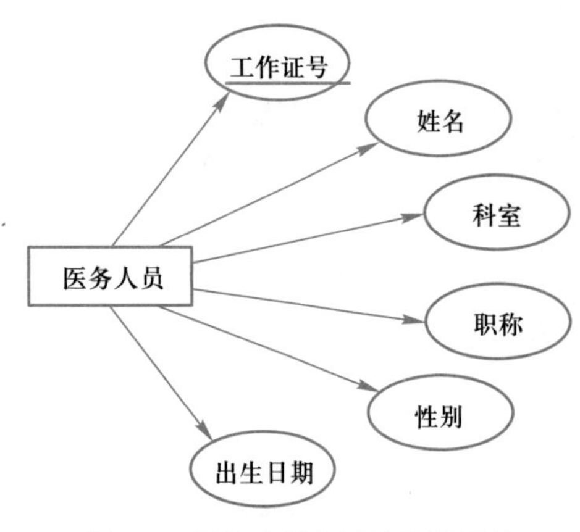

图 4.6　医务人员各属性及键属性

3. 简单属性和复合属性

简单属性类型（或原子属性类型）不能进一步分为多个部分，例如，医务人员的工作证号。复合属性类型可以分解为其他有意义的属性类型，例如，可以将地址属性类型进一步分解为国家、省份、城市、街道、号码，另一个例子是姓名，可以将其分为姓和名。图 4.7 说明了在 E-R 模型中如何表示复合属性类型：

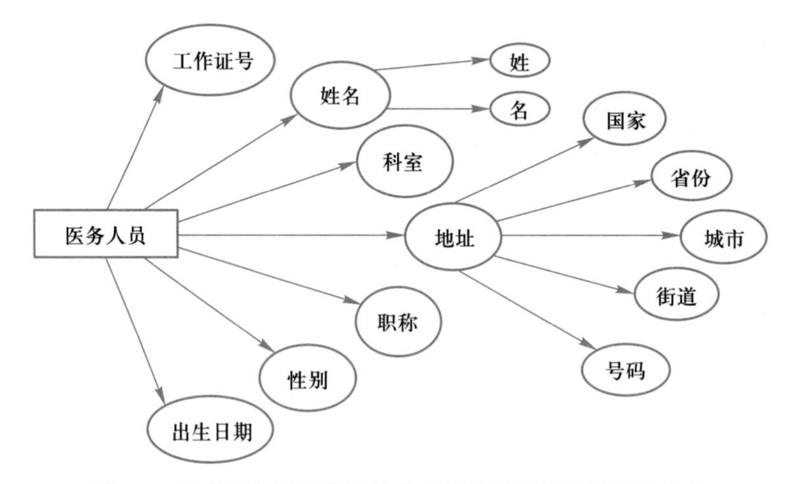

图 4.7　具有复合属性类型姓名和地址的实体类型医务人员

4. 单值属性与多值属性

单值属性类型对于特定实体只有一个值。例如，医务人员的工作证号或者身份证号。多值属性类型是可以具有多个值的属性类型。例如，一个医务人员可以拥有多个电话号码。

5. 派生属性

派生属性类型是可以从一个属性类型派生的属性类型。例如，年龄就是派生属性，因为它可以从出生日期派生（计算）出来。

4.2.3　联系类型

联系表示两个或者多个实体之间的关联。例如，在科室实体与医务人员实体之间，存在一个科室拥有多名医务人员这样的工作关联；诊疗过程中，一个患者通过开具处方，与药物存在使用一个或多个药物的联系。

联系类型定义一个、两个或多个实体类型实例之间的一组联系。在 E–R 模型中，联系类型使用菱形符号表示，并在菱形符号里写上该联系的命名。

1. 联系的基数

联系的基数，或称为基数比，是指实体之间联系所对应的数量，常见的基数是 0、1 或 *n*。每种联系类型都可以通过其基数来描述，其意义是单个实体可以参与联系的实例的最小或最大数量。最小基数可以为 0 或 1。如果最小基数为 0，意味着一个实体可以在不通过联系类型连接到另一个实体的情况下存在，称为部分参与，这是因为有些实体可能不参与联系；如果最小基数为 1，则表示参与联系的实体必须连接到另一个其他实体，称为完全参与或存在依赖，这是因为所有实体都需要参与联系，换句话说，这样的联系类型，要求参与联系的实体两边同时存在。

基数最大可以为 1 或 *n*。在最大基数为 1 的情况下，一个实体只能参与该联系类型一个实例。即它通过该联系类型最多连接到另一个实体。如果最大基数为 *n*，则一个实体可以通过该联系类型最多连接到 *n* 个其他实体。这里 *n* 表示大于 1 的任意整数。联系类型通常根据其每个角色的最大基数来描述。二元联系类型有三种，即一对一联系 1:1 一对多联系 1:*n* 和多对多联系 *m*:*n*。

（1）一对一联系（1:1）

如果实体集 E1 中的每个实体最多与实体集 E2 中的一个实体相关联，并且 E2 中的每个实体也最多与 E1 中的一个实体相关联，则称 E1 和 E2 之间的联系为一对一联系。例如，实体集“医院科室”和“科主任”之间的联系“管理”一般是一个科室有一个科主任，而一个科主任也只管理一个科室，这就是一对一联系。如图 4.8 所示，左边画出了科主任实体集与科室实体集中的联系示意图，而在图 4.8 的右边，则画出了科主任实体与科室实体之间一对一的“管理”联系。

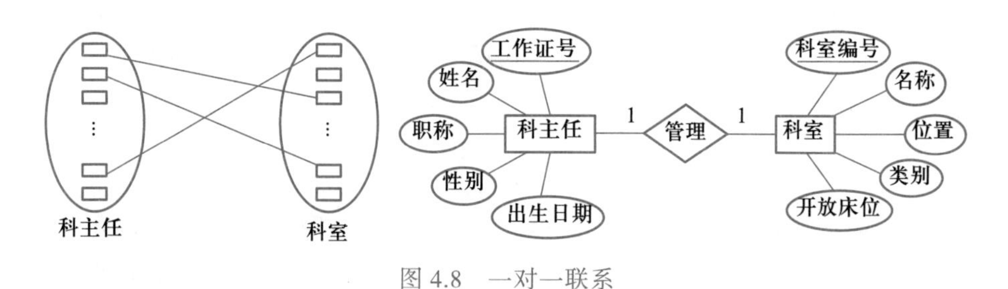

图 4.8　一对一联系

（2）一对多联系（1:*n*）

如果实体集 E1 中的每个实体都可以与实体集 E2 中任意多个实体相关联，而 E2 中的每个实体最多与 E1 中的一个实体相关联，则称这种联系为 E1 到 E2 的一对多联系。如图 4.9 的左边实体集“科室”和实体集“医生”之间的联系，一个医生只能属于一个科室，但一个科室可以有多个医生，这就是一对多的联系类型，在图 4.9 的右边是一对多联系类型的另一种表示方法，在该方法中分别表达出产生联系的两个实体各自的属性，甚至标出了各个实体的键属性，同时表示出这两个实体之间的一对多联系名称为“服务”。

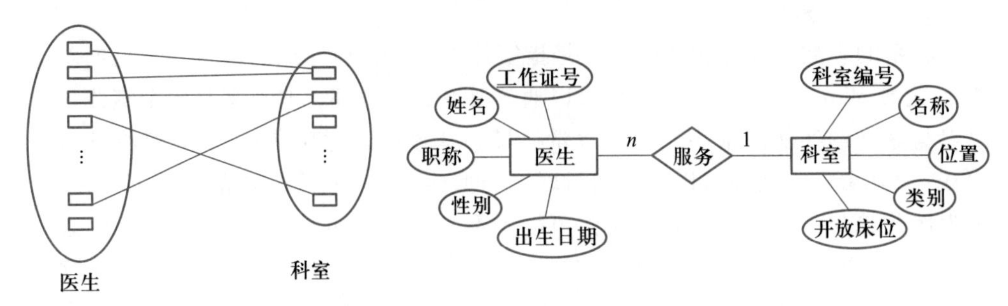

图 4.9　一对多联系

（3）多对多联系（$m:n$）

如果实体集 E1 中的每个实体都可以与实体集 E2 中任意多个实体相关联，并且实体集 E2 中的每个实体也可以与实体集 E1 中任意多个实体相关联，则称 E1 和 E2 之间联系为多对多的联系。如图 4.10 的左边，在医院中药房和药品之间的联系就是多对多联系：每一个药房都存储了大量的药品，而同一个药品也可以存储在不同的药房中，在图 4.10 的右边，是多对多联系类型的另一种表示方法，在该方法中，分别表达出产生联系的两个实体各自的属性，甚至还标出了各个实体的键属性，同时，表示出这两个实体之间的多对多联系名称为“存储”。

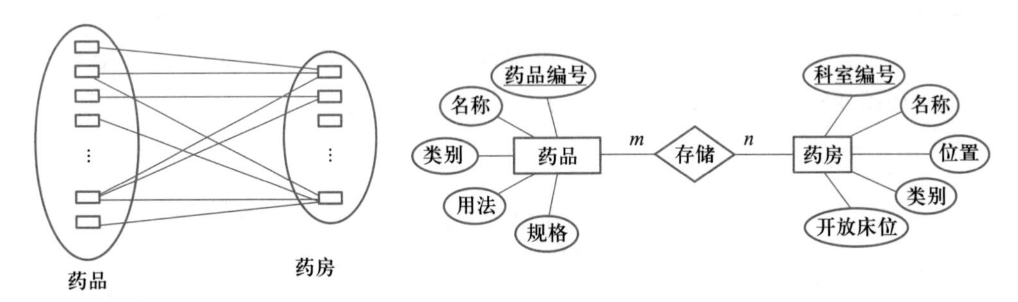

图 4.10　多对多联系

一个联系到底属于哪种类型只能通过考察实际问题的语义来确定。例如，科室与医生之间的联系，很显然，医院并不可能只有一个科室，但因为一个医生只能服务于一个科室，而一个科室却可以同时有多个医生，因此，科室对医生而言，是一对多；另外，医生和患者之间的联系“诊疗”到底属于哪种类型取决于医院的诊疗规定。一般情况下，医院规定患者的一次挂号只能挂一个医生，但显然一个医生可以接受多个患者的挂号，在这种情况下，诊疗就是多对一联系。然而，有的时候，复杂病情需要进行会诊时，则一次诊疗活动就出现多个医生同时诊疗多个患者的情况。在这种情况下，诊疗变为多对多联系。

2. 联系类型的度

联系类型的“度”是指参与该联系的实体数量。一元联系类型是指只有一种实体的联系，因此又叫递归联系类型；二元联系类型具有两种参与实体类型；而三元联系类型具有三种参与实体类型。

图 4.11 显示了“医务人员”这一种实体之间的领导和被领导的一元联系类型，由于是自体联系，因此也称为递归联系类型，用于医务人员之间层次联系（领导与被领导）的建模。

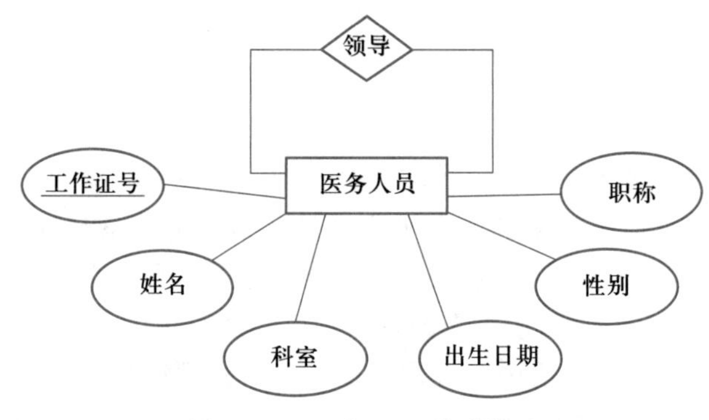

图 4.11　一元 E–R 联系类型

图 4.12 显示了三元联系类型，“药品供应”是药品供应商实体、药品实体、医院库房实体三个实体之间的联系类型，有三个实体参与，因此被称为三元联系类型。

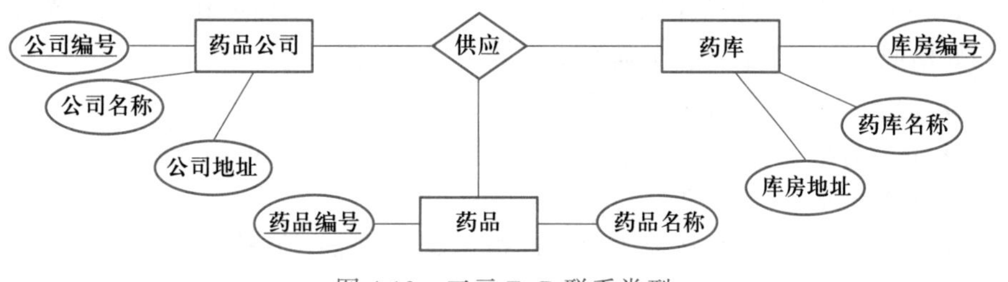

图 4.12　三元 E–R 联系类型

3. 联系属性类型

与实体类型一样，联系类型也具有属性类型。在 1:1 或 1:n 联系类型中，可以将这些属性类型迁移到某一个参与实体类型中。但是，在 m:n 联系类型中，需要将属性类型明确指定为联系属性类型。

如图 4.13 所示，属性类型存量表示某种药品在药房中的存储数量，它的值不能被视为药品或药房的单独属性，它是由药房在存储药品的组合唯一确定的。因此，需要将其建模为连接药房实体和药品实体中的“存储”联系类型的属性类型。

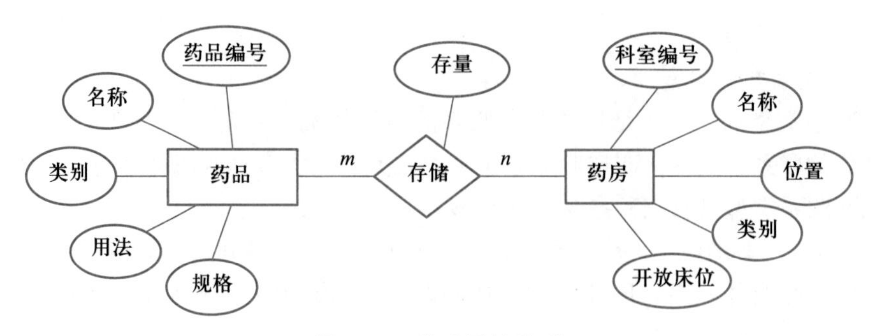

图 4.13　联系属性类型

4.3　关系模型

关系模型把数据库解析为关系的集合。即每个关系都类似一张二维表，或者在某种程度上类似于记录的一个平面文件。当一个关系被认为是一个表时，表中的每一行都表示一个相关数据值的集合，这个集合通常对应一个现实世界的实体或联系。表名和列名用来帮助解释每行的值的含义。

在正式的关系模型术语中，行称为元组，列标题称为属性，而表则称为关系。数据类型描述了值的类型，每一列中可能出现的值用域的可取值来表示。下面将给出这些术语的形式化定义：域、元组、属性和关系。

4.3.1　关系的域、属性、元组

域是关系中某一属性的取值范围。定义一个域的常用方法是定义一个数据类型，构成该域的数据值都来自该数据类型。为了便于描述和引用域中的值，还需要给域定义一个名字。下面给出了域的一些示例。

phone_number：电话号码集合。

id_no：有效的 18 位中国居民身份证号码集合。这是中国公安部门分配给每个国内公民的唯一标识符。

per_no：某机构（如医院）给自己员工赋予的唯一编号，为简便起见，也可使用员工身份证号，但基于隐私或安全方面的考虑，一般不使用身份证号作为员工编号，而是重新编码。

per_name：机构中员工的姓名，一般直接使用身份证中的名字，现实中存在同名现象，因此这个属性不能保证唯一性。

dept_name：科室名称。

price：价格，带有两位小数的浮点数。

上述内容称为域的逻辑定义，域定义还包含数据类型或格式。例如，可以声明域 phone_ numbers 的数据类型是一个形式为 (ddd)ddd-dddd 的字符串，其中每个 d 是一个数值型（十进制）数字，且前三个数字构成一个有效的电话区号。而 per_name 和 dept_name 的数据类型是表示有效名称的所有字符串集合。

因此，一个域具有名字、数据类型和格式。还可以为域定义其他信息以此来解释域中的值，例如，price是数值型的域，表示价格，应该用元或美元作为计量单位。

关系模式用R(A1,A2,…,An)表示，它是一个n元元组的集合。它由关系名R和属性列表A1,A2,…,Ai组成。每个属性Ai有一个角色名，这个角色由关系模式R的某个域D扮演。D称为Ai的域，用dom(Ai)表示。关系模式用于描述关系，因此关系模式R所描述的关系的名字也称为R。下面是一个描述员工信息的关系模式，它包括了每个员工的属性：

```
person(per_no,per_name,address,birthday)
```

如果为每个属性加上数据类型，该定义有时也可以写为：

```
person(per_no:string,per_name:string,address:string,
birthday:date)。
```

对于这个关系模式，person是关系的名字，它有4个属性。以上定义显示可以为属性分配诸如string和date等通用类型。更准确地说，通过以下方式为person关系的一些属性指定前面已经定义的域：dom(per_no)=string，dom(per_name)=string，dom(address)=string，dom(birthday)=date。如图4.14所示：

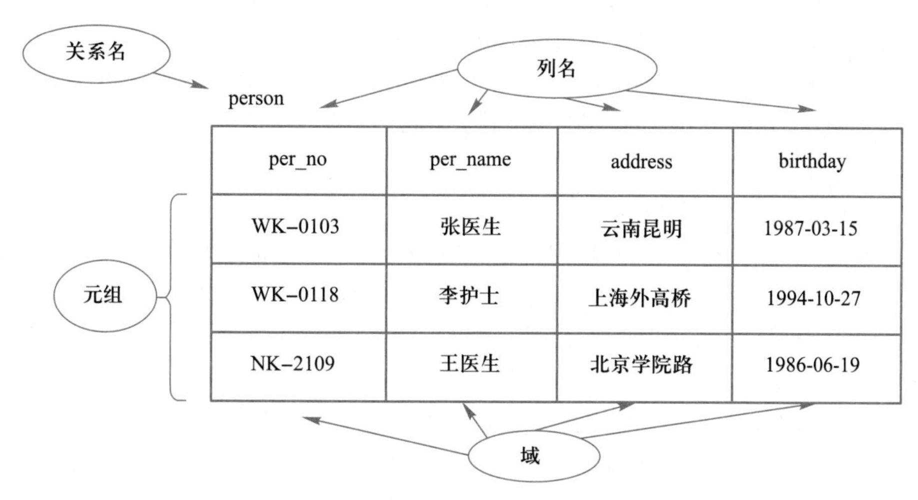

图4.14 关系person的属性和元组

4.3.2 关系的特征

从前面的内容可以看出，关系有一些不同于文件或表的特征。下面就来讨论这些特征。

1. 关系中元组的排序

关系被定义为元组的集合。在数学上，集合中的元素是无序的，因此关系中的元组没有任何特定的次序。也就是说，元组的次序并不影响关系的存在。

虽然在文件中，记录被物理地存放在磁盘上(或内存中)，其记录位置会被赋予一个次序。这个排列次序指明了文件中的第 1 个、第 2 个、第 3 个和最后一个记录；另外，当一个关系被表达成一个表时，表中的行也将按照某个特定的顺序显示出来。但因为关系在逻辑或抽象层次上表示一个事实，而元组的排列顺序并不是关系定义的一部分，因此，在相同的关系中，可以存在许多的元组次序。

这是在关系数据库中，可以将表针对特定的列进行排序的理论依据。

2. 关系中属性的排序

根据关系的定义，*n* 元元组是 *n* 个值的列表，只要保持属性和值的一致性，则属性和它们的值的次序也不是很重要。

因此可以给出关系的另外一种定义 ：关系模式 R ={A1,A2,…,An} 是属性的集合，关系状态 r(R) 是映射 r={t1,t2,…,tm} 的有限集合，其中元组 ti 是一个从 D=dom(A1) U dom(A2) U … U dom(An) 到 D 的映射，这里 D 是属性域的并集(用 U 表示)。在这个定义中，对于 r 的每个映射 t，t[Ai] 必须在 dom(Ai) 中 (1 ≤ i ≤ n)。每个映射 ti 被称为一个元组。

按照这种将元组看作一个映射的定义，元组可以被认为是一个 (< 属性 >，< 值 >) 对，其中每一个 (< 属性 >，< 值 >) 对给出一个从属性 A 到 dom(A) 中值的映射。因为属性名总是同它的值一起出现的，所以属性的排列次序并不重要。因此，在关系模型中，属性之间也是没有次序的。

关系 person_1（per_no，per_name，address，birthday）和另一个关系 person_2（per_name, birthday, per_no, address）其实是同一关系。这是在关系数据库应用中，可以任意放置列的位置的理论依据。

3. 元组中的值和 null

在上一节已经明确，元组中的每个值都是一个原子值，意味着它在关系模型的基本关系框架中不可再分。这和 E-R 模型的要求是一样的，即不允许出现复合和多值属性(见 4.2 节)。这种模型有时称为平面关系模型。关系模型的许多理论就是在这个基础上发展起来的，它被称为第一范式约束（见 4.6 节）。因此，多值属性需要用另外关系来表达，而复合属性则需要进行拆分。

空值 (null) 是一个非常重要的概念，它用来表示元组内的一些未知的或者不适用于该元组的属性值。例如，在 person 关系中，birthday 具有某种隐私的意味，当事人不提供时，可以使用 null 值进行代替(值未知)。一般来说，null 值有几种含义，例如，值未知、值存在但不可用，或属性不适用于这个元组等。

对于 null 值，应当尽量避免进行比较，这将导致含义不明确。例如，工作人员 1 和工作人员 2 的地址都是 null 值，这并不表示他们两个人的地址相同。

4.4　E-R 模型向关系模型映射

前面已经用实体－联系模型，对目标系统的数据进行了建模，本节将讨论

从实体 - 联系（E–R）模型创建关系模型的方法，即实现由概念设计向逻辑设计的映射过程。

4.4.1 实体类型映射

实体类型映射是 E–R 模型向关系模型映射的第一步，相对而言比较直接，在将实体类型映射到关系中时，简单的属性类型可以直接映射；复合属性类需要分解为不可再细分的原子属性；将实体类型的键属性类型中的一个设置为关系的主键，可以在下面的示例中看到这一点。有两种实体类型——医务人员 person 和医疗项目 feeitem，为两者都创建了关系，如图 4.15 所示：

```
person(per_no,per_name,address,birthday)
feeitem(fee_no,fee_name,fee_decrip,unit,price)
```

医务人员 person 有 4 个属性类型：per_no 是键属性类型；per_name 是由姓和名组成的复合属性类型，但系统并没有对姓氏进行分析和统计的需要，因此将其视为原子属性；address 也被视为原子属性，birthday 属于日期 / 时间类型。

医疗项目 feeitem 也有 4 个属性类型：fee_no 是键属性类型；fee_name 是项目名称的属性类型；unit 表示计价单位；price 是精确到小数点后两位的浮点数或金额类属性。

图 4.15　将实体类型映射到关系

4.4.2 二元 1:1 联系类型映射

对于二元 1:1 联系类型，需要为参与联系的两个实体分别创建关系，然后，可以通过在一个关系中包含一个外键来连接另一个关系的主键，从而表达这两个实体之间的联系。在存在依赖关系的情况下，可以将外键放在存在依赖的关系中，并将其声明为非空。然后，便可以将 1:1 关系类型的属性类型添加到具有外键的关系中。

现在以员工 person 和科室 department 之间的管理 manager 联系类型，来说明映射的过程和方法。如图 4.16 所示。

首先，一名员工 person 只能管理一个科室，而一个科室仅允许一名管理者，这意味着 person 和 department 在联系 manager 上存在依赖。深入研究此联系后，分析出这个联系有 4 个语义：

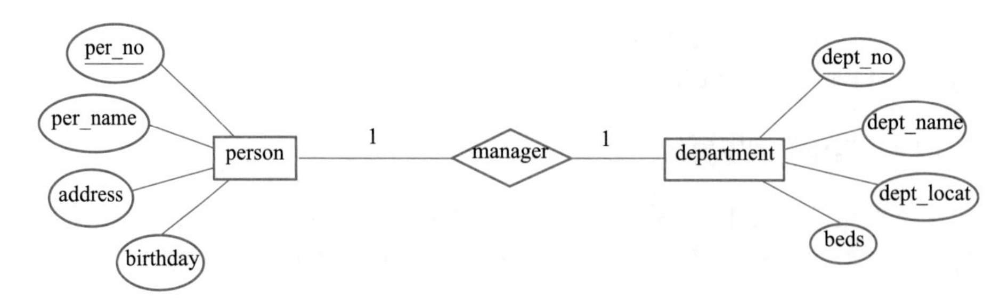

图 4.16　将 1:1 E-R 联系映射到关系模型

（1）1 名员工仅能管理 1 个科室；

（2）1 个科室必须有 1 名员工进行管理；

（3）员工可以不管理科室；

（4）1 个科室不能有 1 名以上的管理员工。

为这两种实体类型都创建了关系，并添加了相应的属性类型，如下所示：

```
person(per_no,per_name,address,birthday)
department(dept_no,dept_name,dept_locat,beds)
```

现在的问题是：如何映射它们之间的联系类型？

一种方法是在关系 person 中添加一列，列名为 *dept_no*，该列指向关系 department 中的键属性 dept_no（主键），新增的这一列称为外键，以斜体进行表达：

```
person(per_no,per_name,address,birthday,dept_no)
department(dept_no,dept_name,dept_locat,beds)
```

这个外键可以为空，因为不是每个员工都管理一个部门。现在通过图 4.17，观察原始联系类型的 4 个语义有几个被正确支持。

person(per_no, per_name, address, birthday, *dept_no*)

per_no	per_name	address	birthday	*dept_no*
5114	张明	云南昆明春城路 10 号	1974-02-17	002
6247	李学成	上海外高桥 27 号	1981-05-22	003
3189	蔡晶	北京三里胡同 21 号	1991-04-09	null
4297	方为民	太原北营 47 栋	1986-10-12	002
3985	张波	北京海淀路 18 号	2001-02-27	null

department(dept_no, dept_name, dept_locat, beds)

dept_no	dept_name	dept_locat	beds
002	财务科	行政楼 3 楼	0
003	药剂科	后勤楼 1 楼	0
012	急诊科	门诊楼 1 楼	40
024	内 1 科	内科楼 2 楼	60

图 4.17　映射 1:1 联系类型元组示例 1

首先观察 department 关系，一个科室可以没有管理者吗？ 可以，012 号科室“急诊科”就是这种情况，它没有被分配管理者，因为其科室编号 012 没有出现在 person 表的 *dept_no* 列中；另外，内 1 科也没有管理者。一个科室可以有多个管理者吗？可以，002 号科室“财务科”就是这种情况，它有两个管理者：员工 5114（张明）和员工 4297（方为民）。

再观察 person 关系，一名员工可以管理 0 个科室吗？可以，3189 号和 3985 号员工就是这种情况。一名员工可以管理多个科室吗？ 不可以，因为 person 关系的每一行的 *dept_no* 不可能支持多值。

于是可以发现，使用这种映射方法，4 个语义中仅有 2 个得到支持。此外，该选择会为外键 *dept_no* 生成大量空值，因为通常有许多员工并不管理任何部门。

另一种方法是在关系 department 中，增加一列员工编号 *per_no* 作为外键，指向关系 person 中的主键 per_no，如下所示：

```
person(per_no,per_name,address,birthday)
department(dept_no,dept_name,dept_locat,beds,per_no)
```

该外键不能声明为空，因为每一个科室必须有一个管理者。通过图 4.18，可以观察到用这种方法，原始联系类型的 4 个语义有几个被正确支持。

person(per_no, per_name, address, birthday)

5114	张明	云南昆明春城路 10 号	1974-02-17
6247	李学成	上海外高桥 27 号	1981-05-22
3189	蔡晶	北京三里胡同 21 号	1991-04-09
4297	方为民	太原北营 47 栋	1986-10-12
3985	张波	北京海淀路 18 号	2001-02-27

department(dept_no, dept_name, dept_locat, beds, *per_no*)

002	财务科	行政楼 3 楼	0	5114
003	药剂科	后勤楼 1 楼	0	5114
012	急诊科	门诊楼 1 楼	40	6247
024	内 1 科	内科楼 2 楼	60	3985

图 4.18　映射 1:1 联系类型元组示例 2

存在管理 0 个部门的员工吗？存在，3189 和 4297 就是这种情况，因为他们的 per_no 没有出现在 department 表的 *per_no* 列中；可以确保 1 名员工最多管理 1 个科室吗？实际上不能，如图 4.18 所示，张明（5114）管理了 2 个科室。因此，在 4 个语义中，有 3 个被支持。尽管不完美，但该方法比上一个方法更可取，仅丢失了 1 个语义。

因此，在将 E-R 模型向关系模型进行映射时，要注意丢失的语义，并分析对数据库及业务的影响。

4.4.3　二元 1:*n* 联系类型映射

在二元 1:*n* 的联系类型向关系模型映射时，可以通过在联系类型 *n* 端的参与实体类型相对应的关系中包含一个外键来映射二元 1:*n* 关系类型。该外键指向与关系类型 1 端的实体类型相对应的关系的主键。该外键可以被声明为非空或允许为空。而 1:*n* 联系类型带来的属性类型，可以添加到与参与实体类型相对应的关系中。

考察图 4.19 中的“工作于”works_on 联系类型，这是 1:*n* 联系类型的一个实例。1 名员工只能在 1 个部门工作，1 个部门则可以有 1 到 *n* 名员工在其中工作。联系的属性类型 start_date 表示员工开始在该部门工作的日期。与 1:1 联系一样，首先为这两种实体类型创建关系 person 和 department：

```
person(per_no,per_name,address,birthday)
department(dept_no,dept_name,dept_locat,beds)
```

根据上一节的内容，要在两个关系中尝试表达它们之间存在的联系模型时，有两种选择。由于一个部门可以有多名员工，因此不能在 department 中添加一个列作为外键来记录该科室的员工，因为这会创建一个多值属性类型，而这在关系模型中是不允许的。因此，唯一的选择是将 dept_no 添加在 person 关系中作为外键，同时，增加 start_date 列，表示员工在该部门工作的起始日期。

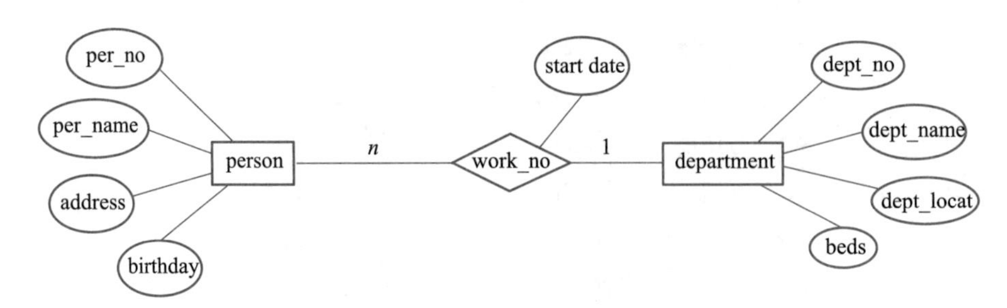

图 4.19　将 1:*n* 的 E-R 联系映射到关系模型

于是，得到如下关系：

```
person(per_no,per_name,address,birthday,dept_no,start_
date)
department(dept_no,dept_name,dept_locat,beds)
```

现在通过图 4.20 所示的映射，分析语义流失情况：

1 个科室可以有 1 名以上的员工吗？可以，财务科就是，该部门有 3 名员工张明（5114）、李学成（6247）和蔡晶（3189）。能保证每个科室至少有 1 名员工吗？不能保证，012 号科室急诊科就没有员工。在 4 个语义中，只有 3 个语义被支持。如图 4.20 所示，属性类型 start_date 也已被添加到了 person 关系中。

person(per_no, per_name, address, birthday, *dept_no*, start_date)

5114	张明	云南昆明春城路 10 号	1974-02-17	002	1974-02-17
6247	李学成	上海外高桥 27 号	1981-05-22	002	1981-05-22
3189	蔡晶	北京三里胡同 21 号	1991-04-09	002	1991-04-09
4297	方为民	太原北营 47 栋	1986-10-12	003	1986-10-12
3985	张波	北京海淀路 18 号	2001-02-27	024	2001-02-27

department(dept_no, dept_name, dept_locat, beds, per_no)

002	财务科	行政楼 3 楼	0	5114
003	药剂科	后勤楼 1 楼	0	5114
012	急诊科	门诊楼 1 楼	40	6247
024	内 1 科	内科楼 2 楼	60	3985

图 4.20 映射 1:*n* 联系类型的元组示例

4.4.4 二元 *m*:*n* 联系类型映射

二元 *m*:*n* 联系类型的映射通过引入新的关系 R 来映射 *m*:*n* 联系类型。R 的主键是一个外键组合，这些外键指向与参与实体类型相对应的关系的主键。联系类型 *m*:*n* 的属性类型也可以添加到 R 中。图 4.21 所示的存储 storein 联系类型是一个 *m*:*n* 关系类型的实例。在医院的多个药房中，存储了 0 到 *n* 种药品，而一个药品也被 0 到 *m* 个药房所存储。药房本质上是医院中的一个科室。在这样的 *m*:*n* 的联系中，不能在 medict 关系中添加外键，因为同一个药品可以存储在多个药房中；同样地，也不能在 department 关系中添加外键，用来指明所存储的药品，这样的外键均具有多值属性。换句话说，只能创建一个新的关系来映射 E-R 联系类“存储”（storein）。

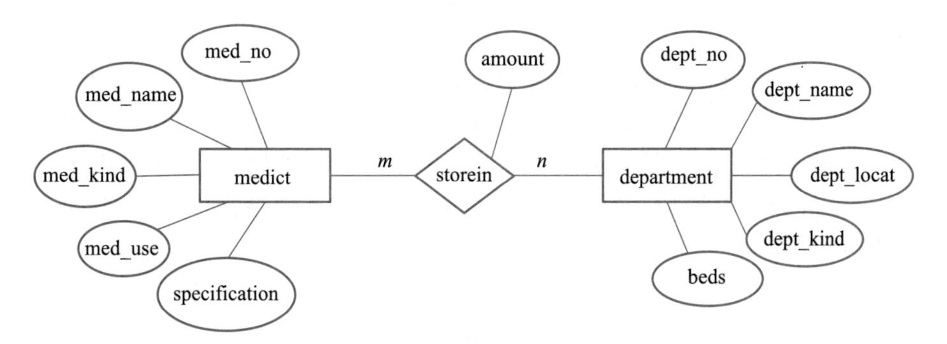

图 4.21 将 *m*:*n* 的 E-R 联系映射到关系模型示例

于是得到如下关系：

```
medic(med_no,med_name,med_kind,med_use,specification)
department(dept_no,dept_name,dept_locat,beds)
storein(med_no,dept_no,amount)
```

如图 4.22 所示，从这三个关系中看到，可以将药房作为科室实体 department 中的一个普通实例，storein 关系有两个外键，med_no 和 dept_no，它们共同构成主键，因此不能为空，且存储数量 amount 也添加到此关系中。

Medict(med_no, med_name, medkind, med_use, sepcification)

2035	VC 片	维生素类	口服	抗坏血酸
2017	先锋 4 号胶囊	抗生素类	口服	抗炎，用于敏感菌治疗
0028	葡萄糖注射液	大输液	静脉注射	维持酸碱平衡，补水
0549	大黄	中药饮片	煎服	凉血解毒，止血
0198	甘草	中药饮片	煎服	补脾益气、止痛

department(dept_no, dept_name, dept_locat, beds)

002	财务科	行政楼 3 楼	0
003	门诊药房	后勤楼 1 楼	0
012	急诊科	门诊楼 1 楼	40

storein(med_no, dept_no, amount)

2035	003	2300
2017	003	3500
0028	003	2812

图 4.22 映射 m:n 联系类型的元组示例

4.4.5 一元联系类型映射

一元或递归联系类型映射成相应关系时，需要根据其基数进行分析。对于 1:1 或 1:n 联系类型，通过添加指向同一关系主键的外键可以实现映射；对于 n:m 递归关系类型，需要创建一个新的关系 R，该关系有两个非空且指向原始关系的外键。

以医务人员管理为例，根据业务调研得到如图 4.23 所示的 E-R 模型，科主任（管理级员工，高级医师）可以管理多名医务人员或者 0 名员工；1 名医务人员只能接受 1 名管理人员的管理，但不能没有管理者。在这种情况下，通过在 person 关系中添加一个外键 supervisor 来实现该外键指向其主键 per_no，以表示其管理者，如下所示：

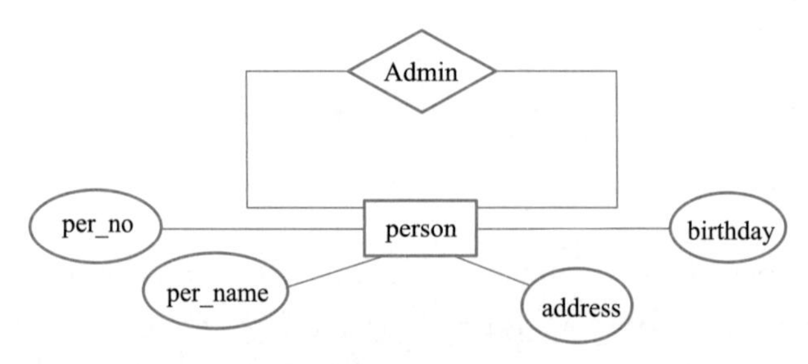

图 4.23 将一元联系映射到关系模型示例

```
person(per_no,per_name,address,birthday,supervisor)
```

现在通过图 4.24 来检查语义流失情况：

person(per_no, per_name, address, birthday, supervisor)

5114	张明	云南昆明春城路 10 号	1974-02-17	null
6247	李学成	上海外高桥 27 号	1981-05-22	5114
3189	蔡晶	北京三里胡同 21 号	1991-04-09	5114
4297	方为民	太原北营 47 栋	1986-10-12	3189
3985	张波	北京海淀路 18 号	2001-02-27	4297

图 4.24 映射一元 1:1 联系类型的元组示例

有些员工不管理其他员工，比如李学成（6247）和张波（3985）。然而，有些员工管理不止一名员工，比如张明（5114）同时管理李学成（6247）和蔡晶（3189）。但张明（5114）没有管理者，总而言之，对于这 4 个语义，该模型支持了 3 个，损失的语义需要用其他方式弥补。

假设管理逻辑变为：1 名员工可以监督 0 到 *n* 名员工，而 1 名员工可以被 0 到 *m* 名员工所监督。即把联系变成 *m*:*n* 型。现在，不能再向 person 关系中添加外键，因为这将导致一个多值属性类型。为此需要创建一个新的关系 supervis，它有两个外键 sup_visor(指向管理者)和 sup_visee（指向被管理者），它们都指向 person 中的 per_no：

```
person(per_no,per_name,address,birthday)
supervis(sup_visor,sup_visee)
```

因为两个外键组成了主键，所以它们不能为空。原始联系类型的 4 个语义都得到了支持。

4.4.6 多元联系类型映射

多元联系的 E-R 模型向关系模型映射时，主要有两个方法：新建关系法和拆分联系法。

1. 新建关系法

为了映射一个 *n* 元联系类型，首先要为每个参与的实体类型创建关系。然后，再定义一个附加的关系 R 来表示 *n* 元联系类型，在这个附加的关系中添加外键，这些外键指向与参与联系的实体类型所对应的关系的主键，关系 R 的主键是这些所有非空外键的组合，本联系的其他属性也都可以添加到 R 关系中来。

请查看图 4.25 所示的例子，它是门诊患者挂号业务的 E-R 模型。患者的挂号，既要指定科室也要指定医生，是一个三元联系模型的实例，其中门诊患者的属性仅关注门诊编号 pat_no（系统自动给予的序号）和患者姓名 pat_name，这个三元联系模型我们目前仅关注一个属性是挂号日期 reg_date，新增一个关系 registration，用以表达这个三元联系的映射：

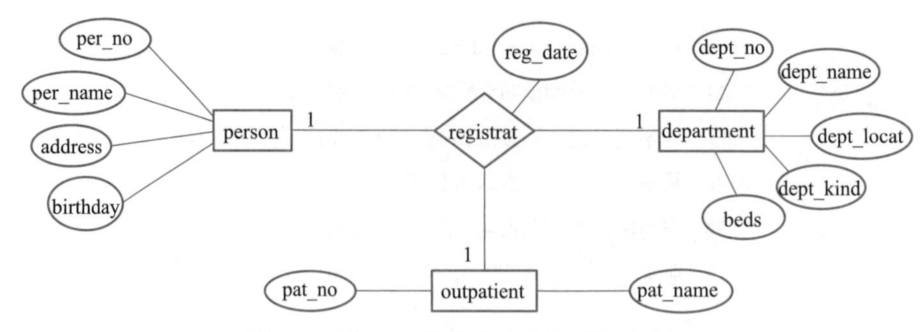

图 4.25　将三元联系映射到关系模型示例

先分别建立三个实体各自的关系映射：

```
person(per_no,per_name,address,birthday)
department(dept_no,dept_name,dept_locat,beds)
outpatient(pat_no,pat_name)
```

然后，建立新的关系，先分别抽取参与联系的实体的码，作为联合码（主键），再加上联系产生的属性：

```
registration(per_no,dept_no,pat_no,reg_date)
```

于是，新建的关系 registration 就是这个三元联系模型映射过来的关系模型，根据业务规则，同一门诊患者若更换科室或医生，需要重新挂号，在联合码中出现了变化，因此，系统也能接受新的元组，符合业务要求。

2. 拆分联系法

观察上例很快能发现新建关系法的局限性，就是这个多元联系的各参与实体是以 1 对 1 的方式参与联系，然而，在实际业务中，很多的联系却并不仅限于 1:1，而是 1:*m* 或 *m*:*n* 的联系，典型的业务如订单处理，如医院的药库向药品供应商购买药品，一次采购不可能只采购一个药品，如果这样，新建的关系会因为联合码中出现重码而不再符合模型的规则，怎么办？

处理这类映射时，可以采用拆分联系的方法，以尝试将参与多元联系的各实体进行减元，即逐个减少参与联系的实体，直到在减少了产生联系的实体后能够使用新建关系法建立关系映射，用多个新建的关系来表达原多元联系模型，然后，将新建的关系作为参与联系的一个虚拟实体（在图 4.26 用虚线标出）再跟余下的实体建立联系，并根据映射方法建立新的关系，请参考下面的示例：

由图 4.26 可以看到，用虚线连起来的虚线菱形三元联系 supply，带有 sup_date、sup_price、amount 三个属性，为了完成这个联系的关系映射，使用拆分法，先拆分出供应商 supplier 和药库 department 之间的联系订单头 order_head，映射为一个新建关系 order_head，再将此联系当成一个新的实体，如图所示（用虚线框表示的实体），与联系 order_head 同名并拥有与之相同的属性，然后，此虚拟的实体再与 medict 建立 1:n 的联系订单明细 order_item，再将 order_item 映射成关系模型，即可完成三元联系向关系模式的映射。

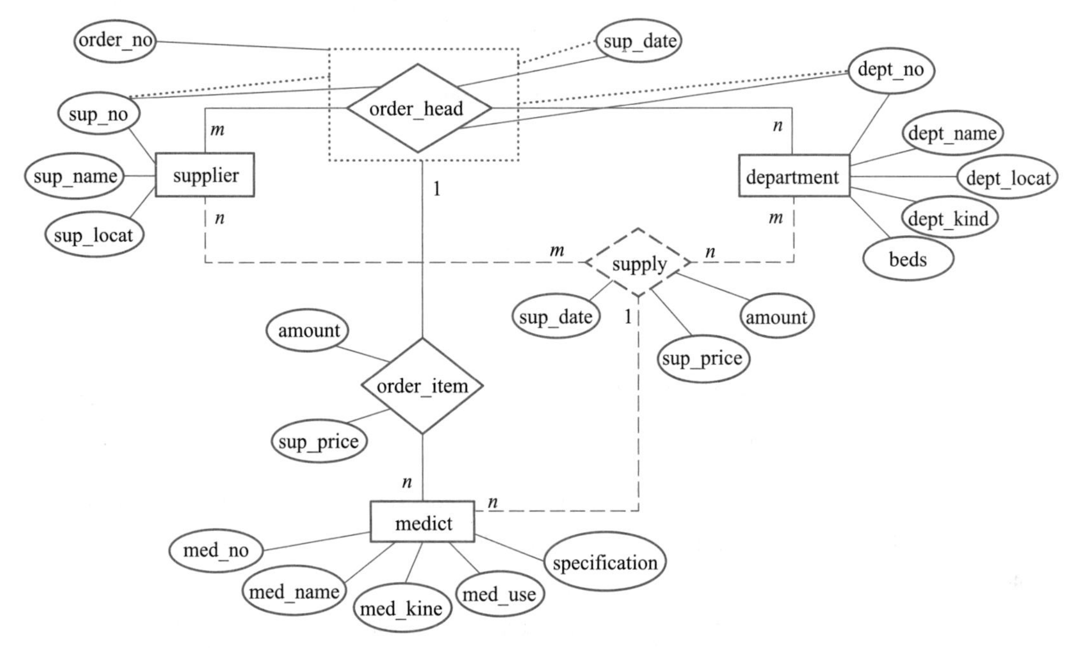

图 4.26　使用拆分法将三元联系映射到关系模型示例

首先，分别建立参与联系的三个实体各自的关系映射：

```
supplier(sup_no,sup_name,sup_locat)
department(dept_no,dept_name,dept_locat,dept_kind,beds)
medic(med_no,med_name,med_kind,med_use,specification)
```

然后，根据示意图，建立供应商 supplier 与库房 department 之间的联系订单头的关系映射：

```
order_head(sup_no,dept_no,sup_date,order_no)
```

最后，将联系 order_head 视为一个实体，与药品 medict 形成 1:n 的联系，将此订单明细联系映射成关系模型：

```
order_item(order_no,med_no,sup_price,amount)
```

4.4.7　多值属性类型映射

同时含有多值属性和单值属性的实体，向关系模型映射的方法是：为每个多值属性类型创建一个新的关系 R。将多值属性类型与一个外键一起放在 R 中，该外键指向原始关系的主键。

医务人员的社会职务就是这样的多值属性，由于该属性因人而异，不适合分解为更小的“原子”属性，例如图 4.27 所示的例子，员工可以同时拥有多个社会职务，因此社会职务 socail-title 是多值属性，在 E-R 模型中用双椭圆环表示：

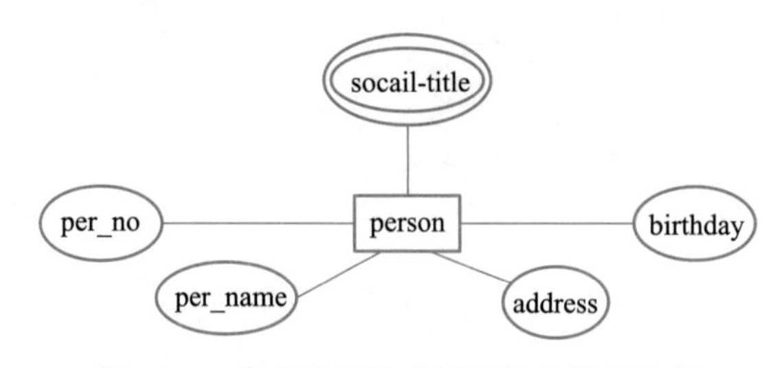

图 4.27　将多值属性映射到关系模型示例

首先，建立实体属性对关系模型的映射：

```
person(per_no,per_name,address,birthday)
```

然后，为多值属性创建一个新的关系 social-title，人员编号 per_no 作为外键指向原实体映射过来的关系的主键，如图 4.28 所示：

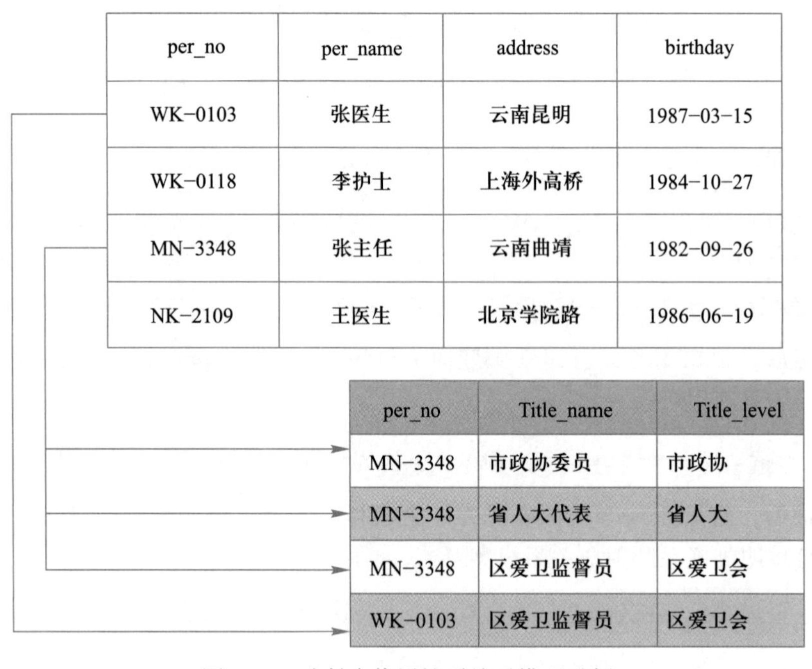

per_no	per_name	address	birthday
WK-0103	张医生	云南昆明	1987-03-15
WK-0118	李护士	上海外高桥	1984-10-27
MN-3348	张主任	云南曲靖	1982-09-26
NK-2109	王医生	北京学院路	1986-06-19

per_no	Title_name	Title_level
MN-3348	市政协委员	市政协
MN-3348	省人大代表	省人大
MN-3348	区爱卫监督员	区爱卫会
WK-0103	区爱卫监督员	区爱卫会

图 4.28　映射多值属性到关系模型示例

4.5　关系模型约束

关于数据库设计，至此通过实体－联系模型，基本完成了关系（二维表）

的设计。但是，在一个关系数据库中会存在多个关系，而且这些关系中的元组往往以多种形式相互关联和相互影响。而所有的这些影响构成了对关系中的具体值的限制，这些限制在数据库中称为约束。约束形式一般有以下 4 种：

（1）数据模型中固有的约束。这种约束称为固有的基于模型的约束或隐式约束。例如，基于集合的定义，不允许存在重复元组，这就是一个固有约束。

（2）不能在数据模型的模式中直接表示的约束，这种约束称为基于应用的约束，也称为语义约束或者业务规则。这类约束与属性的含义和行为相关，主要来源于具体的应用限制，也称作用户定义的完整性约束，我们将在 4.5.4 节中讨论。

（3）数据依赖，包括函数依赖和多值依赖。主要用于测试和判定关系数据库设计的好坏，在关系规范化（数据库范式）的过程中使用，这类约束将在 4.6 节中讨论。

（4）在数据模型的模式中直接表示的约束，通常用 DDL（数据定义语言，见 3.3 节）加以定义。这种约束称为基于模式的约束或者显式约束，是本节主要讨论的约束。

完整性约束（integrity constraint）是指确保数据库中数据在逻辑上的一致性、正确性、有效性和相容性的约束。数据库应能防止错误数据进入数据库，保证数据库中数据的质量：

✓ 正确性是指数据的合法性；

✓ 有效性是指数据是否属于所定义的有效范围；

✓ 相容性是指描述同一现实的数据应该相同。

数据库中是否存在完整和正确状态的数据，关系到数据库系统能否真实地反映现实世界，它是衡量数据库中数据质量好坏的一种标志，是确保正确的数据被存放在正确的位置的一种手段。

数据库完整性需要根据现实世界及业务关系所定义的条件（在数据库中统称为约束）来保证，因此可以说，数据库完整性设计就是数据库完整性约束的设计。数据库完整性约束一般通过 DBMS 来实现，理论上，也可以由应用程序来承担，但这样一来，也失去了数据库统一管理的意义。基于 DBMS 的完整性约束可以作为模式的一部分存入数据库中。通过 DBMS 实现的数据库完整性是按照数据库设计步骤进行设计，而由应用软件实现的数据库完整性则纳入应用软件设计。

关系数据库的完整性来源于关系的完整性，主要包括域完整性、实体完整性和参照完整性三种，它们必须在数据库中得到体现。

数据库完整性对于数据库应用系统而言是关键性的，其作用主要有：

（1）根据数据库完整性约束，数据库能够拒绝接受不合语义的数据；

（2）利用基于 DBMS 的完整性控制机制来实现业务规则，具有统一性、集中管理性，且易于定义、容易理解，并能降低应用程序的复杂性，提高应用程序的运行效率；

（3）合理的数据库完整性设计，能够同时兼顾数据库的完整性和系统的效能。

数据库完整性约束可分为 6 类：列级静态约束、元组级静态约束、关系级静态约束、列级动态约束、元组级动态约束、关系级动态约束。动态约束通常由应用软件来实现。不同 DBMS 支持的数据库完整性基本相同，DBMS 也为达成这些约束，付出了资源和计算负荷。

虽然也可以选择由开发工具在前台，或者在中间层（目前的多层架构体系，允许设立前端接口层、业务逻辑层等中间层）来确保数据库中的数据完整性，这样做的好处，是部分降低了数据库的负荷，但增加了前台、前台编码以及运维方面的复杂性。

4.5.1 域完整性

1. 概念解析

域完整性（domain integrity）是指数据库表中的列必须满足某种特定的数据类型或约束。其中约束又包括取值范围、精度等规定。表中的 CHECK、FOREIGN KEY 约束和 DEFAULT、NOT NULL 定义都属于域完整性的范畴。

域完整性是对数据表中字段属性的约束，通常指数据的有效性，它包括字段的值域、字段的类型及字段的有效规则等约束，它来源于确定关系结构时所定义的字段的属性。由数据类型、默认值、特定值范围、是否可以为空等规则来限制，域完整性确保数据库不接受不满足规则的值，或者无效的值。例如，在 HIS 系统中定义了门诊药房中药品存量为正整数，则在发药过程中，用该药品的现有存量减去发药数量，如果存量少于发药数量，将导致余量小于 0，但这样的余量不被数据库接受而返回错误。在插入或更新过程中，如果违反了域完整性，则会返回错误。因此在进行发药活动时，不必先行检测药品存量是否足够，直接发起活动（用现有存量减去处方用药量），若存量不够发药，即数据库在更新时发现存量小于 0，违反了该完整性，数据库会返回一个错误，并且拒绝执行，则发药失败。现在假设存在另一种情形，即允许药房存量为负数，或者药品数量能很快得到补充，则只需更改该完整性定义，将药房存量列从正整数改为整数（允许负数）即可，而不必更改其他部分的代码。

由此可见，域完整性不仅确保数据库只接收符合规则的数据，而且还能带来简洁的业务代码。

如果规定药品价格为小数点后面有 2 位数字的浮点数，则不接受其他数据类型。目前，医政管理要求药品批发与零售为零差价，可以在 HIS 数据库的调拨单表中检查批发价与零售价的差额是等于 0，还是小于 0，这样，当政策改变时，简单地修改这个完整性规则即可，而不必修改业务系统代码。

2. 实现方法

定义表中各列的数据类型，其本质上是域完整性的一种表现形式，包括数据类型、长度、精度等的约束；如以下建表语句：

例 4.5.1-1：带有列约束的建表语句。

```
hisdb=# create table person (
hisdb(# per_no varchar(20) primary key ,
hisdb(# per_name varchar(50) not null ,
hisdb(# dept_no char(20),
hisdb(# base_salary number(5,2) check(base_salary
> 0),
hisdb(# foreign key (dept_no) references
department(dept_no) );
```

本例的建表语句，使用多种方法进行了域完整性的示范：

（1）通过使用 VARCHAR（长度）的方式，定义了工作人员编号 per_no 列和工作人员姓名 per_name 列的数据类型为可变长度的字符串，并指定其最大长度；

（2）通过使用 CHAR（长度）的方式，定义了工作人员所在的科室编号 dept_no 列的数据类型为定长 20 字节的字符串（不足部分自动以空格补齐）；

（3）使用 check 子句，指定了基础薪水 base_salary 列为大于 0 的数，且小数点后有 2 位数字。

4.5.2 实体完整性

1. 概念解析

实体完整性（entity integrity）来源于集合中元素的唯一要求—关系中的记录是唯一的，不重复的，即至少有一个属性的值不同，该属性为关系的主属性，又叫主键，实现此完整性限制的约束也叫主键约束。毫无疑问，该主属性值不能为空 (Null) 且不能有相同值。定义能唯一标识表中所有行的，一般用主键、唯一索引 unique 关键字，及 identity 属性。比如身份证号码可以唯一标识一个人。

关系数据库的完整性规则是数据库设计的重要内容。绝大部分关系数据库管理系统（RDBMS）都可自动支持关系完整性规则，只要用户在定义（建立）表的结构时，注意选定主键、外键及其参照表，RDBMS 可自动实现其完整性约束条件。

实体完整性用一句话概括，就是表要有主键。特别是对于提供基础信息的字典类表，必须定义主键，当单一的列不能提供唯一性时，可以使用两个以上的列，形成联合主键，请参考 HIS 系统中的处方表。

☻ 解释：主键设置的技巧：

（1）有的属性天生具备唯一性的特征，如身份证号，全国无重复，这样的属性是主键的天然选择；

（2）对于有的实体，很难从其所有属性中找到唯一性的特征，如药品的各种属性、书籍的各种属性等，在这样的实体集中，不能为了确保“唯一性”而创造联合属性，如“药品＋规格＋厂家”，很明显，这样做违反了第一范式；

（3）对于选择作为主键的属性，要注意该属性的普遍性，例如，书籍这个实体集，一般不推荐使用 ISBN 编号作为主码，因为有的书籍，比如非公开出版的书籍、古籍书等，可能没有 ISBN 编号；

（4）除了第（1）种情况外，一般都是使用专门的“编号”或者“自增序号”作为主键，切忌给该编号或序号赋予其他意义。

2. 实现方法

（1）创建表时直接定义：CREATE TABLE 中用 PRIMARY KEY 定义。

例 4.5.2-1：创建科室表：

```
hisdb=#  create table department
hisdb(#  (dept_no  varchar(20)  primary key,
hisdb(#  dept_name  varchar (50)  not null,
hisdb(#  spellshort  varchar (50)  not null,
hisdb(#  parent_no  varchar(20),
hisdb(#  rem varchar  (250)  );
```

（2）表已经存在，使用 ALTER TABLE 修改表属性，增加主键。

例 4.5.2-2：创建如下人员表：

```
hisdb=#  create table  person
hisdb-#  (
hisdb(#  per_no  varchar(20)  not null,
hisdb(#  per_name  varchar (50)  not null,
hisdb(#  spellshort  varchar (50)  not null,
hisdb(#  dept_name  varchar(50)  not null,  //所属科室
hisdb(#  gender char(2),
hisdb(# birth_date date,
hisdb(# id_no varchar(20),
hisdb(# rem varchar (250));
```

本表建立并已经保存了数据后，仍然可以将“per_no”列更改为主键：

```
hisdb=# alter table person add constraint person_pk_1
hisdb-# primary key  (per_no);
```

☻ 解释 1：在保存人员类别的表中，保存年龄不是一个明智的做法，应该将年龄转换为出生日期，然后在数据库列中保存出生日期。

☻ 解释 2：使用这种方式时，如果表中已经存在数据，则要确保欲定义为主键的列的唯一性，否则，更改不能成功。

4.5.3 参照完整性

1. 概念解析

参照完整性（referential integrity）：若属性组 F 是关系模式 R1 的主键，同时 F 也是关系模式 R2 的外键，则认为 R1 和 R2 之间存在参照完整性约束。R1 称为“被参照关系”模式，R2 称为“参照关系”模式。

现实世界中实体与实体之间往往存在各种各样的联系，在前面 E-R 模型向关系表转换的方法中，就介绍了各种情况下，如何以尽量少的语义损失来建立这样的“联系”。这些“联系”体现在关系数据库中就是“表”与“表”之间的属性引用，因此，参照完整性也称为“引用完整性”。在引用的关系中，作为基础的、被参照和引用的列所在的表就称为“主表”，从基本上讲，“主键”因其唯一性才能提供给其他表引用。引用了其他表的表就是“从表”，引用的列称为“外键”。由此可见，参照完整性体现在两个方面：实现了表与表之间的联系，外键的取值必须是另一个表的主键的有效值，或是“空”值。

☻ 解释：在实际应用中，外键可以不与对应的主键同名，但必须在从表中使用 references 子句，将两个表中的列显式地引用起来，系统不会因为同名的列存在不同的表中就“自动”建立引用。

2. 实现方法

（1）创建表时直接定义：在使用 CREATE TABLE 创建表时，若要对应于主表的列，则使用参照子句 REFERENCES 与主表中的列参照对应。

例 4.5.3-1：参考例 4.5.2-1 中的科室表和例 4.5.2-2 中的人员表，显然每一个工作人员都应该属于某一个科室，因此，人员表中的科室名称 dept_name，应来自科室表，但在科室表 department 中，科室编号才是主键，因此，应将人员所属科室由科室名称换成科室编号，并对照科室表中的 dept_no：（本例未列出数据库提示）。

```
hisdb=# create  table  person
hisdb-# ( per_no  varchar(20) primary key,
hisdb(# per_name varchar (50) not  null,
hisdb(# spellshort varchar (50) not  null,
hisdb(#  dept_no  varchar(20)  references
department(dept_no),
hisdb(# gender char(2) null,
hisdb(# birth_date  date  null,
hisdb(# id_no varchar(20) null,
hisdb(# rem varchar (250) null  );
```

☻ 解释：在实际应用中，外键不必一定与对应主表的主键列同名。

（2）表已经存在，使用 ALTER TABLE 修改表属性，以增加外键约束。

例 4.5.3-2：修改人员表 person，将本表的 dept_no 列对照科室表 department 的 dept_no 列：

```
=# alter table person add foreign key (dept_no)
references  department(dept_no);
```

☻ 解释：如果之前的设计未进行人员表与科室表的关联，则 openGauss 数据库不会对 dept_no 列进行相关的检查和限制，但如果 person 表中的 dept_no 列存在 department 的 dept_no 所没有的科室号时，执行本语句会出错。

4.5.4　用户定义的完整性

1. 概念解析

用户定义的完整性（user-defined integrity），是指用户针对自己的具体应用，所定义的数据必须满足的语义要求，一般是对数据表中字段属性进行约束，包括字段的值域、字段的类型和字段的有效规则（如小数位数）等约束，是由确定关系结构时所定义的字段的属性决定的。例如，百分制成绩的取值范围在 0 ~ 100 之间；在中国投运的系统，性别列可以为“男”“女”，接受 null，意为非特指，但在美国投运的系统，则需要接受超过 29 种性别。

2. 实现方法

（1）创建表时直接定义：在使用 CREATE TABLE 创建表时，针对相应的列使用 CHECK 子句进行检查。

例 4.5.4-1：创建医生年度考核成绩表，成绩范围为 0 ~ 100：

```
hisdb=# create table  doct_exam
hisdb(# (doct_no  varchar(20),
hisdb(# exam_date  date,
hisdb(# exam_cont varchar(50),
hisdb(# score  smallint check (score >= 0 and score <=
100),
hisdb(# primary key  (doct_no,exam_date),
hisdb(# foreign key (doct_no) references  person (per_
no) );
```

（2）表已经存在，使用 ALTER TABLE 修改表属性，增加用户定义的完整性约束。

例 4.5.4-2：修改人员表 person，增加一个敬语列 respectful，当性别列 gender 是“男”时，其值为“Mr.”，为“女”时，其值为“Ms.”：

```
=# alter table person add column respectful
varchar(20)
```

```
=# alter table person add constraint  restf_chk_1
check
=# ((gender = 'F'  and  respectful = 'Ms.')  or
=#  (gender = 'M' and  respectful = 'Mr.'))  ;
```

☻ 解释：分号可以理解为 gsql 的语句执行符，在此之前的回车，都被视为换行，只有分号加回车，语句才被执行，因此，本例的两个 alter 语句同时被执行。

4.6 数据库范式

数据库范式，来源于关系模型的规范化，是分析给定关系以确保它们不包含任何冗余数据的过程。规范化的目标是保证在对关系进行新增、删除、更新等关系运算时不会出现异常。要分析一个关系是不是符合某种程度的规范化，需要使用各种范式按顺序进行测试和评估，不满足范式测试的关系，将按要求分解为更小的关系，因而也将更加规范。最后，转化为在数据库中能使用的，符合特定规范的关系模型。对关系进行规范化，是数据库设计的核心技能。

4.6.1 规范化的关系代数基础

在开始讨论各种规范化步骤之前，需要引入 4 个重要的概念：函数依赖、完全函数依赖、部分函数依赖、主属性类型。

1. 函数依赖

在关系模式 R(U) 中，两组属性类型 X 和 Y 之间的函数依赖 X → Y，表示 X 的值能唯一地确定 Y 的值，也就是说，从 X 到 Y 存在函数依赖或者 Y 函数依赖于 X。例如，由人员编号可以唯一确定人员姓名，因此，人员姓名函数依赖于人员编号：

```
per_no→per_name
```

反过来却不一定适用，因为医务人员有可能存在同名的情况，所以同一个姓名有可能对应着多个人员编号。

科室名称和科室位置函数依赖于科室编号：

```
dept_no→(dept_name,dept_location)
```

在医务人员科室轮转记录中，需要人员编号、轮转进入时间、轮转出科时间，方能唯一地确定所轮转的科室，即科室编号函数依赖于人员编号、轮转进入时间和轮转出科时间：

```
(per_no,in_date,out_date)→dept_no
```

2. 完全函数依赖

在关系模式 R(U) 中，对于两组属性类型 X 和 Y 之间，如果从 X 中删除任何属性类型 A，将导致依赖不再成立，则函数依赖 X → Y 是完全函数依赖。例如，在上述的医务人员科室轮转记录中，人员编号、轮转进入时间和轮转出科时间三者缺少任意一项，都不能确定其科室，因此，可以说在轮转记录中，科室编号完全函数依赖于人员编号、轮转进入时间和轮转出科时间：

```
(per_no,in_date,out_date)→dept_no
```

3. 部分函数依赖

在关系模式 R(U) 中，对于两组属性类型 X 和 Y 之间，如果 X → Y，并且存在 X 的一个真子集 X0，使得 X0 → Y，则称 Y 对 X 部分函数依赖。如果 X 中的属性类型 A 可以从 X 中删除且依赖依然成立，则函数依赖 X → Y 是部分函数依赖。如图 4.29 所示，在属性集 A 中，可以删除属性 k_1，依赖仍然成立。

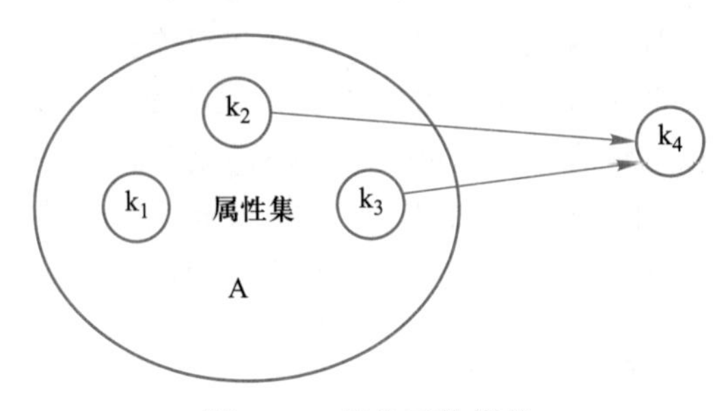

图 4.29　部分函数依赖

4. 主属性类型

主属性类型是候选键的一部分属性类型。考虑 4.2.2 节中的门诊医生排班计划实体关系，工作证号、坐诊时间、坐诊类别（专家号、正班、急诊）：

```
out_schedule(per_no,sche_date,diag_kind)
```

具体的排班实体由医生及坐诊时间才能唯一界定，因此，该关系的键是 per_no 和 sche_date 的组合，这两个属性为主属性类型，而坐诊类别 diag_kind 则为非主属性类型。

4.6.2　几个重要范式

1. 第一范式（1NF）：规定关系的每个属性类型必须是原子和单值的，即列的原子性

每一个属性类型都应是不可再分的属性值，即，必须确保每一列的原子性。这是一条数据库设计规律，如果违反，则失去了规范化关系的基本意义。不应采取以下做法来设计表中的列：一个列有多项含义，这些含义需要在应用系统中用代码进行分解和解析。为此可以尝试用归谬法来反证：

如果列可以不必具有原子性，那么，既然允许具有两个含义的“复合列”存在，何不允许具有三个含义的“复合列”存在？那么，具有四个含义的也可以存在……则数据库也不用分析设计了，大家都去写那些用来在应用系统中分解属性

的代码即可。

举一个例子：在 HIS 系统中，工作人员信息表记录了工作人员的姓名、职称、出生日期等信息，在这样的表中，身份证号一般作为一列进行存储，但身份证号其实是有多个含义：发证地的行政区号、生日、该日出生的序号等，但在系统中，一般还会有另外的列来记录该人员的生日、住址等信息，这说明数据库设计者并没有通过解析身份证号来获取此类信息。

再举一个例子：在 HIS 系统中，有一个重要的基础数据——药品字典表，该表需要保存药品的名称、规格、剂量、剂型、包装、厂家等信息，一般习惯通过药品的名称 + 规格 + 含量来指代一种药品。药品之间的区别，最重要的是其名称和剂量，然而在药品字典表中，药品的这个重要组合信息必须拆分为名称和剂量两个列，如果不拆分，则这两个重要属性需要在程序中拆分，会对系统的稳定性产生危害，请参见本书 4.6.3 节。

2. 第二范式（2NF），非主属性完全依赖于主键

第二范式（2NF）是在第一范式（1NF）的基础上建立起来的，即要满足第二范式（2NF）必须先满足第一范式（1NF）。第二范式（2NF）要求在本属性集中，存在被其他属性所依赖的一个或者有限个属性，相应地，与其对应数据库表中的每个实例或行必须可以被唯一地区分。这个要求来源于集合的不可重复的性质，由这个不可重复性可知，在关系中必然存在一个属性或属性组，能够唯一地标识这个元组（实体或关系的属性集），该属性或属性组称为关键字。当关系中存在多个关键字时，则称它们为候选关键字，指定其中一个为主关键字，简称主键；或者，指定其中的几个共同构成主键，称为联合主键。

还是以人员表作为例子，工作人员表中的列有人员编号、身份证号、所在科室、出生日期、毕业院校、职称、处方权等。在该表中，人员编号是键属性，以此来区分所有的工作人员，同名同姓的人员可通过不同的人员编号进行区分。在该表中，人员的所有其他属性，如所学专业、学历、出生日期、职称、服务科室、联系电话等，都只与人员编号绑定，人员编号变了，就代表另一个人，所有这些属性都要随之而变，但工作人员表上的这些属性相互之间，不应存在依赖关系。因此在工作人员表中，不应出现工作人员所在科室地址这样的列，因为科室地址与科室名称强相关，而与人员编号不存在相关性。

再考虑一个场景——在某个表中记录相关工作人员所能登录的系统的权限信息，例如，收费人员要进入收费模块，门诊医生要进入门诊诊疗模块，检验科人员要进入医学实验室模块系统等。此时就会发现，相关的工作权限信息与所服务的科室之间产生了极强的关联性，因此，如果将权限信息记录在工作人员表中，就违反了第二范式，因此，需要进行拆解以分成两个独立的表格：人员表和权限表。

第二范式的主要思想，就是在一个属性集或者一个关系里，必须有一个主属性，即每个表都应有一个主键。

3. 第三范式（3NF），非主属性不传递依赖于主键

第三范式要求列之间不能存在传递依赖，即每个属性都必须跟主键有直接关系，属性之间不能存在依赖关系。像 a → b → c 属性之间含有这样的传递依赖关系，是不符合第三范式的，比如医院工作人员表（工作证编号，姓名，出生日期，性别，专业，职称，所在科室，科室位置，科室电话）这样的表结构，就存在上述的传递依赖关系。因为虽然可以将“工作证编号”作为工作人员信息表的主键，并且“所在科室”也可以作为这个表的一个列，但“科室位置”列和“科室电话”列由于依赖于“所在科室”，而与具体的医院工作人员并无直接的依赖关系，这样的表结构存在“科室位置”→“所在科室”→“工作人员”的属性依赖传递关系。为此，应该将其拆分成下表：

表 1:（工作证编号、姓名，出生日期，性别，专业，职称，所在科室）

表 2:（科室编号，科室，科室位置，科室电话）

由此能推断出另一个规则，就是数据库的表中不能存在依赖于其他列的计算列，请考虑表 4.1 所示的处方用药表：

表 4.1　处方用药表

序号	患者姓名	药品名称	用法用量	价格	数量	小计
1	张三	维生素 C 片	2 片 / 次，3 次 / 天	0.2 元 / 片	20	4.00
2	张三	青霉素胶囊	2 颗 / 次，3 次 / 天	12 元 / 合	2	24.00
3	王四	止咳糖浆	20ml/ 次，4 次 / 天	20 元 / 瓶	2	40.00

这个表违反了第三范式，因为小计列的值依赖价格列和数量列，在实际应用中，计算列“小计”列都是由开发工具使用内部计算函数计算后显示出来的。

可以用“不是一家人，不进一家门”来形容第三范式，“一个表只描述一个属性集，其他属性，应该放在其他属性集中描述”，通过拆解传递依赖关系，确保表的简洁单一。

总结：三大范式只是通常设计数据库的最基本规则，目的是建立结构化、冗余较小、结构合理的数据库。

4.6.3　违反范式的害处

1. 违反第一范式

第一范式的原子特性，既是要求将属性分解到位，也是其他范式的起点，它是关系数据库结构化的基础。如果违反了这个特性，则在系统中，将被迫用代码对表中的列进行分解，系统的运行有可能是无法预测的，也将是灾难性的，这样的数据库甚至无法成功交付和运行。

观察表 4.2 和表 4.3：

表 4.2 药品字典 1

编号	药品名称规格	药品说明	其他属性
1011	阿莫西林胶囊，250 mg	广谱抗菌素，适用于儿童敏感菌感染	略
1022	阿莫西林胶囊，500 mg	广谱抗菌素，适用于敏感菌中度感染	略
2023	阿莫西林胶囊，750 mg	广谱抗菌素，适用于敏感菌重度感染	略
2010	葡萄糖注射液，5%，500 ml	低渗葡萄糖注射液，适用于静脉注射	略
3022	葡萄糖注射液，50%，20 ml	高渗葡萄糖注射液，适用于静脉推注	略

表 4.3 药品字典 2

编号	药品名称	规格	计量单位	药品说明	其他属性
1011	阿莫西林胶囊	250	mg	广谱抗菌素，适用于儿童敏感菌感染	略
1022	阿莫西林胶囊	500	mg	广谱抗菌素，适用于敏感菌中度感染	略
2023	阿莫西林胶囊	750	mg	广谱抗菌素，适用于敏感菌重度感染	略
2010	葡萄糖注射液	5%	500 ml	低渗葡萄糖注射液，适用于静脉注射	略
3022	葡萄糖注射液	50%	20 ml	高渗葡萄糖注射液，适用于静脉推注	略

通过对比这两个药品字典表方案可以发现，药品字典 2 将药品字典 1 中的“药品名称规格”拆分成了三个独立的列“药品名称”“规格”和“计量单位”。其中，后面的这两个列，对药品选择和剂量计算将会提供非常有用的信息；同时，在进行基础数据组织时，也能提供规范化的组织格式，提高基础数据的一致性。也许有人会发出疑问：如果使用一些算法和规则，将药品字典表 1 中的“药品名称规格”列进行分解，同样能得到药品字典表 2 中一样的效果不是？但是这样一来，将会导致：

（1）数据表和应用系统代码的耦合性将大大增加；违反了降低系统层级间耦合性的准则；

（2）严重增加了代码的复杂性；

（3）需要定义“规格”的构成和分解规则，这个规则无论是放在数据库还是放在业务代码中都不合适；

（4）因业务数据产生的不一致性，在系统中无法得到校正。

2. 违反第二范式

第二范式来源于属性集的集合不可重复的属性，因此，如果违反第二范式，那么一个直接的后果就是数据库表中可能出现重复和冗余的数据，并且，属性的元组之间会难以区分，以及无法指定用以区分不同元组的属性，这样一来，该表在应用过程中将会出现：

（1）无法准确选出需要的行（元组），因为没有一个主属性可以对属性集里的元组（行）加以区分；

（2）会出现删除异常和更新异常，因为无法区别元组，因而“伤及无辜”不可避免；

（3）无法控制数据冗余。

3. 违反第三范式

第三范式强调的是一个属性集里的属性之间，只能与主属性（主键）存在依赖关系，而属性之间不能有依赖关系，更不能存在不依赖主键，而依赖其他非主键列的列。

违反第三范式的主要原因是属性集的分解不够彻底而导致的，因此，本应相互独立的两个属性集，会在同一个集合（表）里相互“打架”，从而形成插入异常。例如，通过分析医院工作人员及其所在科室之间的联系，设计了如图 4.30 的 E-R 模型：

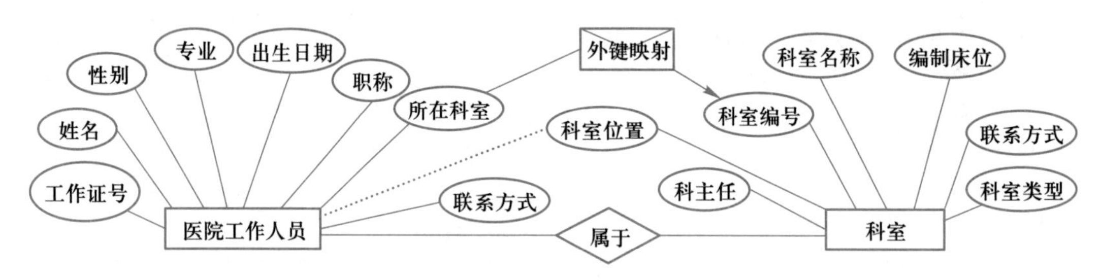

图 4.30　医院工作人员与科室之间的关系图

观察表 4.4 和表 4.5 所示的医院工作人员表和科室表，并特别注意表 4.4 中用黑体字重点显示的列：

表 4.4　医院工作人员表

工作证号	姓名	性别	专业	出生日期	职称	所在科室号	**科室位置**	联系方式
2031189	张医生	男	心胸外科	1992.8.1	主治医师	3012	**外科大楼二楼东**	11223344
2032289	李医生	男	心内科	1988.10.2	副主任医师	1143	**内科大楼三楼**	22334455
2033389	王医生	女	胸外科	1986.2.8	主任医师	4312	**外科大楼二楼东**	33445566
2034489	杨医生	男	呼吸科	1995.6.10	住院医师	1143	**内科大楼二楼**	44556677

表 4.5 科 室 表

科室编号	科室名称	科主任	编制床位	联系方式	科室类型
3012	心胸外科	张主任	50	11223344	诊疗
1143	心内科	李主任	60	22334455	诊疗
4312	外一科	靳主任	50	33445566	诊疗
2203	检验科	王主任	0	44556677	化验
4316	放射科	杨主任	0	55667788	影像

分析这两个实体及其联系的模型，并分析这两张数据库表的结构，可以发现“科室位置”与医院工作人员的主键“工作证号”并没有依赖关系，反而和“所在科室号”存在依赖关系，因此，“医院工作人员表”违反了第三范式，因为该表中存在不依赖于主键的列，反而在非主键之间存在依赖关系。如果新增科室，或者发生医生在科室之间的调动，或者出现科室合并，则在更新表时极容易发生错误，从而造成插入异常、删除异常和更新异常等错误。

从图 4.30 的 E-R 模型中容易看出，“科室位置”这个属性，应该是“科室”这个实体的属性，而不应该属于“医院工作人员”实体之属性。因此，该属性与“医院工作人员”实体之间的连接用的是虚线。但这两个表之间的关系，可以通过医院工作人员表的“所在科室号”与科室表的“科室编号”这两个列之间的外键关系，形成两个表之间的联系。

4.6.4 规范化的代价和逆规范化的“好处”

由以上分析可知，数据库设计需要至少遵循三大范式，一个规范的数据库带来的好处是：

（1）数据的一致性强、可靠性好；

（2）数据库中无重复和冗余数据；

（3）高效的数据查询和更新操作，能消除数据操纵过程中的异常（插入异常、更新异常、删除异常）。

下面以 HIS 系统数据库设计为例进行说明，一般将数据库的表分为两大类：一类是基础性数据。例如，对于 HIS 系统来说，科室表、工作人员表、国际疾病分类表、药品剂型表、药品字典表、诊疗项目表等，在一般情况下变化不大，但却是系统运行的基础，这类表必须严格遵守数据库设计的范式要求，做到结构化和规范化；另一类表是业务过程中产生的用来记录业务过程的表。例如，门诊患者挂号表、门诊处方表、门诊药房存储表、门诊患者缴费表等，这类表随着业务的推进而不断执行增加、更改、删除等操作。设计这类表，应在满足数据库设计的基本规范下，尽量提高运行效率。

以门诊处方表为例，这个显示给门诊药房和患者的门诊处方要包含如下信息：

患者姓名、处方医生、处方号、取药药房、药品名称、药品规格、药品剂型、药品用法、药品数量、药品单价、药品小计，整张处方药品总价等信息，若进行 E-R 模型设计，该怎么分解实体及关系的属性？

不提 HIS 数据库中的医院科室表、工作人员表、药品剂型表、国际疾病分类表等基础表，在门诊业务中，记录处方信息的业务表至少应包括以下内容。

1. 门诊挂号表 out_registration

包括以下属性（列）：门诊序号 out_seq【主键】、挂号日期 reg_date、档案号 doc_no、患者姓名 pat_name、性别 gender、出生日期（由患者年龄转化而来）birth_date、付费类型 typ_no、就诊科室 dng_dept、接诊医生 dgn_doc 等。

2. 门诊处方头表 outrecipe_head

包括以下属性（列）：门诊序号 out_seq【联合主键】、处方号 rec_no【联合主键】、药房科室号 drug_dept、开方时间 rcd_date、开方医生 rcd_person、开方科室 rcd_dept、发药时间 audit_date、发药人 audit_person 等。

3. 门诊处方明细表 outrecipe_detail

包括以下属性（列）：门诊序号 out_seq【联合主键】、处方号 rec_no【联合主键】、处方行号 row、药品编号 med_no、药品单位 unit、药品价格 price、药品数量 amount。

4. 药品字典表 medict

包括以下属性（列）：药品编号 med_no【主键】、药品名称 med_name 、别名或商品名 an_name、药品说明 specification、药品剂量 med_dosage、剂量单位 dosage_unit、输入缩写 spellshort。

由门诊处方明细表 outrecipe_detail 可以看到，这个表仅保存了药品编号列 med_no，并以之作为外键，通过引用药品字典表中的主键 med_no，从而获取该药品的名称、规格剂量等药品属性；同时，通过联合主键 out_seq 和 rec_no，与门诊处方头表 outrecipe_head 连接后，通过其药房科室号 drug_dept 列，即可获得本处方的取药药房信息；通过门诊序号列 out_seq 作为外键，与门诊挂号表 out_registration 连接后，即可取得开方医生、挂号日期等挂号信息。

以上结构化和规范化设计，带来了简洁、单一、无冗余的表，但是人们也知道，任何好处都是有代价的。一方面，结构化和规范化的数据库以及表设计，带来了简洁、单一、无冗余数据的设计；另一方面，由于现实世界是综合和普遍联系的，因此在使用规范化数据表来描述综合、复杂、普遍联系的现实世界时，需要进行多表连接，这会给数据库后台带来很大的负担。

例如，根据挂号序号 seq_no（以传入参数 @reg_seq 代表），显示出这张处方的信息，首先需要显示患者姓名、挂号科室、开方医生，处方号、取药药房等这些患者和处方基础信息，为此，应当从科室表 department、工作人员表 person、门诊挂号表 out_registration、门诊处方头表 outrecipe_head 中提取需要的数据，SQL 语句如下所示：

```
SELECT outpatient.pat_name , dng_dept.dept_name ,
person.per_name , outrecipe_head.rec_no , drug_dept.
dept_name
FROM department as dng_dept , department as drug_dept ,
person , outpatient , outrecipe_head
WHERE outrecipe_head = @reg_seq                  and
   dng_dept.dept_no = outpatient.dng_dept        and
   drug_dept.dept_no = outrecipe_head.dept_no    and
   outrecipe_head.rcd_person = person.per_no     and
   outpatient.out_seq = outrecipe_head.out_seq
```

☻ 解释：department 表中的科室名称，需要以诊断科室和药品科室的名称出现两次，所以需要使用别名。

由这个示例可见，为了显示这个“完整”的处方基本信息，需要 5 个表的多表连接，以规范的结构来确保数据的一致性，避免数据冗余，这样做是值得的。

同样地，要显示该挂号序号 seq_no 下的处方号 rec_no 中的药品名称、药品规格、药品单位、药品单价、药品数量、药品费用时，如果未做逆规范化，则需要从门诊处方明细表 outrecipe_detail、药品字典表 medict 中，通过多表连接，选出需要的列：

```
SELCECT med_name , specification , unit , price ,
amount , amount * price
FROM medict , outrecipe_detail
WHERE outrecipe_detail.out_seq = @reg_seq and
   outrecipe_detail.rec_no = @reg_seq and
   outrecipe_detail.med_no = medict.med_no
```

☻ 解释：由于连接的表中的列名各不相同，因此，在 SELECT 子句中指出列名时，可以不必使用点分的方式，例如，可直接使用 med_name，而不必使用 medict.med_name。

如果使用了逆规范化，门诊处方明细表 outrecipe_detail 中已经包含了药品名称和药品规格，则不必连接药品字典，请查看下面的 SQL 语句，是不是更简洁？

```
SELCECT med_name , specification , unit , price ,
amount , amount * price
FROM  outrecipe_detail
WHERE outrecipe_detail.out_seq = @seq_no and
   outrecipe_detail.rec_no = @rec_no
```

☻ 解释：关于计算列，既可以由数据库计算，也可以由开发工具计算。由数据库计算的好处是开发工具处理简单，但增加了数据库的计算负荷。若由开发工具在显示时计算，则对前台的要求高一些，但减轻了数据库的负荷。由此可见，在数据库设计过程中，需要针对性能、计算负荷的安排、前后端开发的复杂性等因素进行权衡。

需要知道，在 HIS 系统中，对于门诊流程而言，处方是此流程中产生的最末端数据，且数据量巨大。在一定规模的医院，月度门诊患者常常以数十万计，每张处方中的药品，动辄超过 20 个，因此，处方表的增长，每月可能是数百万条的增长规模，每年则能达到数千万规模，数千万行的数据表之间的多表连接，其产生的笛卡儿积对数据库而言，也是一个庞大的负担，因此，在最末端的数据表，可以对数据库表作一些逆规范化，以数据表的冗余作为代价，来减少表之间的连接，这样能大大加快读取性语句的执行效率，但是在对逆规范化的表进行更改时，需要同时对所涉及的冗余列都进行更改，否则会造成数据列之间的不一致和矛盾。这也是为什么一般只在最末端的数据表进行逆规范化，而不能对基础性表（如药品字典表）进行逆规范化的原因。

本章小结

本章探讨数据库设计的方法学，介绍了数据库设计过程中最常用的思维模型：实体 - 联系（E–R）模型。以一个实用的管理信息系统——医院信息系统数据库的设计为范例，阐述数据库设计的基本方法和过程；给出了 E–R 模型中实体和联系的概念，阐述了实体类型、联系类型、属性、域、码和约束等 E–R 模型的建模概念，分析了各种类型的 E–R 模型向关系模型映射的方法；随后提出解决数据冗余、冲突及插入异常和删除的方法——满足数据库的三大范式；并向读者介绍了如何使用约束，来达到业务流程中对数据的正确性、完整性及一致性的要求。

思考题

1. 数据库设计可以分为几个阶段？其中哪几个阶段被认为是设计过程中的主要活动，为什么？

2. 写出下列术语的定义：实体、属性、属性值、联系实体、复合属性、多值属性、派生属性。

3. 当映射一个二元 M:N 关系类型时，为什么需要创建一个新的关系？如果不创建，将导致什么样的错误？

4. 设计学生学籍管理的实体联系图，并将之转化成数据库表。

5. 画出学生选课的实体联系图，要表达出 m:n 的关系类型，然后，将之转化为两个数据库表。

6. 以图书馆借书为例，设计出一组表格，以表达书目与借阅者之间的借阅关系，并使这一组表符合第三范式化的要求，最后，对借阅记录表进行逆规范化，并说明理由。

7. 尝试设计出图书馆借阅管理系统数据库的数据库结构，并在 openGauss 上实际部署。

8. 回忆本书第 3.1 节中的 HIS 系统示例，分析 outrecipe_head 表的 pre_doc 列，研究其记录值为医生编号和医生姓名的优缺点。

第 5 章 事务处理与并发控制

本章要点：

本章将探讨关系数据库的重要功能：事务处理和并发控制。事务由一组甚至一条 SQL 语句组成，是保证数据正确性、一致性的手段，能保证同一业务下的多个 SQL 操作结果的正确性。为了确保多个事务同时提交的一致性、正确性及相互隔离性，引入了并发控制，数据库通过并发控制来实现多用户环境下的高吞吐量和高资源利用率，并发控制是处理资源争用和数据不一致问题的重要手段。锁是实现并发控制的主要工具。最后，本章将用实例描述 openGauss 的各种隔离级别对系统的数据一致性和效率所带来的不同影响。

本章导图：

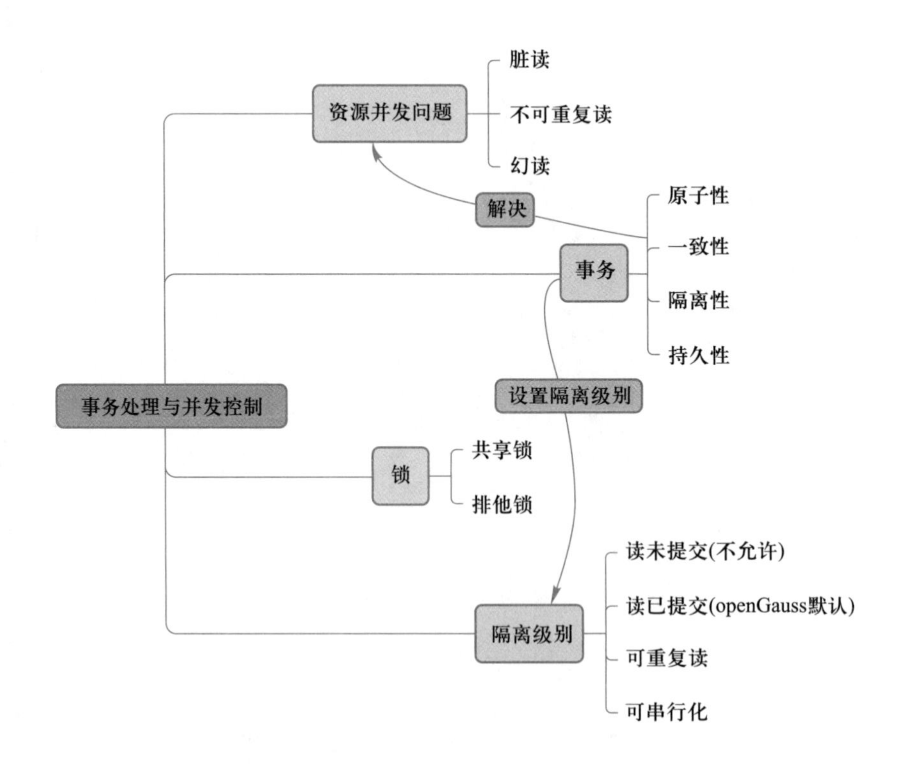

5.1 数据库事务概述

5.1.1 什么是事务

在现实世界中，大多数的业务处理很难通过单个动作来完成。相反，业务处理通常是由一系列更详细、更具体、可分解的步骤构成。以银行转账业务为例，甲和乙在银行开设账户，通过操作员丙进行转账。此过程涉及多个动作：

① 从甲账户中扣除转给乙的金额；

② 在乙账户中增加甲转入的金额；

③ 在操作记录中记录转账原因、账户和时间。

忽略账户余额不足的业务因素，上述动作已经是最小粒度的步骤。对于正确的转账业务，这些步骤必须得到完全正确的执行。任何一个步骤出错，都会导致转账业务错误和数据不一致。

错误 1：如果动作①完成后系统停电，甲账户已扣款但乙账户未增加，转账记录也未记录。

错误 2：如果动作①和②成功，但执行动作③时停电，尽管甲乙账户正确，但执行记录丢失。

为了避免这些问题，数据库系统引入了事务机制。事务是数据库的逻辑工作单元，也是现实世界业务的最小可控工作单元。它是用户定义的一系列操作数据库的步骤，这些操作要么全部成功，要么全部失败，事务是不可分割的。

以银行转账为例，这三个动作构成一个事务。无论发生什么异常情况，包括停电，系统都不会停留在部分步骤完成的中间状态，而是回滚到起始状态，以保证数据库的一致性。

5.1.2 事务的特性

事务处理是数据库系统确保数据正确性的重要功能，难以用其他方法或算法在外部程序中替代。事务是用户定义的一系列数据库操作的集合，可保证操作要么全部成功，要么全部失败。事务具有以下特性，称为 ACID 特性。

1. 原子性

事务的操作要么全部执行成功，要么全部失败。无论过程中发生什么，数据库只会保持开始状态或完全成功的状态。

2. 一致性

事务的执行导致数据库从一个一致状态转移到另一个一致状态，事务的执行不会违反所定义的业务规则（如约束和触发器）。

3. 隔离性

不同事务的执行互不影响，好像系统在某一时刻只执行一个事务。隔离级别分为读未提交、读已提交、可重复读和可串行化，它们对并发事务的影响从轻到重。

4. 持久性

事务提交后，即使系统发生故障重启，其执行结果也不会丢失，仍然对后续事务可见。

例如，在门诊发药业务中，涉及多个表，如药房存量表和处方表。门诊发药事务包含两个操作：操作 1，将药房的存量按处方上的用量进行扣减；操作 2，将处方表的发药状态改为已经发药。

门诊发药事务的两个操作必须全部正确完成。当药品数量不足时，处方发药失败，药房存量不能改变，处方状态不能改变，这就是门诊发药事务的原子性。

门诊发药事务的执行，无论成功与失败，都要符合医疗流程规范，这就是门诊业务规则在数据库中对数据库状态的一致性要求，即事务的一致性。

执行门诊发药时，多个患者的多张处方不能相互影响，且都要确保数据的正确，两个处方发药的事务不能感知相互的存在和影响，这是事务的隔离性。

门诊发药事务执行成功（即处方发药成功）后，药房药品减量和处方变为已发药的状态要持久地保存在数据库中，这是事务的持久性。

5.1.3　显式事务和隐式事务

事务控制主要包括以下过程：启动事务、设置事务隔离级别、设置事务访问模式、执行事务语句、提交或者回滚事务。其中，事务主要有显式事务和隐式事务之分。

1. 显式事务

用户在所执行的一条或多条 SQL 语句的前后，用 start transaction 语句或 begin 语句显式开启事务，最后用 commit 语句或 end 语句提交事务，发生错误时，用 rollback 回滚事务。

例 5.1.3-1：开启显式事务，查询门诊收费表：

```
hisdb=#  start  transaction ;
hisdb-#  select  *  from  outchargecash ;
hisdb-#  commit ;
```

例 5.1.3-2：开启显式事务，查询门诊收费表和患者表，如图 5.1 所示：

```
hisdb=#  start  transaction ;
hisdb-#  select  *  from  outchargecash
hisdb-#  where  patid_no =  ' 530123199803221 0987 ';
hisdb-#  select  *  from  patient
hisdb-#  where  pat_no =  ' 2032298' ;
hisdb-#  commit ;
```

```
hisdb=# start transaction;
START TRANSACTION
hisdb=# select * from outchargecash where patid_no='530123199803221O987';
 per_no  |      chg_date       | chg_money |      patid_no       | rem
---------+---------------------+-----------+---------------------+-----
 2032289 | 2023-03-04 00:00:00 |    300.00 | 530123199803221O987 |
(1 row)

hisdb=# select * from patient where pat_no='2032298';
 pat_no | pat_name | gender | pat_birth
--------+----------+--------+-----------
(0 rows)

hisdb=# commit;
COMMIT
```

图 5.1 显式事务示例

☻解释：前面提到，在 gsql 中，分号“;”是一条语句真正结束的标志，也是 gsql 执行查询的命令。而一个显式事务，当包含多条语句时，每一条语句都应是完整的。因此，在 SQL 语句结束时，都要加上分号，以便让 openGauss 执行语句，最后以 commit 语句提交。如果每条语句不以分号结束，gsql 将会报错。

2. 隐式事务

用户在所执行的一条或多条 SQL 语句的前后，没有显式添加开启事务和提交事务的语句。实际上，每一条 SQL 语句在开始执行时，openGauss 内部都会为其开启一个事务，并且在该语句执行完成之后，自动提交该事务。

☻解释：当接收到数据更改语句（如 insert、update、delete 等）时，openGauss 内部仍将使用 start transaction 语句和 commit 语句来开启、提交事务。

5.2 并发控制

5.2.1 为什么需要并发控制

数据库是关键的共享资源，必然同时为多个用户提供服务。然而，资源总是有限的，不可能被无限制地分配和使用。另外，当多个用户或应用程序同时操作同一个数据对象时，如何保证数据的一致性和正确性，所有这些竞争性使用过程如何进行调度？下面以医院信息系统中药房发药业务为例。

阿莫西林是药房中的一种广谱抗菌药物，使用十分广泛；因此，多个患者的处方都可能包含阿莫西林，这带来了资源竞争的情况：

场景 1. 两个患者的处方，分别需要 2 盒和 3 盒阿莫西林，他们依序到达药房，先后进入系统。系统正确执行发药过程，药房阿莫西林库存减少 5 盒；

场景 2. 两个患者的处方，分别需要 2 盒和 3 盒阿莫西林，他们同时到达药房，发药时计算阿莫西林库存，是减少 2 盒、减少 3 盒还是减少 5 盒？如果不是减少 5 盒，则两张处方在发药过程中将存在修改被覆盖；

场景 3. 药房只有 4 盒阿莫西林，两个患者的处方同时到达，分别需要 2 盒和 3 盒阿莫西林。在数据库中，如何确保正确执行业务？

以上这些资源竞争性使用的场景中，对相同数据对象的修改在一定的时间段内是“同时发生”的，也就是“并发”的。为了确保数据的正确性，需要妥善处理这些修改情况，这就是并发控制。数据库管理系统必须提供这种机制。并发控制能力和性能是衡量数据库管理系统性能的重要标志之一。

5.2.2　并发控制的机制

关系数据库系统必须在多个用户或多个事务同时访问数据库时，保证数据的完整性和一致性。为此，openGauss 采用了多种并发控制机制，其中封锁机制和 MVCC（多版本并发控制）机制是两种关键的技术。

封锁机制使用数据库锁来实现，这些锁可防止多个事务同时修改同一数据对象，从而避免了数据冲突，因而能确保事务的一致性和隔离性。访问和修改数据时，在操作期间加上共享锁或排他锁，并且当操作完成后提交事务时，再释放这些锁资源。大多数 openGauss 命令会自动施加适当的锁，以确保在命令执行期间所引用的数据不会被不适当地删除或者修改。

除了锁机制外，openGauss 还采用了多版本并发控制（multi-version concurrency control，MVCC）机制来实现高并发访问。MVCC 基于时间戳，为每个数据对象维护多个版本以实现事务之间的隔离，在 MVCC 机制下，每个事务都独立地工作在自己的数据快照上，因此它们不会相互干扰，从而实现了高并发访问。

5.2.3　数据库封锁机制

数据库封锁机制包括两种基本的封锁类型：排他锁（exclusive lock，简称 X 锁）和共享锁（share lock，简称 S 锁）。

排他锁又称为写锁。当事务 T1 对数据对象 A 加上 X 锁时，只允许 T1 对 A 进行读取和修改操作，其他任何事务在 T1 释放 A 上的 X 锁之前，无法对 A 加任何类型的锁，以此来确保其他事务无法读取和修改 A。

共享锁又称为读锁。当事务 T1 对数据对象 A 加上 S 锁时，T1 可以读 A，但不能修改。其他事务只能对 A 加 S 锁，而不能加 X 锁，直到 T1 释放 A 上的 S 锁。这能够保证其他事务可以读 A，但在 T1 释放 A 上的 S 锁之前，不能对 A 做任何修改。

例 5.2.3-1：试用表级共享锁。

在第一个事务中使用显式事务，使用不加参数的 lock table 语句获得 hisdb 数据库的表级锁（共享锁），然后查询该锁的相关信息，如图 5.2 所示：

```
hisdb=# begin;
BEGIN
hisdb=# lock table person;
LOCK TABLE
hisdb=# select pg_backend_pid();
 pg_backend_pid
-----------------
 140264757577472
(1 row)

hisdb=# select locktype,database,relation,page,tuple,sessionid,mode from  pg_locks where pid='140264757577472';
   locktype    | database | relation | page | tuple |     sessionid      |        mode
---------------+----------+----------+------+-------+-------------------+---------------------
 relation      |    24619 |    12010 |      |       | 140264757577472 | AccessShareLock
 virtualxid    |          |          |      |       | 140264757577472 | ExclusiveLock
 relation      |    24619 |    57651 |      |       | 140264757577472 | AccessExclusiveLock
 transactionid |          |          |      |       | 140264757577472 | ExclusiveLock
(4 rows)

hisdb=# end;
COMMIT
```

图 5.2 共享锁示例

在第二个事务中，可以对 person 表执行 select 操作。

例 5.2.3-2：测试排他锁。

第一个事务，执行过程及结果如图 5.3 所示：

```
hisdb=# start  transaction ;
hisdb=# lock  table  person  in  exclusive  mode ;
hisdb-# update person set per_name='李医生' where per_no='WK3018';
hisdb-# select  *  from  person where per_no='wk3018';
```

```
hisdb=# rollback;
ROLLBACK
hisdb=# start transaction;
START TRANSACTION
hisdb=# lock table person in exclusive mode;
LOCK TABLE
hisdb=# update person set per_name='李医生' where per_no='WK3018';
UPDATE 1
hisdb=# select * from person where per_no = 'WK3018';
         per_no          | per_name | gender |      per_birth       |      dept_no       |     per_dir
-------------------------+----------+--------+---------------------+--------------------+--------------
 WK3018                  | 李医生   | F      | 1992-05-28 00:00:00 | 中医科              | 2027889
(1 row)
```

图 5.3 第一个事务的排他锁

在第一个事务中，编号为 WK3018 的 per_name 字段已改为“李医生”，但此事务并未提交。

第二个事务的执行过程及结果如图 5.4 所示。在第二个事务中，使用隐式事务查询 person 表。

可见，当第一个事务未提交时，在第二个事务中，字段 per_no 值为“WK3018”所对应的 per_name 字段值未被更改；但如果此时第二个事务要对 person 表执行 update 操作，则第三个事务会一直处于等待状态，直到发生超时；或者第一个事务结束（提交或回滚）后才能执行。

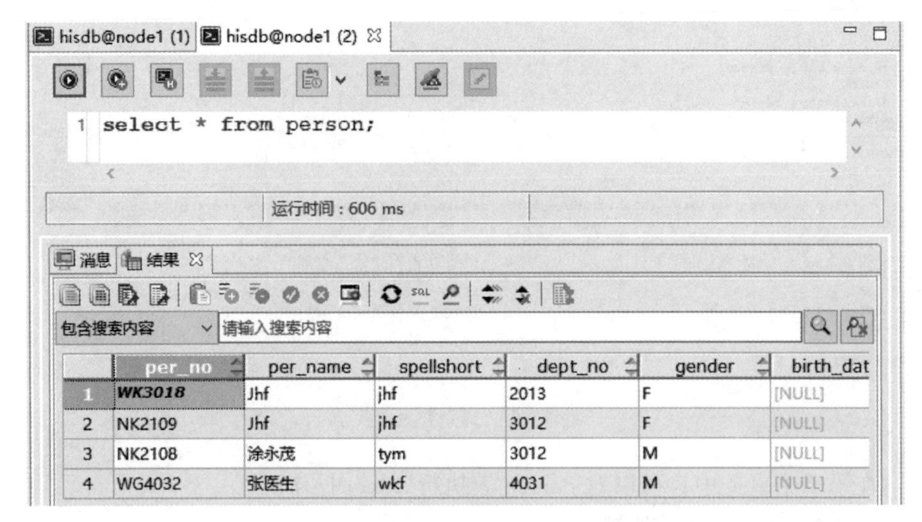

图 5.4　第二个事务的查询结果

5.2.4　锁的粒度和锁的相关性

1. 锁的粒度

X 锁和 S 锁都可以应用在数据对象（主要是表和行）上。封锁对象的大小称为封锁的粒度。

封锁的粒度与系统的并发度以及并发控制的开销密切相关。如果封锁的粒度较大，系统中可被封锁的对象就越少，从而降低了并发度，但同时也减小了系统开销。反之，如果封锁的粒度较小，系统的并发度将增加，但也伴随着更多更大的系统开销。

在 openGauss 数据库中，事务锁的粒度主要有两种：表级锁和行级锁。

例 5.2.4-1：测试行级锁。

在第一个查询窗口中显示打开事务，执行 select for update 子句，如图 5.5 所示：

```
hisdb=>  begin ;
hisdb=> select * from  person  where per_no=' WK3018'
for update ;
```

请注意，第一个查询窗口并未提交。

```
hisdb=# select * from person where per_no = 'WK3018' for update;
        per_no          | per_name | gender |      per_birth      |       dept_no        |    per_dir
------------------------+----------+--------+---------------------+----------------------+--------------
 WK3018                 | 李医生   | F      | 1992-05-28 00:00:00 | 中医科               | 2027889
(1 row)
```

图 5.5　select for update 行级锁

在第二个查询窗口中，再次开启事务，执行 select for update 子句，能观察到行级锁阻塞了与第一个查询窗口中相同的行。

```
hisdb=>  start transaction ;
hisdb=> select * from  person  where per_no='NK2108'
for update;
hisdb=> select * from  person  where per_no='WK3018'
for update;
```

在第二个查询窗口可以观察到，第一条SQL语句顺利执行，而第二条语句被阻塞，直到超时（2分钟）后返回错误，此时，本事务因异常被中断，即便用commit强行提交，也提示本事务被回滚，如图5.6所示：

```
START TRANSACTION
hisdb=# select * from  person  where per_no='NK2108'  for update;
       per_no          | per_name | gender |       per_birth        |      dept_no
-----------------------+----------+--------+------------------------+--------------
 NK2108                | 靳主任   | F      | 1992-05-28 00:00:00 | 中医科
(1 row)

hisdb=# start transaction;
START TRANSACTION
hisdb=#  select * from  person  where per_no='WK3018'  for update;
ERROR:  Lock wait timeout: thread 140264591718144 on node dn_6001 waiting for Sh
areLock on transaction 326673 after 120000.363 ms
DETAIL:  blocked by hold lock thread 140264757577472, statement <select * from
person  where per_no='WK3018'  for update;>, hold lockmode ExclusiveLock.
```

图5.6 行级锁阻塞

☻ 解释：ERROR信息和DETAIL信息在超时2分钟后出现。

2. 锁的相关性

在openGauss数据库中，锁相关现象主要有活锁和死锁两种不同类型，它们都与并发控制和资源管理有关。

- 活锁（livelock）

活锁是一种并发控制问题，其中两个或多个进程无限期地重复相同的操作，但无法继续执行。活锁通常由于过度的谨慎或竞争条件的处理不当而引起。在数据库中，活锁可能表现为事务不断重试但仍无法获取所需资源的情况。

可以通过设计合理的等待策略、退避算法或资源分配机制来避免活锁的发生。例如，当事务检测到潜在的活锁情况时，它可能会暂停一段时间后再尝试，或者尝试获取不同的资源以避免冲突。

- 死锁（deadlock）

死锁是指两个或多个进程在等待对方释放资源的情况下相互阻塞，从而导致彼此都无法继续执行的现象。在数据库中，死锁通常发生在多个事务试图同时访问和修改相同的数据项时。当事务T1锁定资源A并等待资源B，而事务T2锁定资源B并等待资源A时，就会发生典型的死锁情况。

openGauss数据库管理系统采用了多种机制来检测和解决死锁问题，具体如下。

死锁检测：系统定期检查等待队列以识别是否存在循环等待的情况，这是死锁的典型标志。如果发现死锁，系统通常会选择一个事务作为“牺牲品”，使其回滚以打破死锁。

超时和重试：事务在请求资源时可能会设置超时时间。如果在这个时间内无法获得所需资源，事务可以选择回滚并重试，或者简单地放弃并报告错误，如在例 5.2.4–1 中已经看到，openGauss 设置了超时时间为 2 分钟，超过这个时间未提交的事务，将被系统强制回滚。

锁定顺序：要求所有事务按照相同的顺序请求资源以减少死锁的可能性。如果所有事务都遵循相同的锁定顺序，那么循环等待的情况就不太可能发生。

死锁预防：通过在设计数据库和应用程序的过程中避免可能导致死锁的情况，可以预防死锁的发生。例如，可以通过限制事务的大小和复杂性，或者通过使用更细粒度的锁定来减少死锁的风险。

这些策略和技术协同工作，可确保 openGauss 数据库在高并发环境下能够高效地处理事务，同时避免活锁和死锁等并发控制问题。

5.2.5　多版本并发控制

除了封锁机制外，openGauss 还使用多版本并发控制（multi–version concurrency control，MVCC）来确保并发事务之间的隔离性和一致性。在 MVCC 机制下，通过保留数据的多个版本来实现事务的隔离，从而避免了传统锁机制中可能出现的读写冲突和死锁问题，这样一来，openGauss 就允许事务在不阻塞其他事务的情况下读取和修改数据。

具体来说，当某个事务需要修改数据时，openGauss 并不在原地直接修改数据，而是生成一个新的数据版本，并将其标记为当前事务的私有版本，其他事务在读取数据时不会看到这个私有版本，直到该事务提交并将其变为公共版本。同时，旧的数据版本也会保留，以便其他事务可以继续访问。每个数据版本都与特定的事务通过相应的时间戳或事务 ID 相关联。当某个事务需要读取数据时，openGauss 会根据其隔离级别和当前的时间戳或事务 ID 来选择合适的数据版本进行读取。这样，每个事务都能读取到一个一致性的数据快照，而不会受到其他并发事务的影响。

通过 MVCC 机制，openGauss 实现了高并发访问环境下的数据一致性和隔离性，提高了系统的吞吐量和响应速度。同时，由于读写操作之间不再相互阻塞，系统的并发性能也得到了显著提升。

5.2.6　两种并发控制机制的协调

在 openGauss 数据库的并发控制调度过程中，锁机制和 MVCC 机制并不是相互竞争或相互替代的关系，而是协同工作以提供高效的并发控制。它们各自在不同的场景下发挥着重要作用，例如，对于需要高隔离级别的写操作，系统可能会更多地依赖锁机制；而对于需要高并发性能的读操作，系统则可能会更多地利用 MVCC 机制，具体使用哪一种机制，取决于具体的操作类型、事务隔离级别和系统配置。

1. 使用锁机制的场景

锁机制在需要确保数据独占访问时非常重要，尤其是在写密集型场景中，如大量的事务更新或删除操作。

锁机制能够防止脏写（dirty write），即防止一个事务覆盖另一个尚未提交的事务所做的修改。

在高隔离级别下（如可串行化），锁机制是必需的，以确保事务的结果与串行执行的结果一致。

2. 使用 MVCC 机制的场景

MVCC 在提供高并发读取能力方面占据优势，尤其是在读远多于写的 OLTP（online transaction processing，联机事务处理）系统中。

MVCC 能够减少读操作和写操作之间的冲突，因为它允许读操作读取旧的数据版本而不被写操作阻塞，同时写操作可以生成新的数据版本而不被读操作阻塞。

MVCC 有助于实现较低的隔离级别（如读已提交和可重复读），在这些级别下，系统可以提供更高的并发性能。

5.3 事务的隔离

事务的隔离性是指在多个事务同时运行时，数据库能够保证这些事务之间不会相互影响，从而防止出现错误的重要特性。换句话说，在数据库的隔离属性控制下，多个并发事务的处理结果应该与这些事务按顺序运行的结果一致。

5.3.1 隔离级别概述

关系数据库的事务处理引入不同的隔离级别，是为了解决多个事务在并发执行时可能出现的问题，这些问题可能会破坏数据的完整性和一致性，因此需要通过事务的隔离性来保证数据的正确性。通过引入不同的隔离级别，数据库管理系统允许开发人员根据应用的需求和系统的负载情况，灵活地选择适当的隔离级别。在保证数据正确性的同时，尽可能地提高系统的并发性能。

隔离级别一般有以下 4 个级别。

1. 读未提交（read uncommitted）

这是最低的隔离级别。在此级别下，一个事务可以读取到另一个事务未提交的数据。这种隔离级别可能会导致脏读（即读取到未提交的数据）、不可重复读（在同一事务中多次读取同一数据返回的结果有所不同）和幻读（一个事务在读取某个范围内的记录时，另一个并发事务又在该范围内插入了新的记录，当先前的事务再次读取该范围的记录时，会产生幻行）。

2. 读已提交（read committed）

此级别解决了脏读问题。它只允许事务读取已经提交的数据。但它仍然可能遇到不可重复读和幻读问题。

3. 可重复读（repeatable read）

在这个隔离级别下，事务只能读取在事务开始之前已提交的数据。它不能读取未提交的数据或其他并发事务在执行期间提交的修改。但它可以查看自身事务中先前更新的执行结果，即使这些更新尚未提交。这个隔离级别可以避免不可重复读取和脏读取，甚至能够防止幻读问题。

4. 可串行化（serializable）

这是最高的隔离级别。它通过对所有读取的行加锁来强制事务串行执行，从而解决了脏读、不可重复读和幻读问题。但这种方式的并发性能较低。

5.3.2　设置隔离级别

1. START TRANSACTION 格式

```
=# start transaction ;
    [{
=#  set transaction isolation level { read committed |
repeatable read }|{ read write | read only }
    }];
```

2. BEGIN 格式

```
=# begin ;
    [{
=# set transaction isolation level { read committed |
repeatable read }|{ read write | read only }
    }];
```

参数说明：

在数据库操作中，可以使用以下参数来设置事务的隔离级别，从而决定当存在其他并发运行事务时一个事务能够看到什么数据。需要注意的是，在事务的第一个数据操作语句（SELECT、INSERT、DELETE、UPDATE、FETCH、COPY）执行之后，事务的隔离级别就不能再次进行设置。

set transaction isolation level：这个参数用于指定事务的隔离级别。

read committed：设置为读已提交隔离级别，这是 openGauss 默认的隔离级别。

repeatable read：设置为可重复读隔离级别。

read write /read only：这两个参数用于指定事务的访问模式。read write 表示事务可以进行读写操作，而 read only 表示事务只能进行读操作。

在大多数应用场景下，读已提交隔离级别避免了脏读，同时具有较好的并发性能。因此是 openGauss 的默认隔离级别。

5.3.3　openGauss 的读已提交隔离级别

由前文可知，这是 openGauss 数据库事务控制的默认隔离级别。读已提交隔离级别在大多数应用场景中提供了足够的事务隔离，并且这个级别具有快速的执行速度和简单的使用方式。

例 5.3.3-1：药房常规业务处理，药房接收调拨药品（药房存量增加），与处方取药（存量减少）并发，采用读已提交隔离级别进行处理。

在两个终端上使用 gsql，连接同一个数据库（hisdb），打开事务，设置为读已提交隔离级别，接下来以递增的时间线，列出并发操作表 drugamount(dept_no varchar(20) , dept_no varchar(20), amount int) 的两个事务的执行过程及其结果（如表 5.1 所示，在 => 提示符后的为 SQL 语句，无此提示符的为执行结果，【 】里的中文为解释或点评）：

表 5.1　读已提交隔离级别示例

时刻	事务 1 及其结果	事务 2 及其结果
T1	=> start transaction; START TRANSACTION	=> start transaction; START TRANSACTION
T2	=> set transaction isolation level read committed; SET	=> set transaction isolation level read committed; SET
T3	=> select * from drugamount; dept_no | med_no | amount ---------+--------+-------- 8019 | 31010 | 100 8019 | 31011 | 100 8019 | 31012 | 100 (3 rows) 【事务 1 起始状态】	=> select * from drugamount; dept_no | med_no | amount ---------+--------+-------- 8019 | 31010 | 100 8019 | 31011 | 100 8019 | 31012 | 100 (3 rows) 【事务 2 起始状态】
T4	=> update drugamount set amount = amount + 10; UPDATE 3 => select * from drugamount; dept_no | med_no | amount ---------+--------+-------- 8019 | 31010 | 110 8019 | 31011 | 110 8019 | 31012 | 110 (3 rows)	

续表

时刻	事务 1 及其结果	事务 2 及其结果
T5		=> select * from drugamount; dept_no | med_no | amount ---------+--------+-------- 8019 | 31010 | 100 8019 | 31011 | 100 8019 | 31012 | 100 (3 rows) 【事务 1 未提交，数据对事务 2 不可见】 => update drugamount set amount = amount – 5 where med_no='31010'; 【数据库此时无反馈，因事务 1 没有提交，事务 2 被阻塞】
T6	=> select * from drugamount; dept_no | med_no | amount ---------+--------+-------- 8019 | 31010 | 110 8019 | 31011 | 110 8019 | 31012 | 110 (3 rows) 【事务 1 并未受事务 2 影响】	
T7	=> commit; COMMIT => select * from drugamount; dept_no | med_no | amount ---------+--------+-------- 8019 | 31010 | 110 8019 | 31011 | 110 8019 | 31012 | 110 (3 rows) 【提交事务 1 后检查执行结果】	UPDATE 1 【事务 1 提交，封锁解除，事务 2 在事务 1 提交后得以执行】
T8		=> select * from drugamount; dept_no | med_no | amount ---------+--------+-------- 8019 | 31010 | 105 8019 | 31011 | 110 8019 | 31012 | 110 (3 rows) 【检查事务 2 的结果，发现已经叠加了事务 1 的更新】

续表

时刻	事务 1 及其结果	事务 2 及其结果
T9	=> select * from drugamount; dept_no | med_no | amount ---------+--------+-------- 8019 | 31010 | 110 8019 | 31011 | 110 8019 | 31012 | 110 (3 rows) 【事务 2 未提交，因此事务 1 仅见本事务提交后的状态，存在脏读可能性】	
T10		=> commit; COMMIT => select * from drugamount; dept_no | med_no | amount ---------+--------+-------- 8019 | 31010 | 105 8019 | 31011 | 110 8019 | 31012 | 110 (3 rows) 【提交事务 2 后，检查药品存量，数量都正确，可见读已提交能避免脏写】
T11	=> select * from drugamount; dept_no | med_no | amount ---------+--------+-------- 8019 | 31010 | 105 8019 | 31011 | 110 8019 | 31012 | 110 (3 rows) 【在事务 2 提交后检查事务 1 读到的结果，正确】	

由例 5.3.3–1 可见，读已提交隔离级别已经能够满足常规业务的并发处理。由于在事务执行过程有更改操作，持有了排他锁，能够阻塞其他事务对未提交的数据进行写操作，因而能够避免脏写，但也导致了其他事务的等待。

然而在实际业务中，还存在大量的边界场景，如何处置边界场景，才是针对系统正确性的考验。

例 5.3.3–2：药房发药业务边界场景处理（见表 5.2），31010 号药品存量为

105 时，有两张处方取药，第 1 张处方（事务 1）用量为 60，第 2 张处方（事务 2）用量为 50，单独一张可以发药，两张处方则不够。药房存量必须大于或等于 0，由加在 drugamount 表上的约束保证，假设第 1 张处方先到（事务 1 先进入）。

表 5.2　读已提交隔离级别的边界场景示例

时刻	事务 1 及其结果	事务 2 及其结果
T1	=> start transaction; START TRANSACTION	=> start transaction; START TRANSACTION
T2	=> set transaction isolation level read committed; SET	=> set transaction isolation level read committed; SET
T3	=> select * from drugamount; dept_no | med_no | amount ---------+--------+-------- 8019 | 31010 | 105 8019 | 31011 | 110 8019 | 31012 | 110 (3 rows) 【事务 1 起始状态】	=> select * from drugamount; dept_no | med_no | amount ---------+--------+-------- 8019 | 31010 | 105 8019 | 31011 | 110 8019 | 31012 | 110 (3 rows) 【事务 2 起始状态】
T4	=> update drugamount set amount = amount - 60 where med_no='31010'; UPDATE 1 => select * from drugamount; dept_no | med_no | amount ---------+--------+-------- 8019 | 31010 | 45 8019 | 31011 | 110 8019 | 31012 | 110 (3 rows) 【事务 1 抢先写数据，获得执行】	
T5		=> update drugamount set amount = amount - 50 where med_no='31010'; 【数据库此时无反馈，因事务 1 没有提交，事务 2 被阻塞】

续表

时刻	事务 1 及其结果	事务 2 及其结果
T6	=> commit; COMMIT => select * from drugamount; dept_no	med_no	amount ---------+--------+-------- 8019	31010	45 8019	31011	110 8019	31012	110 (3 rows) 【提交事务 1 后检查执行结果】	ERROR: new row for relation "drugamount" violates check constraint "chk_amount" DETAIL: N/A 【事务 1 提交，封锁解除，事务 2 在事务 1 提交后得以执行，但执行结果违反了约束 chk_amount，故事务 2 报错】
T7		=> select * from drugamount; ERROR: current transaction is aborted, commands ignored until end of transaction block, firstChar[Q] 【检查事务 2 的结果，获取错误信息】
T8	=> select * from drugamount; dept_no	med_no	amount ---------+--------+-------- 8019	31010	45 8019	31011	110 8019	31012	110 (3 rows) 【事务 2 的错误不影响事务 1 的执行结果】	
T9		=> commit; ROLLBACK 【若强行提交事务 2 后，openGauss 仍然执行回滚，在实际开发中，不建议强行提交，应根据事务执行状态，执行提交或回滚语句】 => select * from drugamount; dept_no	med_no	amount ---------+--------+-------- 8019	31010	45 8019	31011	110 8019	31012	110 (3 rows) 【事务 2 回滚后，又可以继续正常响应】

由例 5.3.3-2 可见，读已提交隔离级别能够正确处理边界场景。再次强调：不建议如事务 2 中 T9 那样强行提交，在实际开发中，一定要先检查此关键语句的执行结果或系统状态，据此进行提交或者回滚，同时向调用者返回事务执行结果和状态。

5.3.4　openGauss 的可重复读隔离级别

可重复读（repeatable read）是比读已提交更高的隔离级别。除了保证读已提交级别的特性外，可重复读还确保在同一个事务中多次读取相同记录时，结果保持一致，即已存在的数据不会被改变。尽管按通常的隔离级别定义，可重复读无法解决幻读的问题，但 openGauss 的可重复读隔离级别实际上提供了类似于可串行化的隔离能力。

可重复读隔离级别在业务场景中非常有用，尤其适用于对数据一致性要求较高的领域，例如金融交易等。然而需要注意的是，即使在可重复读隔离级别下，仍然不能完全解决幻读问题。

为了解决幻读问题，openGauss 的可重复读隔离级别实际上提供了一种近似于可串行化的隔离能力。这意味着它会采用更严格的锁机制，确保并发事务不会相互干扰。然而，这也可能导致性能下降，因为更严格的隔离级别通常会引发更多的锁冲突和更长的等待时间。

在选择隔离级别时，需要在业务一致性要求和性能需求之间进行权衡。可重复读隔离级别通常在对数据一致性要求较高的情况下使用，但需要注意可能的性能影响。

例 5.3.4-1：药房接收调拨新药入库和发药业务的并发处理（见表 5.3），调拨业务新增了一个编号为 30226 的药品，同时，有处方取编号为 31012 的药 20 单位，假设调拨业务先到（事务 1 先进入）。

表 5.3　可重复读隔离级别示例

时刻	事务 1 及其结果	事务 2 及其结果
T1	=> begin; BEGIN	=> begin; BEGIN
T2	=> set transaction isolation level repeatable read ; SET	=> set transaction isolation level repeatable read ; SET
T3	=> select * from drugamount; dept_no | med_no | amount ---------+--------+-------- 8019 | 31010 | 45 8019 | 31011 | 110 8019 | 31012 | 110 (3 rows) 【事务 1 起始状态】	=> select * from drugamount; dept_no | med_no | amount ---------+--------+-------- 8019 | 31010 | 45 8019 | 31011 | 110 8019 | 31012 | 110 (3 rows) 【事务 2 起始状态】

续表

时刻	事务 1 及其结果	事务 2 及其结果
T4	=> insert into drugamount values ('8019','30226',100); INSERT 0 1 => select * from drugamount; dept_no | med_no | amount ---------+--------+-------- 8019 | 31010 | 45 8019 | 30226 | 100 8019 | 31011 | 110 8019 | 31012 | 110 (4 rows) 【事务 1 抢先写数据，获得执行】	
T5		=> update drugamount set amount = amount − 20 where med_no='31012'; UPDATE 1 => select * from drugamount; dept_no | med_no | amount ---------+--------+-------- 8019 | 31010 | 45 8019 | 31011 | 110 8019 | 31012 | 90 (3 rows) 【事务 2 顺利执行，且没有读到事务 1 新增的行，证实 openGauss 的可重复读隔离级别能避免幻读】
T6	=> select * from drugamount; dept_no | med_no | amount ---------+--------+-------- 8019 | 31010 | 45 8019 | 30226 | 100 8019 | 31011 | 110 8019 | 31012 | 110 (4 rows) 【事务 2 执行但未提交时，检查事务 1 能查询到的数据集，数据未受事务 2 影响】	

续表

时刻	事务 1 及其结果	事务 2 及其结果
T7	=> end; COMMIT => select * from drugamount; dept_no | med_no | amount ---------+--------+-------- 8019 | 31010 | 45 8019 | 30226 | 100 8019 | 31011 | 110 8019 | 31012 | 110 (4 rows) 【提交事务 1 后检查执行结果，此时事务 2 未提交，不能读到事务 2 的结果】	
T8		=> select * from drugamount; dept_no | med_no | amount ---------+--------+-------- 8019 | 31010 | 45 8019 | 31011 | 110 8019 | 31012 | 90 (3 rows) 【事务 1 提交后，在事务 2 提交前，检查事务 2 能查询到的数据集，仍然未受事务 1 影响】
T9		=> end; COMMIT => select * from drugamount; dept_no | med_no | amount ---------+--------+-------- 8019 | 31010 | 45 8019 | 30226 | 100 8019 | 31012 | 90 8019 | 31011 | 110 (4 rows) 【事务 2 提交后，检查数据状态，此时事务 1 和事务 2 均已提交，为最终的正确状态】

续表

时刻	事务 1 及其结果	事务 2 及其结果
T10	=> select * from drugamount; dept_no | med_no | amount ---------+--------+-------- 8019 | 31010 | 45 8019 | 30226 | 100 8019 | 31012 | 90 8019 | 31011 | 110 (4 rows) 【所有事务完成后，正确的持久化状态】	

由例 5.3.4-1 可见，openGauss 的可重复读隔离级别的确解决了幻读的问题，实际上达到了可串行化的隔离级别，下面考察在并发事务中存在竞争性资源的情况，可不考虑该竞争性资源处于边界的情况，因为那种场景使用读已提交的隔离级别并在约束的配合下已经能很好地处理，且可排除约束的额外干扰。

例 5.3.4-2：药房的常规发药业务（见表 5.4），同时（并发）处理两个处方，均为编号 30226 的药品，处方 1（事务 1）取 10 单位，处方 2（事务 2）取 20 单位，假设处方 1 先到（事务 1 先进入）。

表 5.4　可重复读隔离级别处理竞争性资源示例

时刻	事务 1 及其结果	事务 2 及其结果
T1	=> begin; BEGIN => set transaction isolation level repeatable read ; SET	
T2		=> begin; BEGIN => set transaction isolation level repeatable read ; SET
T3	=> select * from drugamount; dept_no | med_no | amount ---------+--------+-------- 8019 | 31010 | 45 8019 | 30226 | 100 8019 | 31012 | 90 8019 | 31011 | 110 (4 rows) 【事务 1 起始状态】	=> select * from drugamount; dept_no | med_no | amount ---------+--------+-------- 8019 | 31010 | 45 8019 | 30226 | 100 8019 | 31012 | 90 8019 | 31011 | 110 (4 rows) 【事务 2 起始状态】

续表

时刻	事务 1 及其结果	事务 2 及其结果
T4	=> update drugamount set amount = amount – 10 where med_no='30226'; UPDATE 1 => select * from drugamount; dept_no | med_no | amount ---------+--------+-------- 8019 | 31010 | 45 8019 | 30226 | 90 8019 | 31012 | 90 8019 | 31011 | 110 (4 rows) 【事务 1 抢先写数据，获得执行】	
T5		=> select * from drugamount; dept_no | med_no | amount ---------+--------+-------- 8019 | 31010 | 45 8019 | 30226 | 100 8019 | 31012 | 90 8019 | 31011 | 110 (4 rows) 【在事务 2 执行前，检查数据的确未受到事务 1 的影响】
T6		=> update drugamount set amount = amount – 20 where med_no='30226'; 【执行事务 2，系统无反馈，因存在对竞争性资源的写操作，故事务 2 被事务 1 阻塞】
T7	=> end; COMMIT => select * from drugamount; dept_no | med_no | amount ---------+--------+-------- 8019 | 31010 | 45 8019 | 30226 | 90 8019 | 31011 | 110 8019 | 31012 | 90 (4 rows) 【提交事务 1 后检查执行结果，此时事务 2 正被事务 1 阻塞】	ERROR: could not serialize access due to concurrent update 【在事务 1 提交后，事务 2 执行对竞争性资源的写操作，出现错误：不能串行化更新】

续表

<table>
<tr><th>时刻</th><th>事务 1 及其结果</th><th>事务 2 及其结果</th></tr>
<tr><td>T8</td><td></td><td>=> select * from drugamount;
ERROR: current transaction is aborted, commands ignored until end of transaction block, firstChar[Q]
【事务 2 执行出错，事务被中止】</td></tr>
<tr><td>T9</td><td></td><td>=> end;
ROLLBACK
=> select * from drugamount;
dept_no | med_no | amount
---------+--------+--------
8019 | 31010 | 45
8019 | 30226 | 90
8019 | 31012 | 90
8019 | 31011 | 110
(4 rows)
【事务 2 回滚后，检查数据状态，此时为事务 1 执行后的正确状态】</td></tr>
<tr><td>T10</td><td>=> select * from drugamount;
dept_no | med_no | amount
---------+--------+--------
8019 | 31010 | 45
8019 | 30226 | 90
8019 | 31012 | 90
8019 | 31011 | 110
(4 rows)
【所有事务完成后，正确的持久化状态】</td><td></td></tr>
</table>

通过例子 5.3.4-2 可以清楚地看出 openGauss 的可重复读隔离级别实际上提供了类似于可串行化的隔离级别。该示例中的错误信息也证实了这一点。与例子 5.3.3-1 中的读已提交隔离级别相比，更严格的隔离级别却给业务的顺利进行带来了挑战。在非边界情况下，读已提交隔离级别导致更新相互不可见，实际上并不会对业务造成影响。只要最终数据持久化的状态是正确的，就足够满足业务需求。

在例子 5.3.3-2 中已经证明了通过在读已提交隔离级别的基础上，对特定表列添加约束，可以正确处理边界场景。同时，应当在事务中添加检查业务数据逻辑正确性的语句，以确保业务的正确性。

综上所述，openGauss 默认将事务隔离级别设置为读已提交是合适的。这种选择综合考虑了数据正确性、系统资源消耗以及对业务的最小干扰。在一些需要极端保证数据精确性的场景中，可以将隔离级别设置为可重复读，并在事务执行过程中检测错误信息，以确保事务正确执行。

本章小结

本章介绍了关系数据库的重要功能：事务处理和并发控制，以及保障并发控制正确性的锁和隔离级别；并以实际的工程项目为例，探讨了不同的锁粒度和不同的隔离级别对系统整体性能、正确性的影响。

为了确保正确性，openGauss 在执行事务处理时，会自动设置当前需要的锁粒度及隔离级别，本章详细比较了不同的隔离级别对业务数据的影响，带领读者深入理解隔离级别在事务处理中的作用，以期读者能主动设置锁粒度，主动使用隔离级别来保证业务的顺畅执行，并在正确性、快速性、流畅性之间取得平衡。

思考题

1. 什么是数据库事务？在 openGauss 中怎样定义一个事务？

2. 探讨事务的原子性、一致性、隔离性和持久性，并用自己的话写下你对这 4 个特性的理解定义。

3. 什么是数据库的锁？锁的类型有哪些？

4. 什么是锁的粒度？锁的粒度越小，数据库的并发性能越好，对不对？为什么？

5. 分析数据库的并发执行的概念，提出解决竞争性资源瓶颈的其他方法，并与数据库提供的事务处理和并发控制进行比较，分析各自的优点和不同点。

6. 什么是隔离级别？

7. 列出 openGauss 所支持的隔离级别，分析这些隔离级别的适用场景和对数据库性能的影响。

第 6 章　openGauss 的应用开发

本章要点：

应用程序连接到数据库后，就可以对数据库执行多项操作。不同的编程语言需要使用不同的数据库连接程序（有时又称之为访问接口、驱动程序）来访问数据库，对数据执行查询、存储及修改等操作。openGauss 官方目前支持的数据库连接类型有 ODBC、JDBC、Psycopg、libpq。本章将在简单介绍 C/S、B/S 计算模式的基础上，分别阐述如何使用 Java、Python 编程语言来连接 openGauss，以及如何基于 ODBC 访问接口连接 openGauss，并将提供具体的简要示例。

本章导图：

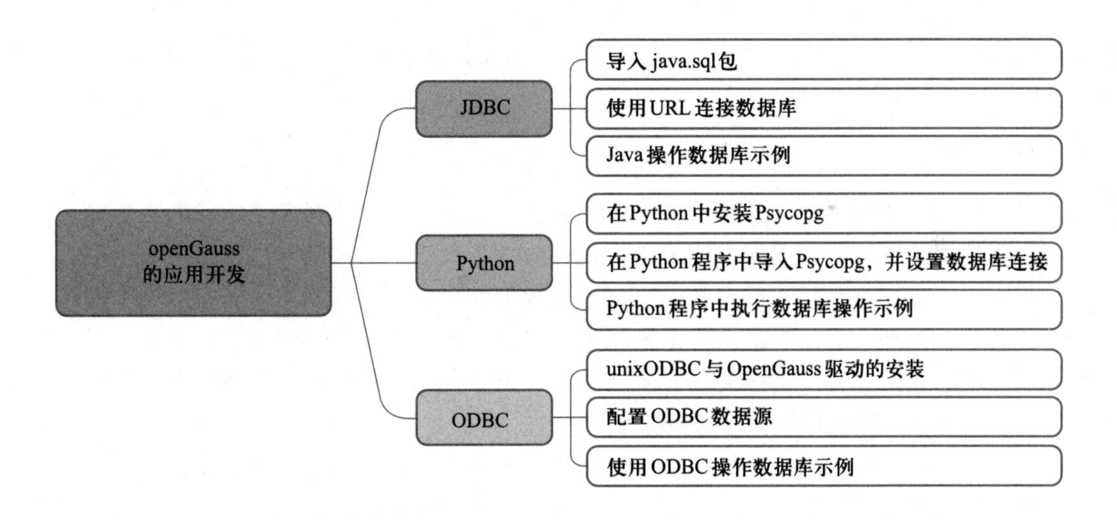

6.1　多层软件体系架构

6.1.1　C/S 计算模式

在实际应用中，大多数应用程序都需要访问数据库或其他的应用服务（如文件传输、邮件收发等），这时为了实现高效的计算，计算机科学家们提出了客户－服务器（client/server，C/S）计算模式，如图 6.1 所示。C/S 计算模式通常是客户端（client）向服务器端（server）发起请求，随后服务器端响应客户端的请求，最终将处理结果反馈给客户端。人们熟知的电子邮件、文件下载 FTP、浏览 Web 页面等应用服务都属于 C/S 计算模式的典型示例。

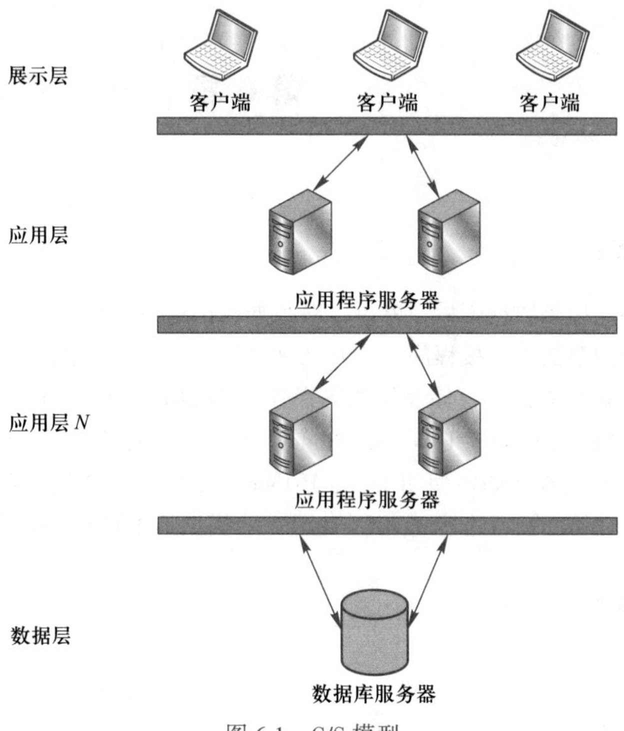

图 6.1　C/S 模型

在以 DBMS 为核心支撑的应用系统中，客户端的应用软件常常通过网络访问后台的数据库。这时，整个应用的软件体系可以看成客户 - 服务器组成的两层架构体系：客户端专注于应用软件的业务逻辑、功能服务、显示界面等，而服务器端则专注于后台数据存储、多数据表生成、多用户连接访问、安全服务等。例如，通过观察 HIS 系统就不难看到，客户端需要完成患者挂号、就诊流程、用药处方等具体的业务逻辑，还有患者查询、病历检索、费用统计等功能服务，以及操作界面是否便捷友好等。

C/S 模式不仅能降低客户端和服务器端之间的耦合性，而且能将大量的计算能力需求，从客户端迁移至服务器端完成，从而大大减轻了针对客户端计算机的计算能力要求。

随着网络信息技术的发展，各个行业不断地推进网络化、数字化、信息化进程，各种应用软件的业务逻辑也日趋复杂，更多的服务从客户端剥离出来，迁移至后台服务器端，使得客户端更加专注于具体的业务逻辑实现。这时，两层 C/S 架构的服务器端就变得越来越臃肿、庞大。为此，有必要将服务器端分解为多层，即在客户端和 DBMS 服务器之间，再增加一些独立的层次以实现专门的服务功能，进而形成了三层或多层的 C/S 软件体系架构。这种具有相对独立服务功能的中间层常常被称为中间件，最典型的中间件有：实现连接后台数据库的通用数据访问层、特定服务功能的中间件（如消息服务中间件、事务处理中间件等）。

在多层 C/S 软件体系架构中，客户端的软件可以采用 Visual Basic、Visual C++、Java、Python 等编程语言进行开发，这时，连接后台数据库的访问接口也将有所不同。例如，如果使用 C 或者 C++ 开发客户端应用程序，那么与后台数据库的连接通常采用 ODBC 接口驱动方式；如果使用 Java 开发应用程序，则使用 JDBC 接口驱动方式。

6.1.2 B/S 计算模式和 Web 计算环境下的多层软件体系架构

随着互联网的普及，基于浏览器（browser）上网得到了快速大面积的普及。如果能将 C/S 计算模式的客户端功能在浏览器中实现，势必会极大地简化客户端的应用操作。这时，C/S 计算模式的演化版浏览器 – 服务器（browser/server，B/S）计算模式应运而生。

但是，稍微了解浏览器工作原理的人们都知道，浏览器作为客户端，通常都是通过 HTTP 协议访问 Web 服务器，并不直接访问 DBMS 服务器。在 B/S 体系结构下，客户端通过 WWW 浏览器进入应用系统的操作界面，不再需要像 C/S 计算模式下单独开发客户端软件。这时，后台数据库部署于服务器端，应用系统的程序部署于 Web 服务器端，Web 服务器端需要通过访问接口（如 JDBC、Python 的数据库连接模块等），与 DBMS 服务器建立连接，方可操作处理后台数据库中的数据，如图 6.2 所示。

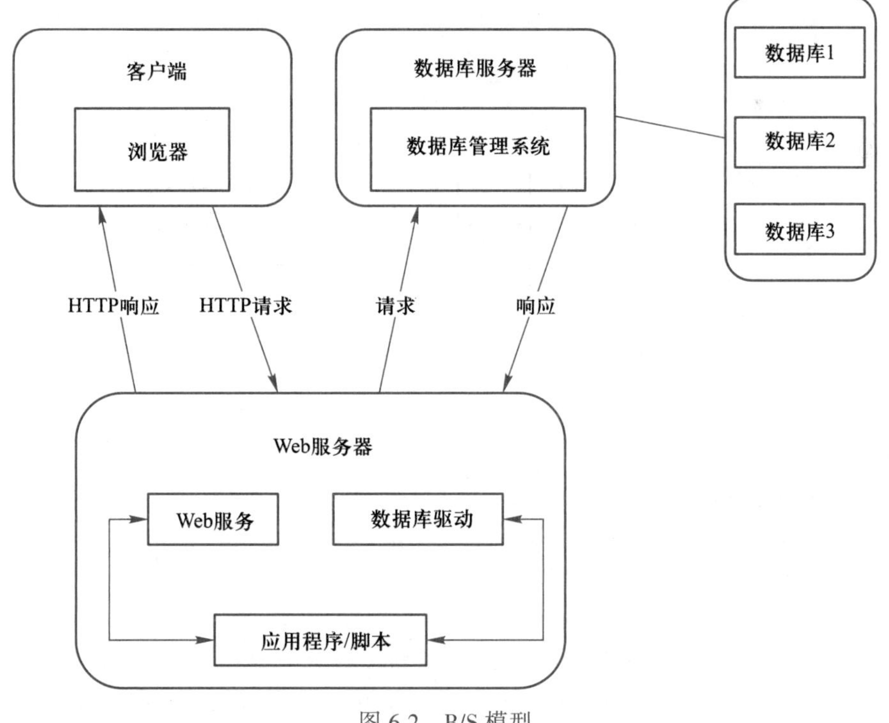

图 6.2 B/S 模型

B/S 计算模式可以看成 C/S 的一种特例。但相较 C/S 模式而言，基于 B/S 模式的软件体系架构与后台的耦合性更低，绝大多数涉及专业化的软件开发、计算功能都迁移到后端的 Web 服务器、中间件或数据库服务器上完成，只有极少的计算任务在前端浏览器中实现，客户端就变得更加轻量化。更为有利的是，客户端的操作使用都在浏览器中进行，大幅提升了用户使用的便捷性，降低了用户使用的难度，减少了系统升级维护的成本。

6.2　基于 Java 的开发

Java 数据库互连（Java database connectivity，JDBC）是一种由 Java 语言编写的，用于连接后台数据库、执行 SQL 语句的 Java API，可以为多种关系数据库提供统一的访问接口，应用程序可基于它来操作数据。openGauss 库提供了对 JDBC 4.0 特性的支持，需要使用 JDK 1.8 及以上的版本，并正确配置 JDK 环境变量。

6.2.1　JDBC 连接

可通过 openGauss 官方网站中的 openGauss Connectors 栏目，下载 JDBC 连接程序软件包。下载解压后会得到两个关键程序：postgresql.jar 和 openGauss-jdbc-x.x.x.jar。这两个 jar 包功能一致，这样做的目的仅仅是为了解决与 PostgreSQL 之间的 JDBC 驱动包命名的冲突。在本书中将使用 openGauss-jdbc-3.1.0.jar 作为示例，默认将该包导入至 classpath。

JDBC 连接数据库的示意图如图 6.3 所示。

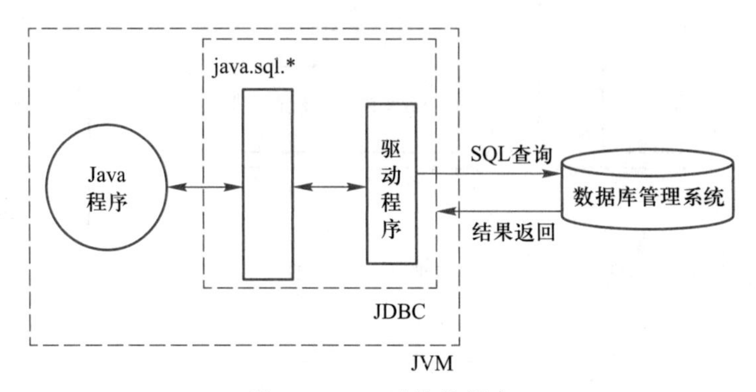

图 6.3　Java 连接数据库

1. 导入 JDBC

要使用 Java 代码执行 openGauss 的 SQL 语句，首先需要导入 java.sql 包，具体导入代码如下：

```
import java.sql.*
```

应用程序不需要显式加载 org.opengauss.Driver 类，如：Class.forName ("org.

postgresql.Driver")。因为 openGauss 的 JDBC 驱动程序 jar 包支持 Java 服务提供程序机制。当应用程序连接到 openGauss 时，Java 的虚拟机 JVM 将加载驱动程序（只要驱动程序的 jar 文件在 classpath 中），JDBC 在连接数据库时的层次结构及功能作用如图 6.4 所示。

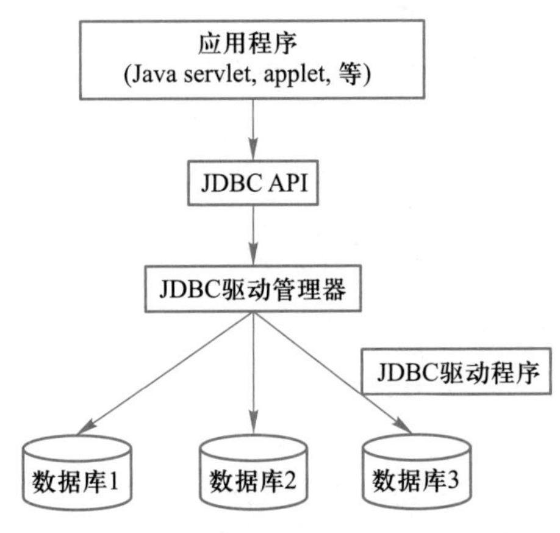

图 6.4　JDBC 连接数据库的层次结构

2. 连接数据库

使用 JDBC 连接后台数据库时，数据库由 URL（统一资源定位器）表示。具体对 openGauss 来说，可以采用以下方式之一创建数据库连接：

```
DriverManager.getConnection(String url);
DriverManager.getConnection(String url, Properties
info);
DriverManager.getConnection(Stringurl, Stringuser,
String password);
```

URL 可以为如下方式，根据实际情况选用其一即可：

```
jdbc:opengauss:database
jdbc:opengauss://host/database
jdbc:opengauss://host:port/database
jdbc:opengauss://host:port/database?param1=value1&para
m2=value2
jdbc:opengauss://host1:port1,host2:port2/database?para
m1=value1&param2=value2
```

其中，URL 的参数如下所示：

database 为要连接的数据库的名称；

host 为数据库服务器的名称或 IP 地址；

port 为数据库服务器端口；

param 为参数名称，即数据库连接属性；

value 为参数值，即数据库连接属性值；

info 为数据库连接属性（所有属性均区分大小写）；

user 为数据库用户名；

password 为数据库用户的密码。

以下代码示例将数据库连接操作封装为一个接口，通过给定用户名和密码来连接数据库：

```
public static Connection getConnect(String username, String password)
    {
    //数据库连接描述符。
        String url = "jdbc:opengauss://10.0.0.11:5432/postgresql";
        Connection conn = null;
          {
           e.printStackTrace();
           return null;
          }
        try
          {
    //创建连接。
           conn = DriverManager.getConnection(url, username, password);
           System.out.println("Connection succeed!");
           }
         catch(Exception e)
          {
           e.printStackTrace();
           return null;
           }
         return conn;
         };
```

6.2.2　使用 JDBC 查询数据

1. 查询数据库

每当要向数据库发出 SQL 语句时，都需要在 Java 程序中生成一个 Statement 或 PreparedStatement 实例。Statement 或 PreparedStatement 实例将执行 executeQuery( )

方法，然后返回一个 ResultSet 实例，其中包含整个结果。

使用 Statement 的示例如下：

```
Statement st = conn.createStatement();
ResultSet rs = st.executeQuery("SELECT * FROM mytable
WHERE columnfoo = 500");
while (rs.next()) {
    System.out.print("Column 1 returned ");
    System.out.println(rs.getString(1));
}
rs.close();
st.close();
```

使用 PrepareStatement 的示例如下：

```
int foovalue = 500;
PreparedStatement st = conn.prepareStatement("SELECT *
FROM mytable WHERE columnfoo = ?");
st.setInt(1, foovalue);
ResultSet rs = st.executeQuery();
while (rs.next()) {
    System.out.print("Column 1 returned ");
    System.out.println(rs.getString(1));
}
rs.close();
st.close();
```

2. 更改数据库

要更改数据（如执行 INSERT、UPDATE 或 DELETE 等 SQL 语句），则可以使用 executeUpdate( ) 方法。此方法类似于用来执行 SELECT 语句的 executeQuery( ) 方法，但它不返回 ResultSet，而是返回受 INSERT、UPDATE 或 DELETE 语句影响的行数。

下面是删除指定数据的示例：

```
int foovalue = 500;
PreparedStatement st = conn.prepareStatement("DELETE
FROM mytable WHERE columnfoo = ?");
st.setInt(1, foovalue);
int rowsDeleted = st.executeUpdate();
System.out.println(rowsDeleted + " rows deleted");
st.close();
```

删除一个表的示例：

```
Statement st = conn.createStatement();
st.executeUpdate("DROP TABLE mytable");        \\删除表：
mytable
st.close();
```

6.3　基于 Python 的开发

还可以使用 Python 编程语言来开发 openGauss 数据库的应用系统。Python 语言专门定义了连接数据库的接口规范 Python DB API 2.0。与此同时，为了遵循 Python DB API 2.0 接口规范，以及使用 Python 语言连接 PostgreSQL 和 openGauss 等数据库，开发人员开发了连接适配器模块 Psycopg，Psycopg 专为大量多线程应用程序而设计，这些多线程应用程序可创建和销毁大量游标，并执行大量并发 Insert 或 Update 操作。

Psycopg 连接后台数据库的方式如图 6.5 所示。因此，在开发 openGauss 应用系统时，可以使用 Psycopg 模块实现与 openGauss 数据库的连接。

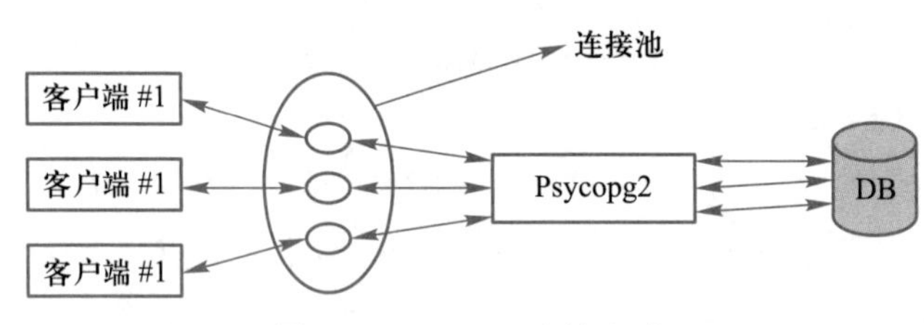

图 6.5　Psycopg 连接方式

目前，openGauss 数据库官方提供了 Python-Psycopg 连接程序模块供用户下载。也可以使用 PostgreSQL 的官方 Python 连接程序 Psycopg，实现对 openGauss 的访问连接。下面将使用 PostgreSQL 的 Python 连接程序 Psycopg 进行示例说明。

6.3.1　Python 连接 openGauss

安装 Psycopg 最简单的方法就是直接使用 Python 中的 pip 命令。注意：Python 的版本必须在 3.6 以上。

在 Windows 系统的命令行或 Linux 系统的终端上，运行下列命令：

```
[root@pythdev etc]# pip install  psycopg2-binary
```

安装好 Psycopg 后，可以使用下面简单的 Python 程序作为示例，说明 Psycopg 的基本用法（注：该程序在 Python 的 IDLE 环境下运行）：

```
# 导入 Psycopg
```

```
>>> import psycopg2

# 连接到一个数据库，并添加相应的连接信息
>>> conn = psycopg2.connect("dbname=hisdb user=his_
prog_in password=db_password host=192.168.3.200")
```

其中，psycopg2.connect 用于创建一个新的数据库会话，并返回一个新的连接实例。该方法主要的常用参数包括：

dbname：数据库名称。

user：用户名。

password：用户密码。

host：数据库的主机地址。

6.3.2 使用 Python 查询数据

上面采用 psycopg2.connect 创建了数据库的连接会话实例 conn。这个实例封装了数据库的连接会话，可以使用 cursor( ) 方法创建新的游标实例来执行数据库命令和查询，也可以使用 commit( ) 方法提交具体事务，或在检测到错误时，用 rollback( ) 方法回滚事务。

cursor 类可以实现与数据库的交互操作，例如，可以使用 execute( ) 和 executemany( ) 等方法将 SQL 命令发送到数据库，也可以通过迭代或使用 fetchone( )、fetchmany( )、fetchall( ) 等方法从数据库中检索数据。

通过在 SQL 语句中使用 %s 占位符，并将一系列值作为函数的第二个参数进行传递，即可将参数传递给 SQL 语句。具体示例如下：

```
    # 打开游标， 执行数据库操作
>>> cur = conn.cursor()
    # 执行 SQL 命令来创建一个新表
>>> cur.execute("CREATE TABLE test (id serial PRIMARY
KEY, num integer, data varchar);")
    # 传递数据以填充查询占位符并让 Psycopg 执行
    # 正确的转换，防止 SQL 注入
>>> cur.execute("INSERT INTO test (num, data) VALUES
(%s, %s)",
...      (100, "abc'def"))
    # 查询数据库并获取数据作为 Python 对象
>>> cur.execute("SELECT * FROM test;")
>>> cur.fetchone()
       (1, 100, "abc'def")
    # 让数据库的更改生效
```

```
>>> conn.commit()
    # 关闭连接
>>> cur.close()
>>> conn.close()
```

通过上述示例可以看到，使用 Psycopg 操作 openGauss 数据库的流程与其他数据库（如 MySQL 等）基本相同。

6.4 基于 ODBC 的开发

开放式数据库互联（open database connectivity，ODBC）是微软提出的数据库访问接口标准，定义了访问数据库 API 的一个规范，这些 API 独立于不同厂商的 DBMS，也独立于具体的编程语言。通过使用 ODBC，应用程序能够使用相同的源代码实现与各种各样数据库的连接交互。这使得开发者不需要以特殊的数据库管理系统（DBMS）为目标，也无须了解不同数据库的详细细节，就能够开发并发布客户 - 服务器应用程序。ODBC 连接如图 6.6 所示。

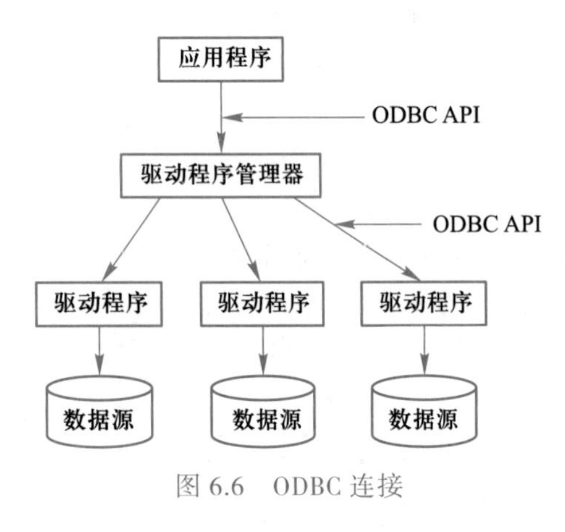

图 6.6　ODBC 连接

6.4.1　ODBC 连接

openGauss 数据库官方提供了相应的 ODBC 驱动，软件包名为 openGauss-x.x.x-ODBC.tar.gz（x.x.x 为具体版本号，建议与要连接的 openGauss 服务器版本一致），读者可自行下载，解压后即可得到相应的库文件。下面将以 openEuler 操作系统环境为例，讲解 ODBC 驱动的安装、配置及使用方法。

要使用 ODBC 方式连接并操作 openGauss 数据库，需安装 unixODBC 及 openGauss ODBC 驱动，下面分别介绍两个软件包的安装方法。

1. 安装 unixODBC 驱动有两种方法

一种方法是使用操作系统的 dnf 软件管理器进行在线自动安装；另一种方法是到 unixODBC 官方网站下载其源码，然后在操作系统中进行编译安装。

两种方法的主要区别在于安装的版本可能不同，前者只能安装操作系统所维护的版本，而后者通常安装的是最新版本。采用两种方法安装之后，其使用及配置方法基本一致。下文将介绍 dnf 安装 unixODBC 软件包的方式，如需使用源码进行安装，则可参考 unixODBC 官方文档及 openGauss 官方文档。

如果要使用 dnf 安装 unixODBC 软件包，则在操作系统中应当以 root 权限执行下列命令：

```
[root@node1 etc]# dnf install -y unixODBC unixODBC-
```

```
devel
```

2. 安装 openGauss ODBC 驱动的方法

使用 dnf 完成安装之后，还需从 openGauss 官方网站下载并安装其 ODBC 驱动软件包，然后进行配置，具体步骤如下：

（1）下载压缩包 openGauss-x.x.x-ODBC.tar.gz。

（2）对下载的压缩包进行解压，生成 lib 与 ODBC 两个文件夹。ODBC 文件夹中还会有一个子文件夹 lib，即文件夹 odbc/lib。

（3）子文件夹 odbc/lib 有“psqlodbca.la”“psqlodbca.so”“psqlodbcw.la”和“psqlodbcw.so”4 个文件，将这 4 个文件复制到操作系统的文件夹“/usr/lib”下。

（4）将 openGauss-x.x.x-ODBC.tar.gz 解压后的文件夹 lib（注意，不是子文件夹 odbc/lib）中的库复制到操作系统的文件夹“/usr/lib”下。

按照上述步骤完成安装之后，会自动生成配置文件 /etc/odbcinst.ini 及 /etc/odbc.ini，还需要对 ODBC 驱动和数据源分别进行配置。配置过程是分别编辑 /etc/odbcinst.ini 文件和 /etc/odbc.ini 文件。

（5）编辑 /etc/odbcinst.ini 文件，在文件末尾加入以下内容：

```
[GaussMPP]
driver64=/usr/lib/psqlodbcw.so
setup=/usr/lib/psqlodbcw.so
```

有关 odbcinst.ini 文件中的配置参数说明，请参考 openGauss 官方文档。

（6）编辑 /etc/odbc.ini 文件，在文件中找到 [MPPODBC]，然后添加以下内容（如果文件中没有该内容，则直接添加至文件末尾即可）：

```
[MPPODBC]
driver=GaussMPP
servername=192.168.1.2（数据库服务器 IP）
database=hisdb （数据库名）
username=omm （数据库用户名）
password= （数据库用户密码）
port=8000（数据库侦听端口）
sslmode=allow
```

有关 odbc.ini 文件中的配置参数说明，请参考 openGauss 官方文档。

6.4.2 使用 ODBC 查询数据

1. 分配句柄

基于 ODBC 的应用，统一使用 SQLAllocHandle 来分配句柄。调用时设计不同的句柄类型，即可获得相应类型的句柄。但在 API 内部实现上，一般重新转换为执行 SQLAllocEnv，SQLAllocConnect 和 SQLAllocStmt，这样可以达到兼容和代码重用的作用。

SQLAllocEnv 用于分配环境句柄，示例如下：

```
ret = SQLAllocEnv(SQL_HANDLE_ENV, NULL, &gaussshenv);
```

SQLAllocConnect 用于分配连接句柄。连接句柄可提供对一些信息的访问，例如，连接上的有效语句及标识符句柄，以及当前是否打开了事务处理。调用 SQLAllocConnect 函数可获取连接句柄。例如：

```
ret = SQLAllocConnect(SQL_HANDLE_DBC, guassehenv,
&gausshdbc);
```

2. 建立数据源

使用已分配的连接句柄建立应用程序与数据源 / 数据库系统的连接，进行句柄和数据源的绑定，绑定也可以由目标数据源的 ODBC 驱动程序完成。例如：

```
ret = SQLConnect(gausshdbc,
"conn",SQL_NTS, //ODBC 的 DNS 名称
"scott",SQL_NTS, // 用户账号
"123",SQL_NTS);      // 密码
```

3. 分配语句句柄

用户对 ODBC 数据源的存取操作，都是通过 SQL 语句实现的。在这个过程中，应用程序将通过连接向 ODBC 数据库提交 SQL 语句，以完成用户请求的操作。即通过执行 SQLAllocHandle 或 SQLAllocStmt 来分配语句句柄。

调用 SQLAllocStmt 函数获取语句句柄示例：

```
SQLstmt= "SELECT * FROM authors"
rc= SQLAllocStmt(hdbc, hstmt)
```

4. 执行 SQL 语句

执行 SQL 语句的方法比较多，最简单明了的方法是调用 SQLExecDirect 函数。例如：

```
SQLstmt= "SELECT * FROM authors"
rc= SQLExecDirect(hstmt, SQLstmt, Len(SQLstmt))
```

如果 SQL 语句被顺利提交并正确执行，那么就会产生一个结果集。检索结果集的方法有很多，最简单、最直接的方法是调用 SQLFetch 和 SQLGetData 函数。

SQLFetch 函数的功能是将结果集的当前记录指针移至下一个记录。

SQLGetData 函数的功能是提取结果集中当前记录的某个字段值。通常可以采用一个循环以提取结果集中所有记录的所有字段值，该循环重复执

行 SQLFetch 和 SQLGetData 函数，直至 SQLFetch 函数返回 SQL_NO_DATA_FOUND，这表示已经到达结果集的末尾。

5. 结束应用程序

在应用程序完成数据库操作，退出运行之前，必须释放程序中使用的系统资源。这些系统资源包括：语句句柄、连接句柄和 ODBC 环境句柄。完成这个过程的步骤如下所示。

调用 SQLFreeStmt 函数以释放语句句柄及其相关的系统资源。例如：

```
rc= SQLFreeStmt(hstmt, SQL_DROP)
```

调用 SQLDisconnect 函数以关闭连接。例如：

```
rc= SQLDisconnect(hdbc)
```

调用 SQLFreeConnect 函数以释放连接句柄及其相关的系统资源。例如：

```
rc= SQLFreeConnect(hdbc)
```

调用 SQLFreeEnv 函数以释放环境句柄及其相关的系统资源，停止 ODBC 操作。例如：

```
rc= SQLFreeEnv(henv)
```

6. 错误处理

所有 ODBC API 函数，若在执行期间发生错误，都将返回一个标准错误代码 SQL_ERROR。

一般来讲，在每次调用 ODBC API 函数之后，都应该检查该函数返回值，以确认该函数是否成功执行，再决定是否完成后续过程。而详细的错误信息，可以通过调用 SQLError 函数获得。SQLError 函数将返回下列信息：标准的 ODBC 错误状态码、ODBC 数据源提供的内部错误编码、错误信息串。

6.5 使用 Python 应用开发示例

如何从用户的业务流程中发现软件需求，并与项目干系人规划出软件的边界，请参考“软件工程”和“系统分析”的相关课程。在进行数据库设计时，还需要体现信息的层次化和结构化：本示例通过对医院信息系统（HIS）中药品处方的分析，向读者展示了数据库设计中分层、规范化、结构化的思想。

6.5.1 数据分层设计思想

1. 使用层次思维分析业务，对数据进行分层

在数据库设计（事实上，这也是一切系统设计的精髓）中，分层的思想将复杂的业务逻辑和数据关系分解为更易于管理和理解的组成部分，对于提高结构的清晰性、可维护性和可扩展性至关重要。在 HIS 中的数据层次如下。

（1）基础数据层

目的：存储系统中最基础、最核心的数据，这些数据是构建其他层次的基础。

内容：包括用户信息、机构（科室）信息、分类信息等基础数据，这些数据相对稳定，变动频率较低。

设计考虑：确保数据的准确性和完整性，因为这是其他业务功能的基础。

（2）业务数据层

目的：记录与日常业务操作相关的数据，以支持业务流程的顺利进行。

内容：包括挂号、收费、患者诊疗记录等与具体业务流程紧密相关的数据。

设计考虑：需要支持高效的数据读写操作，因为这一层的数据变动非常频繁。同时，还需要考虑业务规则的实施和数据的完整性。

（3）用户显示层

目的：提供用户界面，将业务数据以易于理解和操作的方式展示给用户。

内容：业务数据层的用户展示，未必是真正的存储结构。

设计考虑：需要关注用户体验和界面设计，确保用户能够方便地进行操作和获取信息。同时，还需要考虑界面的响应速度和数据的实时性。

（4）统计层

目的：为决策支持和数据分析提供数据报表。

内容：包括结果汇总、报表数据、趋势分析等，这些数据通常是由基础层和业务层的数据经过计算和处理得到的。

设计考虑：需要支持复杂的数据分析和查询操作，提供灵活的数据访问和报表生成功能。为了提高查询效率，可能会使用索引、物化视图等数据库技术。此外，还需要考虑数据的时效性和准确性。

分析结果如图 6.7 所示，为了描述方便，表的属性全部以中文进行描述。

2. 使用 E–R 图，找到数据间的支持或依赖关系

根据以上分析，结合本书第 4 章 4.4 节“E–R 模型向关系模型映射”的内容，下面以 HIS 系统中药品字典的设计，示范如何分析和拆分重要的基础数据。

（1）药品的 E–R 图

通过业务需求调查得知，药品在处方中既可以整瓶（整盒）发放，也可以按片或按支执行医嘱进行拆分计价。因此，系统必须支持药品的拆分，即：系统应能同时支持药品的大单位计价和小单位计价，且能在大单位和小单位之间进行换算，根据前面的章节可知，这就是 E–R 模型中的多值属性，这个多值属性应包括大单位、大单位价格、小单位、小单位价格、大小单位的换算值，据此，图 6.8 显示了药品字典及价格的 E–R 模型图。

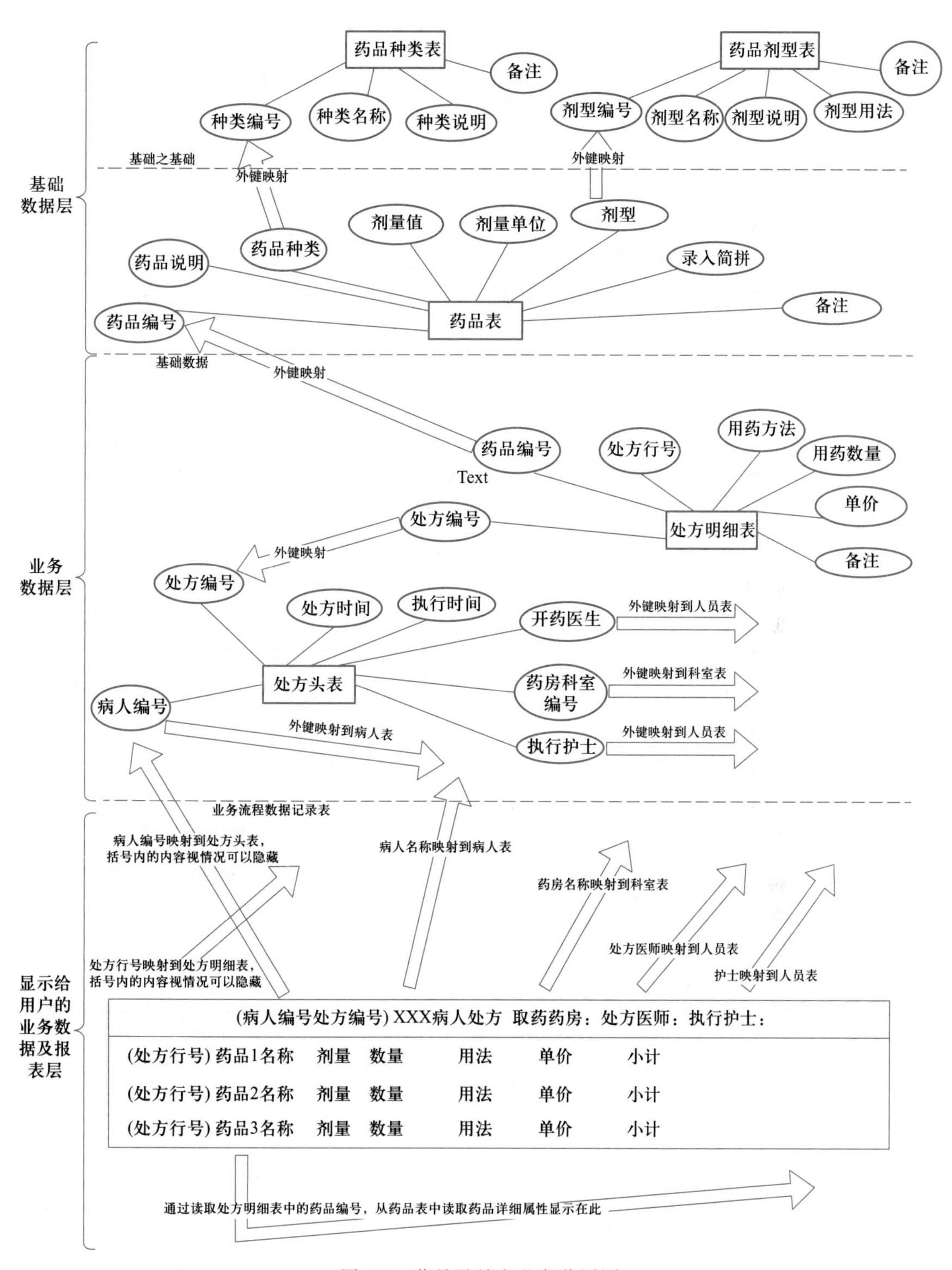

图 6.7　药品及处方业务分层图

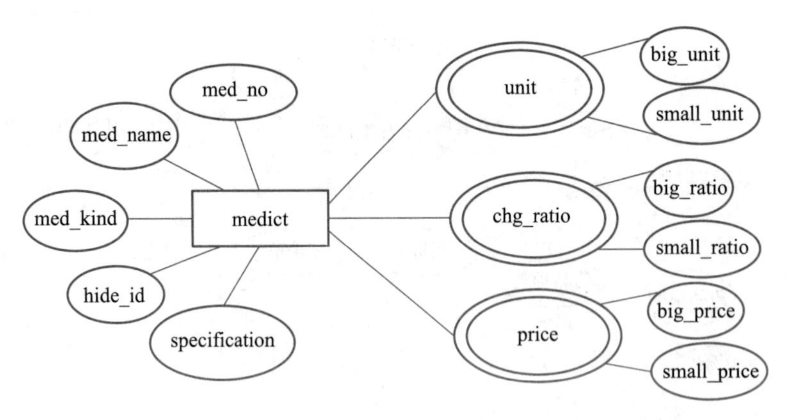

图 6.8　药品的多值属性 E-R 图

（2）E-R 模型向关系模型映射

多值属性映射成关系模型时所新建的药品单位价格表 medunit，以药品编号和药品单位的组合作为主键，满足第三范式的要求；并引入了转换率（chg_ratio），即药品的大单位（如瓶）可拆分为多少个小单位（如片），当 1 瓶药 =100 片时，小单位的转换率为 100，而大单位的转换率为 1。这样的设计，还解决了大单位和小单位在系统中的识别问题；理论上这样的设计支持多级包装和多级转换率，但会加大库存计算的压力。为此，建议使用 2 级包装（拆零）级别；不拆分的药品，在 medunit 中仅有 1 行，即只有一个单位，且其转换率 chg_ratio 为 1。

映射示意图如图 6.9 所示：

med_no	med_name	hid_id	specification
31010	阿莫西林胶囊	0	250 mg，广谱抗菌素，适用于儿童敏感菌感染治疗
31011	阿莫西林胶囊	1	500 mg，广谱抗菌素，适用于敏感菌感染治疗
31012	阿莫西林胶囊	0	750 mg，广谱抗菌素，适用于敏感菌感染治疗
30226	葡萄糖注射液	0	500 ml，10%高渗葡萄糖注射液，适用于静脉推注

med_no	unit	chg_ratio	price
30226	瓶	1	42.600
31012	粒	24	2.425
31012	盒	1	58.200
31010	粒	36	1.183
31010	盒	1	42.600

图 6.9　药品字典多值属性映射到关系模型示例

6.5.2 示例数据库的分层设计

由 E-R 模型映射成关系模型后，根据 openGauss 的技术要求，需要进一步完善数据库的表结构，直到完成数据库表的设计。表 6.1 ~ 表 6.7 给出了本示例的最终设计：

表 6.1 药品种类表 medclass

药品种类（medclass）						
序号	字段名	数值类型	允许空	默认值	列意义	取值意义
1	cls_no	char(10)	N		品种编号	
2	cls_name	varchar(200)	N		品种名称	
3	abbrv	varchar(200)	N		输入缩写	
4	rem	varchar(250)	Y		备注	
主键：(cls_no)						

表 6.2 药品剂型表 medform

药品剂型（medform）						
序号	字段名	数值类型	允许空	默认值	列意义	取值意义
1	frm_no	char(10)	N		剂型编号	
2	frm_name	varchar(200)	N		剂型名称	
3	abbrv	varchar(200)	N		输入缩写	
4	rem	varchar(250)	Y		备注	
主键：(frm_no)						

表 6.3 药品字典表 medict

药品字典 (medict)						
序号	字段名	数值类型	允许空	默认值	列意义	取值意义
1	med_no	varchar(10)	N		药品编号	
2	med_name	varchar(200)	N		药品名称	
3	med_dose	int	N		剂量值	药品剂量
4	unit	varchar(10)	Y		药品单位	采购最小单位
5	dose_unit	varchar(10)	Y		剂量单位	
6	specification	varchar(200)	Y		药品说明	

续表

药品字典 (medict)						
序号	字段名	数值类型	允许空	默认值	列意义	取值意义
7	abbrv	varchar(200)	Y		输入缩写	
8	cls_no	char (10)	Y		品种编号	
9	frm_no	char (10)	Y		剂型编号	
10	rem	varchar(250)	Y		备注	
主键:		(med_no)				
外部键:		(cls_no) reference medclass(cls_no)				
		(frm_no) reference medform(frm_no)				

表 6.4 药品单位价格表 medunit

药品单位 (medunit)						
序号	字段名	数值类型	允许空	默认值	列意义	取值意义
1	med_no	char (10)	N		药品编号	
2	unit	varchar (10)	N		药品单位	
3	chg_ratio	int	N	1	转换率	大小单位换算值
4	price	decimal(12,3)	N	0.00	价格	>=0.00
主键: (med_no, unit)						
外部键: (med_no) reference medict (med_no)						

表 6.5 门诊患者表 outpatient

门诊患者 (outpatient)						
序号	字段名	数值类型	允许空	默认值	列意义	取值意义
1	out_seq	bigint	N		挂号序号	自增序列
2	pat_name	varchar(100)	N		患者姓名	
3	reg_time	date	N		挂号时间	
4	dgn_dept	char (10)	N		接诊科室	
5	dgn_doct	char (10)	N		接诊医生	
主键: (out_seq)						

表 6.6 门诊处方头表 outrecipe_head

门诊处方头 (outrecipe_head)						
序号	字段名	数值类型	允许空	默认值	列意义	取值意义
1	out_seq	bigint	N		挂号序号	自增序列
2	rec_no	bigint	N		处方序号	自增序列
3	dept_no	varchar(10)	N		药房编号	
4	rcp_date	date	N		开处方时间	
5	rcp_doct	char(10)	N		开方医生	
6	audit_date	date	N		发药时间	
7	audit_pers	varchar(10)	N		发药人	
主键：(out_seq，rec_no)						
外部键：(out_seq) reference outpatient(med_no)						

表 6.7 门诊处方明细表 outrecipe_detail

门诊处方明细 (outrecipe_detail)						
序号	字段名	数值类型	允许空	默认值	列意义	取值意义
1	out_seq	bigint	N		挂号序号	自增序列
2	rec_no	bigint	N		处方序号	
3	row_no	int	N		处方行号	
4	med_no	char(10)	N		药品编号	
5	med_usage	varchar(100)	N		药品用法	
6	amount	int	N		数量	
7	price	decimal(12,3)	N		价格	>=0.00
8	rem	char(250)	N		备注	
主键：(out_seq，rec_no，row_no)						
外部键：(rec_no) reference outrecipe_head(rec_no)						

6.5.3 Python 实现示例

使用 Python 程序实现上述示例的建表方法，并返回所建表的结构，将此源程序保存为 test10.py，程序代码示例如下所示：

```
import psycopg2

conn = psycopg2.connect(database="postgres", user="test",
password="example_1234", host="localhost", port="7654")
cur = conn.cursor()

sql_a = """CREATE TABLE medclass (
            cls_no char (10) PRIMARY KEY,
            cls_name varchar(200) NOT NULL,
            abbrv varchar(200) NOT NULL,
            rem varchar(250) )"""

sql_b = """CREATE TABLE medform (
            frm_no char(10) PRIMARY KEY ,
            frm_name varchar(200) NOT NULL ,
            abbrv varchar(200) NOT NULL ,
            rem varchar(250) NULL)"""

sql_c = """CREATE TABLE medict (
            med_no varchar(10) PRIMARY KEY ,
            med_name varchar(200) NOT NULL ,
            med_dose int NULL ,
            unit varchar(10) NULL ,
            dose_unit varchar(10) NULL ,
            specification varchar(200) NOT NULL ,
            abbrv varchar(200) NOT NULL ,
            cls_no varchar(10) NULL ,
            foreign key (cls_no) references medclass
            (cls_no) ,
            frm_no char(2) NULL ,
            foreign key (frm_no) references medform
            (frm_no) ,
            rem varchar(250) NULL )"""

sql_d = """CREATE TABLE medunit (
            med_no char(10) PRIMARY KEY ,
            unit varchar(10) NOT NULL ,
            chg_ratio int NULL ,
```

```
                price decimal(12,3) NOT NULL)"""

    sql_e = """CREATE TABLE department (
                dept_no varchar(10) PRIMARY KEY ,
                dept_name varchar(200) NOT NULL ,
                abbrv varchar(200) NOT NULL ,
                workout_amount int NULL ,
                open_amount int NULL ,
                rem varchar(250) NULL ))"""

    sql_f = """CREATE TABLE person (
                per_no varchar(10) PRIMARY KEY ,
                per_name varchar(200) NOT NULL ,
                abbrv varchar(200) NOT NULL ,
                dept_no varchar(10) NOT NULL ,
                foreign key (dept_no) references department
                (dept_no) ,
                sex char(1) NOT NULL ,
                birth_date date NOT NULL ,
                id_no varchar(200) NULL ,
                rem varchar(250) NULL )"""

    sql_g = """CREATE TABLE outpatient (
                out_seq bigint PRIMARY KEY ,
                reg_time date NOT NULL ,
                pat_name varchar(200) NOT NULL ,
                sex char(1) NOT NULL ,
                birth_date date NOT NULL ,
                dgn_dept varchar(10) NOT NULL ,
                foreign key (dgn_dept) references department
                (dept_no) ,
                dgn_doctor varchar(10) NULL ,
                foreign key (dgn_doctor) references person
                (per_no) ,
                reg_person varchar(10) NOT NULL ,
                foreign key (reg_person) references person
                (per_no) ,
                rem varchar(250) NULL )"""
```

```
    sql_h = """CREATE TABLE outrecipe_head (
                out_seq bigint PRIMARY KEY ,
                foreign key (out_seq) references outpatient
                (out_seq) ,
                rec_no bigint NOT NULL ,
                dept_no varchar(10) NOT NULL ,
                foreign key (dept_no) references department
                (dept_no) ,
                rcp_date date NOT NULL ,
                rcp_doct varchar(10)NULL ,
                foreign key(rcp_doct)references person(per_
                no),
                audit_date date NULL ,
                audit_pers varchar(10) NULL ,
                foreign key (audit_pers) references person
                (per_no) ,
                rem varchar(250) NULL )"""

    sql_i = """CREATE TABLE outrecipe_detail (
                out_seq bigint PRIMARY KEY ,
                foreign key (out_seq) references outpatient
                (out_seq) ,
                rec_no bigint NOT NULL ,
                row_no int NOT NULL ,
                med_no char(10) NOT NULL ,
                foreign key (med_no) references medict(med_
                no) ,
                price decimal (12,3) NOT NULL ,
                amount int NOT NULL ,
                rem varchar(250) NULL )"""

    sql_result = """SELECT table_name, column_name, data_
    type
                FROM information_schema.columns
                WHERE
                table_name = 'medform' and table_name =
                'medclass' or table_name = 'medict'
                or table_name = 'medunit' and table_name =
```

```
                'department' or table_name = 'person' or
                table_name = 'outpatient' or
                table_name = 'outrecipe_head'//即outrecipe_
    head
                or table_name = 'outrecipe_detail'"""//即
    outrecipe_detail

    cur.execute(sql_a)
    cur.execute(sql_b)
    cur.execute(sql_c)
    cur.execute(sql_d)
    cur.execute(sql_e)
    cur.execute(sql_f)
    cur.execute(sql_g)
    cur.execute(sql_h)
    cur.execute(sql_i)
    cur.execute(sql_result)

    rows = cur.fetchall()
    print(rows)
    conn.commit()
    conn.close()
```

以上代码的运行结果如图 6.10 所示：

```
[lm@og ~]$ python3 test10.py
[('medform', 'frm_no', 'character'), ('medform', 'frm_name', 'character vary
rm', 'rem', 'character varying'), ('medclass', 'cls_no', 'character'), ('med
hort', 'character varying'), ('medclass', 'rem', 'character varying'), ('med
varying'), ('medunit', 'chg_ratio', 'integer'), ('medunit', 'price', 'numeri
ent', 'dept_name', 'character varying'), ('department', 'spellshort', 'chara
department', 'open_amount', 'integer'), ('department', 'rem', 'character va
 'per_name', 'character varying'), ('person', 'spellshort', 'character varyi
sex', 'character'), ('person', 'birth_date', 'timestamp without time zone'),
character varying'), ('outrecipehead', 'out_seq', 'integer'), ('outrecipehea
ter varying'), ('outrecipehead', 'rcd_date', 'timestamp without time zone'),),
('outrecipehead', 'audit_person', 'character varying'), ('outrecipehead',
er'), ('outpatient', 'reg_date', 'timestamp without time zone'), ('outpatien
haracter'), ('outpatient', 'birth_date', 'timestamp without time zone'), ('o
dgn_doctor', 'character varying'), ('outpatient', 'reg_person', 'character v',
 'med_no', 'character varying'), ('medict', 'med_name', 'character varying
racter varying'), ('medict', 'dose_unit', 'character varying'), ('medict', '
 'character varying'), ('medict', 'cls_no', 'character varying'), ('medict',),
('outrecipedetail', 'out_seq', 'integer'), ('outrecipedetail', 'rec_no',
ipedetail', 'med_no', 'character varying'), ('outrecipedetail', 'price', 'nu
detail', 'rem', 'character varying')]
```

图 6.10 test10.py 运行结果

在所建的表中插入数据，然后再查询所插入的数据，将此程序代码保存为文件 test11.py，示例代码如图 6.11 所示：

```
import psycopg2

conn = psycopg2.connect(database="postgres", user="test", password="example
1234", host="localhost", port="7654")
cur = conn.cursor()

sql_dep = """INSERT INTO department
            VALUES
            ('1101','急诊科','jzk',null,null,null)"""

sql_person = """INSERT INTO person
                VALUES
                ('20105','李医生','lys','1101','M','1970-12-01','11223',nul
)"""

sql_outpatient = """INSERT INTO outpatient
                    values
                    ('1001',localtimestamp,'张三','M','1980-12-01','1101','
0105','20105','腹痛')"""

sql_select = """select a.pat_name,a.reg_date,b.per_name
                from outpatient a,person b
                where pat_name = '张三'"""

cur.execute(sql_dep)
cur.execute(sql_person)
cur.execute(sql_outpatient)
cur.execute(sql_select)

rows = cur.fetchall()
print(rows)
conn.commit()
conn.close()
```

图 6.11　test11.py 代码

运行结果如图 6.12 所示：

```
[lm@og ~]$ python3 test11.py
[('张三', datetime.datetime(2023, 12, 31, 20, 25, 49), '李医生')]
```

图 6.12　test11.py 代码运行结果

本章小结

采用 JDBC 开发应用程序的一般流程为：加载驱动、连接数据库、执行 SQL 语句、处理结果集、关闭连接。

采用 Python 中的 Psycopg2 开发应用程序的一般流程为：加载驱动、连接数据库、执行 SQL 语句、处理结果集、关闭连接。

采用 ODBC 开发应用程序的一般流程为：申请句柄资源、设置环境属性、连接数据源、执行 SQL 语句、处理结果集、断开连接、释放句柄资源。

受于篇幅限制，笔者不能将所有开发应用方法及接口进行详细介绍，有相关需求的读者可以参考 openGauss 官方网站及各个开发语言针对数据库操作的相关文档。

思考题

本章习题以 Python 为例，在 Python 环境中，使用 Psycopg2 进行数据库操作，要求如下：

1. 在数据库 hisdb 中，创建一个表，表名为：company，其中有以下字段：id、name、age、address、salary；

2. 在刚才创建的表中，插入多条记录，如：(1, 'Paul', 32, 'California', 20000.00)；

3. 获取刚才创建表中的记录，按照以下格式显示出来：

```
ID =  1
NAME =  Paul
ADDRESS =  California
SALARY =  20000.0
```

4. 使用 update 语句对数据库进行更新，并使用 select 语句获取更新后的数据；

5. 使用 delete 语句删除其中一条记录，并使用 select 语句获取删除后的数据。

第 7 章　openGauss 数据库安全

本章要点：

本章将通过介绍信息安全的概念，引入数据库安全的相关需求。借鉴网络安全等级保护模型，详细分析各种影响数据库安全的因素。分析 openGauss 的登录过程，探讨身份鉴别中密码的安全强度指标以及传输通道的安全性；分析访问权限粒度的设置方法，指出数据库资源保护与访问控制方法对安全能力的加强；解析 openGauss 数据库的审计选项，介绍三权分立对审计工作的改进以及在安全性上的提升；最后，针对存储的数据安全性和完整性进行探讨。

本章导图：

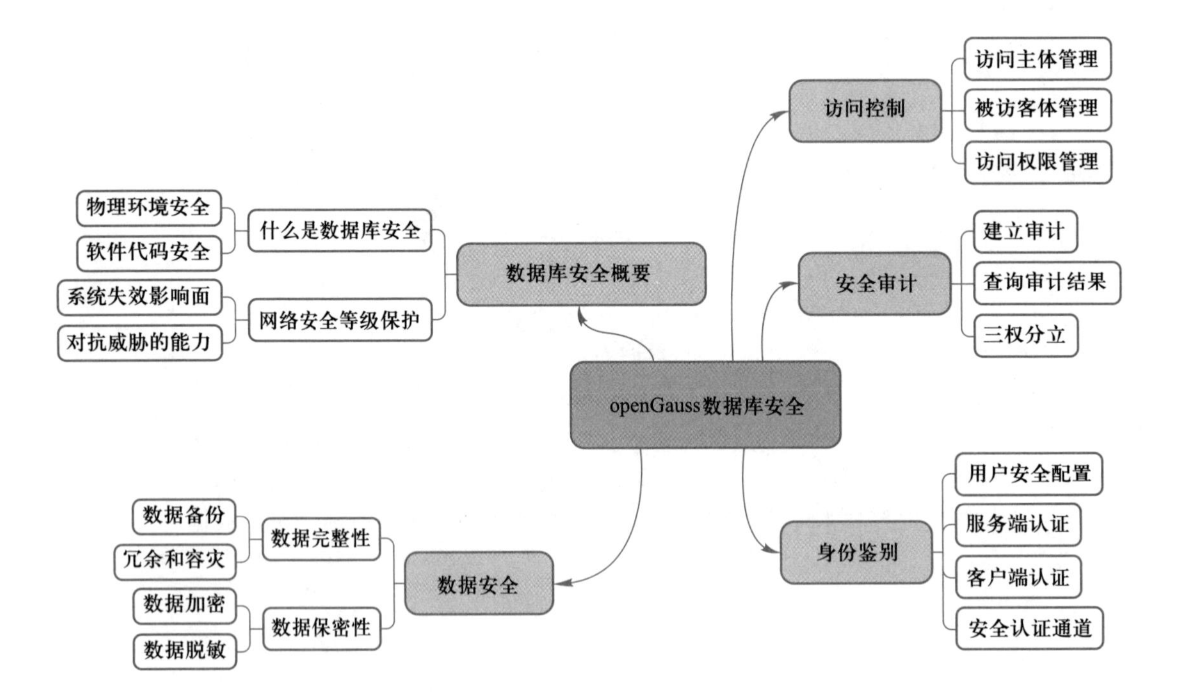

在信息系统中，数据库作为系统的关键部分，其安全性在信息系统设计之初就应该得到高度关注，并应该贯彻实施网络安全的三同步原则。

同步规划：在业务规划阶段，必须同时考虑并纳入安全要求，引入相应的安全措施，避免在后期做安全方面的弥补性工作。

同步建设：在项目建设阶段，保证相关安全技术措施能够顺利、按时地得到建设。这意味着数据库安全措施不仅仅是附加项，更是项目开发过程中不可或缺的组成部分。

同步使用：在项目验收后的日常运营维护中，系统应始终保持持续的安全防护水平。运营者要定期对信息系统和数据库进行安全检测和评估，以确保项目在安全性方面的稳定性。

数据库作为信息系统的基础和核心，其安全性不仅关系到个人隐私和商业机密的保护，还关系到整个社会的稳定运行。通过贯彻三同步原则，可以有效提升数据库安全，确保信息系统的持续安全运行。

7.1　数据库安全概要

7.1.1　数据库安全

根据国际标准化组织（ISO）的定义，信息安全指的是为数据处理系统所建立和采用的技术及管理实施安全保护，以保障计算机硬件、软件和数据不因偶然和恶意的原因而遭到破坏、更改和泄露。

数据库安全是信息安全的重要组成部分，因为数据库存储着大量的敏感信息和关键业务数据。对于数据库而言，安全涵盖两个主要层面：

第一层面，系统运行的安全：这包括数据库运行所需的物理环境、物理设备以及数据库平台的可执行代码能够安全可靠地运行，确保数据库系统的基础设施运行在稳定且受保护的环境中。

第二层面，存储信息的安全：所存储的数据不会遭到未经授权的访问、破坏和篡改，保障数据的独立性、安全性、完整性、安全备份和故障恢复等多个方面，确保数据库能够持续地提供预期的服务。

信息安全是信息系统的拥有者、提供者和使用者共同关心的问题，涉及法律法规、道德和计算机系统技术能力等多种因素。这些因素可以分为两大类：一类是外部管理因素，如法律和法规的影响，运营者的管理能力和社会道德规范等；另一类是内部技术因素，如防止计算机遭到物理破坏的措施，防止数据被非法窃取或恶意更改等技术防御能力。

7.1.2　网络安全等级保护

网络安全等级保护能力的体现需要管理和技术的双重支持。不同类型、不同重要程度的信息系统在服务能力和可用性上存在差异。当信息系统受到破坏后，首先会对系统的运营方和直接使用者（称为公民、法人和其他组织）造成损害，也有可能对公共利益、社会秩序甚至国家安全造成损害。因此，可以根据信息系统在国家安全、经济建设、社会生活中的重要程度，并按照系统受到破坏后造成的伤害程度和损失大小，来界定信息系统的安全保护等级，并据此建设相应的安全防护能力和管理水平：

第一级，信息系统受到破坏后，会对公民、法人和其他组织的合法权益造成损害，但不损害国家安全、社会秩序和公共利益；

第二级，信息系统受到破坏后，会对公民、法人和其他组织的合法权益产生严重损害，或者对社会秩序和公共利益造成损害，但不损害国家安全；

第三级，信息系统受到破坏后，会对社会秩序和公共利益造成严重损害，或者对国家安全造成损害；

第四级，信息系统受到破坏后，会对社会秩序和公共利益造成特别严重损害，或者对国家安全造成严重损害；

第五级，信息系统受到破坏后，会对国家安全造成特别严重损害。

常见的安全保护等级是二级和三级，对数据库的安全建设和保护，按照其支撑的信息系统的保护等级执行。因此，本书对数据库安全的配置建议，主要参考等保三级的要求。

7.2　openGauss 的身份鉴别

作为信息汇聚中心的数据库，面临着隐私泄露、信息篡改、数据丢失等风险。为了防止恶意攻击者访问、窃取、篡改和破坏数据库中的数据，以及阻止未经授权的用户通过系统漏洞进行仿冒、提权等恶意行为，openGauss 提供了一系列安全措施。这些措施包括用户认证机制、对象访问控制、用户角色管理、审计机制以及数据安全技术等。

物理安全得到保证后，身份鉴别就成为数据库安全机制中的首要任务，正确地验证登录用户的身份成为后续一系列安全机制的基础。在用户的身份得到确认后，根据其权限，系统准予其访问与其权限相对应的数据和相应的操作；同时，系统会根据一定的审计规则，记录用户的操作过程；在整个访问过程中，系统还会建立一条安全的访问路径，以防止信息被截获或篡改。

这些安全机制的协同作用能有效地增强数据库的整体安全性。通过认证、授权、审计等环节的保障，openGauss 提供了一个可信赖的数据库环境，使得恶意行为和潜在的威胁难以入侵数据库系统，从而保障了数据的机密性、完整性和可用性，openGauss 的数据库安全机制如图 7.1 所示。

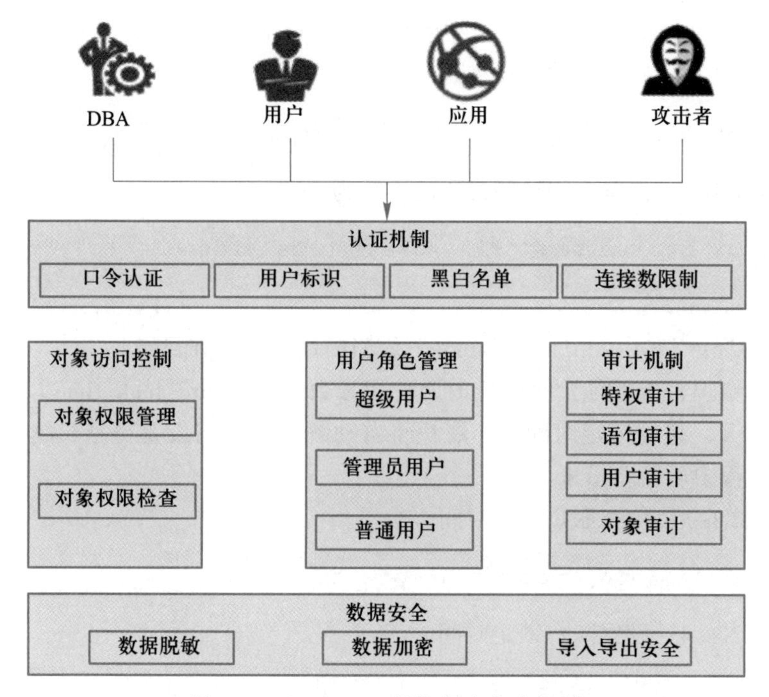

图 7.1 openGauss 的数据库安全机制

7.2.1 用户安全配置

用户是 openGauss 数据库的一种特殊对象，同时又是外部访问的基础和凭证，因此用户在 openGauss 的数据库安全配置中扮演着重要的角色。

1. 登录 openGauss 的用户需进行身份标识和鉴别

openGauss 数据库管理员在创建用户时不得设置空口令，即用户在访问登录时必须提供口令信息（命令方式或交互方式）。用户的口令信息经加密后存放在系统表 pg_authid 的 rolpassword 字段中，且该字段不允许为空。

2. 用户权限分级

openGauss 数据库在部署安装过程中会自动生成一个初始用户，该用户拥有系统的最高权限，能够执行所有的操作。为了保证安全性，仅允许该用户采取本地登录的方式，并且在第一次登录时，openGauss 数据库会要求该用户更改密码。由于初始用户会绕过所有权限检查，因此，不能将初始用户当作业务用户，并且不建议使用初始用户来管理数据库。

在 openGauss 数据库中，主要账户有两类，管理员用户和普通用户。对于日常的数据查询任务、前台程序连接数据库所使用的用户，建议使用普通用户；仅在需要进行数据库维护时，才使用特权账户登录。

3. 为 openGauss 数据库开启“登录失败处理”功能

为了保证账户安全，防止用户口令被暴力破解，如果用户输入密码的错误次数超过所设定的值（failed_login_attempts），系统将自动锁定该账户，默认值为 10。次数设置越小越安全，但在使用过程中可能会带来不便。

例 7.2.1-1：检查允许输错密码的次数。

```
hisdb=# SHOW failed_login_attempts;
```

例 7.2.1-2：设置允许输错密码的次数为 5 次。

```
]# gs_guc reload  -D  /gaussdb/data/dbnode -c  "failed_
login_attempts = 5"
```

☻ 解释："/gaussdb/data/dbnode" 为当前数据库所在目录。

输入错误密码的账户被锁定时间使用参数（password_lock_time）控制。默认值为 1 天，超过锁定时间后，账户将自动解锁。时间设置得越长越安全，但在使用过程中可能会带来不便。

例 7.2.1-3：检查账户锁定时间。

```
hisdb=# SHOW  password_lock_time;
```

例 7.2.1-4：设置账户锁定时间。

```
]# gs_guc reload  -N all -I all -c "password_lock_
time=1"
```

被锁定的账户，可以在 gsql 中用 alter user 用户名 account unlock 命令直接解除锁定状态。

4. 为账户设定密码策略

为了保证账户安全，防止密码被轻易猜测或被密码字典覆盖，需要设定复杂的密码策略，且用户在更改密码时，不能设置为简单密码。openGauss 数据库的密码策略由参数 password_policy 控制：设置为 1 时表示启用密码复杂度校验；设置为 0 时表示不执行密码复杂度校验，这会存在安全风险。即使需要设置，也要将所有 openGauss 节点中的 password_policy 都设置为 0 才能生效。本参数的默认值为 1。

openGauss 默认的密码复杂度配置已经符合等保三级要求，但也可以通过调整下面提到的参数值，更进一步精确地设置其复杂性：

① password_min_uppercase：包含大写字母（A–Z）的最少个数；

② password_min_lowercase：包含小写字母（a–z）的最少个数；

③ password_min_digital：包含数字（0–9）的最少个数；

④ password_min_special：包含特殊字符的最少个数，特殊字符是指字母和数字以外的其他可打印字符；

⑤ password_min_length：密码的最小长度；

⑥ password_max_length 密码的最大长度。

例 7.2.1-5：检查账户密码策略。

```
hisdb=# SHOW  password_plolicy;
```

例 7.2.1-6：设置账户密码策略。

```
]# gs_guc reload  -N all -I all -c "password_policy=1"
```

5. 敏感信息如账户密码加密存储

用户密码存储在系统表 pg_authid 中，为防止用户密码被高权限拥有者泄露，openGauss 数据库可对用户密码进行加密存储。参数 password_encryption_type 表示密码的加密存储方式，当设置为 0 时，存储密码的 md5 摘要，但目前 md5 已被认为是不安全的摘要算法，故不推荐使用；当设置为 1 时，采用 sha256 和 md5 方式对密码进行转换和存储，由于其中包含 md5 算法，故其安全强度也不够；当设置为 2 时，采用 sha256 算法对密码进行安全哈希加密存储，此为 openGauss 数据库的默认配置。

例 7.2.1-7：检查账户密码加密存储算法。

```
hisdb=# SHOW  password_encryption_type;
```

若结果不为“2”，建议改为 2，以增强安全性。

例 7.2.1-8：设置账户密码执行安全哈希加密存储。

```
]# gs_guc reload  -N all -I all -c "password_encryption_
type=2"
```

6. 账户密码有效期

根据等级保护要求，密码要求至少 6 个月更换一次，在最佳实践中通常会要求 3 个月更换一次。在 openGauss 数据库中，用 password_effect_time 参数来配置密码的有效期，默认值为 90（天）。

例 7.2.1-9：检查账户密码有效期。

```
hisdb=# SHOW  password_effect_time;
```

例 7.2.1-10：设置账户密码有效期。

```
]# gs_guc reload  -N all -I all -c "password_effect_
time=90"
```

设置该参数时，应同时设置密码到期提醒天数（password_notify_time），则系统会在用户登录数据库时，在密码到期前指定的天数，提示用户修改密码。

例 7.2.1-11：检查账户密码到期前提醒天数。

```
hisdb=# SHOW  password_notify_time;
```

默认值为 7（天）。

例 7.2.1-12：设置账户密码到期前提醒天数。

```
]# gs_guc reload  -N all -I all -c "password_notify_
time=7"
```

7. 设置账户有效期

在创建新用户时，应限制其有效访问期限，特别是创建临时用户时，必须限制用户的操作有效期限（有效开始时间和有效结束时间）。不在有效操作期内的用户需要重新设定账户的有效操作期来恢复其操作权限，该设置与密码有限期可以相互重叠，二者中任一设置到期，均能阻止账户的登录。

例 7.2.1-13：查看账户的操作有效期，如图 7.2 所示：

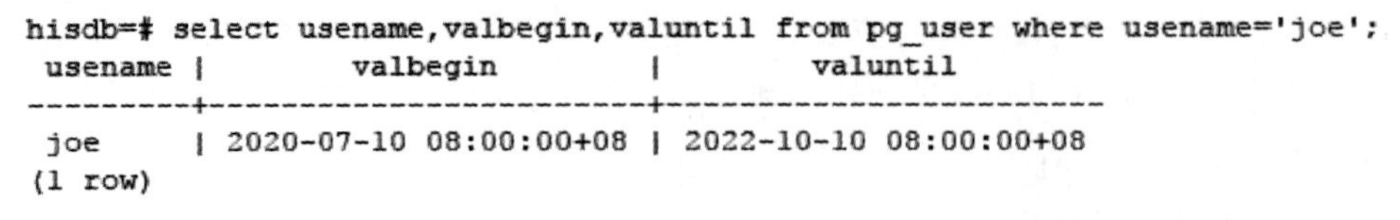

```
hisdb=# select usename,valbegin,valuntil from pg_user where usename='joe';
 usename |        valbegin        |        valuntil
---------+------------------------+------------------------
 joe     | 2020-07-10 08:00:00+08 | 2022-10-10 08:00:00+08
(1 row)
```

图 7.2　查看账户的有效期

例 7.2.1-14：更改账户密码有效期。

```
hisdb = #  alter user  用户名  with valid begin   '开始时间'  valid until  '结束时间';
```

7.2.2　客户端认证

openGauss 数据库的客户端（或访问工具）在连接服务端时，必须向服务端证明自己的身份，服务器端据此识别该用户具有的连接和读取权限，这就是客户端认证，一个完整的客户端认证过程如图 7.3 所示。

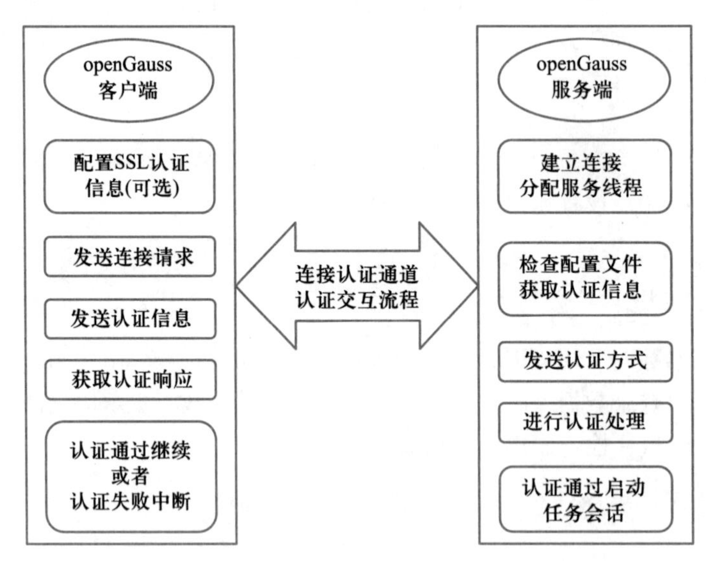

图 7.3　openGauss 数据库客户端认证过程

（1）客户端根据配置文件的设置，通过相关安全认证策略，这里主要指 SSL（Secure Sockets Layer，安全套接字层）认证相关信息，建立与服务端之间的连接。

（2）建立连接后，客户端将向服务端发送访问所需要的连接请求信息，请求信息的验证工作在服务端完成。

（3）服务端首先需要进行访问源的校验，即依据配置文件，校验访问源的端口号、访问源 IP 地址、允许用户访问的范围，以及访问的数据对象。

（4）完成校验后，将认证方式连同必要的信息返回给客户端。

（5）客户端依据认证方式加密口令，并发送认证所需的信息给服务端。

（6）服务端对收到的认证信息进行认证。若认证通过，则启动会话任务与客户端进行通信并提供数据库服务；否则拒绝当前连接，并退出会话。

客户端安全认证机制是 openGauss 数据库的第一层安全保护机制，解决了访问源与数据库服务端间的信任问题。通过这套机制可有效拦截非法用户对数据库进行恶意访问，避免后续的非法操作。

openGauss 数据库将访问方式、访问源 IP 地址（客户端地址）以及认证方法存放在服务端的配置文件（Host-Based Authentication File，HBA 文件，位置在完成数据库初始化的数据目录下，文件名为 pg_hba.conf）中。可以包含多个连接许可，每个许可的配置构成 1 行记录，记录不能跨行。在认证过程中，身份认证模块需要依据 HBA 文件中记录的内容，对每个连接请求进行检查，因此记录的顺序很关键，一般按下面的原则排列：

① 靠前的记录有比较严格的连接参数和比较弱的认证方法；

② 靠后的记录有比较宽松的连接参数和比较强的认证方法。

```
# TYPE  DATABASE        USER            ADDRESS                 METHOD

# "local" is for Unix domain socket connections only
local   all             all                                     trust
host    all     omm    192.168.3.200/32    trust
# IPv4 local connections:
host    all             all             127.0.0.1/32            trust
host    all             all             192.168.3.0/24          sha256
host    all             all             0.0.0.0/0               sha256
host    all             all             0.0.0.0/0               md5
```

图 7.4　pg_hba.conf 中的连接许可配置

pg_hba.conf 中的连接许可配置遵循以下规范，如图 7.4 所示：

```
"TYPE DATABASE  USER ADDRESS  METHOD"
```

下面分别解释这些参数的意义和取值。

1. TYPE 连接类型

连接类型的取值和具体含义如下所述：

Local：只接受服务器本机连接且不指定 -U 参数。

Host：本机接受一个普通的 TCP/IP 套接字连接，也接受一个经过 SSL 加密的 TCP/IP 套接字连接。

Hostssl：只接受一个经过 SSL 加密的 TCP/IP 套接字连接。

Hostnossl：只接受一个普通的 TCP/IP 套接字连接。

2. DATABASE 目标数据库

声明当前记录所匹配且允许访问的数据库。该字段可选用 all、sameuser 以及 samerole。其中 all 表示当前记录允许访问所有数据库对象，sameuser 表示访问的数据库须与请求的用户同名才可访问，samerole 表示访问请求的用户必须是与数据库同名角色中的成员才可访问。

3. USER 允许连接的用户

声明当前记录所匹配且允许访问的数据库用户。特别地，该字段可选用 all 以及“+ 角色（角色组）”。其中 all 表示允许所有数据库用户对象访问，“+ 角色（角色组）”表示匹配任何直接或间接（通过继承的方式）这个角色（角色组）的成员。

4. ADDRESS 访问来源

指定与记录匹配且允许访问的 IP 地址范围。目前支持 IPv4 和 IPv6 两种形式的地址。

5. METHOD 认证方法

声明连接时所使用的认证方法。具体意义参见 7.2.3 节。

6. 添加许可的方法

① 使用 VI、SED 等文本编辑工具，按规范手动添加一条连接许可；

② 在操作系统 root 用户下，使用 GUC（Grand Unified Configuration）工具进行规则配置，例如，允许名为 jack 的用户，在客户端工具所在的 IP 地址为 122.10.10.30 的地方，以 sha256 方式登录服务端数据库 database1：

```
]# gs_guc set -Z coordinator -N all -I all -h "host database1 jack 122.10.10.30/32 sha256"
```

7.2.3　服务端认证

openGauss 数据库的服务端在验证用户身份时，支持多种验证方式，并在服务端的配置文件 pg_hba.conf 中进行配置。支持的认证方法包括 trust 认证、口令认证和 cert 认证。

1. trust 认证

当采用 trust 认证模式时，openGauss 数据库无条件接受连接请求，且访问请求时无须提供口令。这种方法将导致所有用户在不提供口令的情况下都能连接数据库。为了确保安全，openGauss 数据库当前仅支持初始用户在本地以 trust 方式登录，而不允许远程连接使用 trust 认证方法。

2. 口令认证

openGauss 数据库目前主要支持 sha256 加密口令认证。由于整个身份认证过程中，不需要还原明文口令，因此采用单向加密算法。其中哈希函数使用 sha256 算法，盐值则通过安全随机数生成。算法中涉及的迭代次数可由用户视不同的场景决定，需考虑安全和性能间的一个平衡。

为了保留对历史版本的兼容性，在某些兼容性场景下，openGauss 还支持 MD5 算法对口令进行加密，但默认情况下不推荐使用。

3. cert 认证

openGauss 支持使用 SSL 安全连接通道。cert 认证表示使用 SSL 客户端进行认证，不需要提供用户密码。在该认证模式下，客户端和服务端的数据传输经过加密处理。在连接通道建立后，服务端会发送主密钥信息给客户端以响应客户端的握手信息，这个主密钥将是服务端识别客户端的重要依据。值得注意的是，该认证方式只支持 hostssl 类型的规则。

前面提到 openGauss 所支持的 METHOD 字段选项包括 trust、reject、sha256、cert 以及 gss。除去上述介绍的三种认证方式外，reject 选项表示对于当前认证规则无条件拒绝，一般用于“过滤”某些特定的主机。gss 表示使用基于 gssapi 的 kerberos 认证，该认证方式依赖 kerberos server 组件，一般用于支持 openGauss 集群内部通信认证和外部客户端连接认证，外部客户端仅支持 gsql 或 JDBC 连接时使用。

7.2.4　安全认证通道

完整的身份认证，不仅是客户端向服务端证明自己的身份，同时要求认证的通道是安全的，即：首先，通道必须具备一定的保密性，认证过程中传输的用户名及密码必须得到妥善、安全的传输；其次，所传输信息不能被篡改，必须确保其完整性。openGauss 使用 SSL 标准协议（TLS1.2）来保证这两个要求。

openGauss 通过服务器端配置文件 postgresql.conf 来设置安全认证通道是否使用 SSL 加密连接，以及使用哪种类型的 SSL 认证模式。目前支持两种方式：一种方式为密码认证方式，另一种方式为 CA 证书认证方式。

1. 是否使用 SSL 加密认证方式

图 7.5 是 postgresql.conf 中关于安全认证通道的配置示例，其中，配置参数为“ssl = off”表示允许非加密的链路访问。但在实际工作环境中，通常采用加密方式，这时，此处应配置为“ssl = on”。

```
#authentication_timeout = 1min          # 1s-600s
session_timeout = 10min                 # allowed duration of any unused session,
ssl = off                               # (change requires restart)
ssl_ciphers = 'ALL'                     # allowed SSL ciphers
```

图 7.5　在 postgresql.conf 中配置访问链路

2. SSL 加密认证方式

参考图 7.6 的配置文件片段，在 postgresql.conf 配置文件中，将“ssl_cert_file”“ssl_key_file”“ssl_ca_file”等配置项用“#”注释，则 SSL 被设置为基于口令的安全验证，使用账户和口令登录到远程数据库。所有传输的数据都会被加密，但此时的验证是单向的，即客户端只能单向地接受服务器的验证，而不能验证服务器的身份，不能识别正在连接的服务器是否是假冒的，这也就有可能受到“中间人”方式的攻击。

```
#ssl_cert_notify_time = 90                # 7-180 days
#ssl_renegotiation_limit = 0              # amount of data between renegotiations,
ssl_cert_file = 'server.crt'              # (change requires restart)
ssl_key_file = 'server.key'               # (change requires restart)
ssl_ca_file = 'cacert.pem'                        # (change requires restart)
#ssl_crl_file = ''                        # (change requires restart)
```

图 7.6　设置 SSL 的认证方式

若启用这几个配置项，并正确地填入了相关证书和密钥信息，则 openGauss 数据库将使用基于密钥的安全验证：用户为自己创建一对密钥，并把公钥放在需要访问的服务器上。这种认证类型不仅加密所有传送的数据，而且还能通过非对称加密的密钥进行双方的身份验证，可避免被“中间人”攻击。

图 7.6 的配置示例中已填入认证所需要的证书和密钥信息。这些证书信息存放的目录为“/home/ommdbadmin”。集群安装部署完成后，服务端证书、私钥以及根证书将默认配置完成，但是仍需完成以下步骤。

（1）配置客户端参数

客户端参数的配置依据实际场景分为单向认证配置和双向认证配置，整个配置信息存储在客户端工具所在的环境配置文件（如 .bashrc 文件）中。

单向认证需要配置如下参数：

```
export PGSSLMODE="verify-ca"
export PGSSLROOTCERT="/home/ommdbadmin/cacert.pem"
双向认证需配置如下参数：
export PGSSLCERT="/home/ommdbadmin/client.crt"
export PGSSLKEY="/home/ommdbadmin/client.key"
export PGSSLMODE="verify-ca"
export PGSSLROOTCERT="/home/ommdbadmin/cacert.pem"
```

（2）修改客户端密钥的权限

客户端根证书、密钥、证书以及密钥密码加密文件的权限，需保证为 600。如果权限不满足要求，则客户端无法以 SSL 连接到集群。使用以下命令可以将涉及的证书文件权限设置为 600：

```
]# chmod 600 cacert.pem
]# chmod 600 client.key
]# chmod 600 client.crt
]# chmod 600 client.key.cipher
]# chmod 600 client.key.rand
```

在实际应用中，应结合场景进行配置。从安全性考虑，建议使用双向认证方式，此时客户端的 PGSSLMODE 变量建议设置为 verify-ca。但如果本身数据库处在一个安全的环境下，且业务场景属于高并发、低时延业务，则可使用单向认证模式。

在实际执行过程中，SSH 服务和数据库服务应运行在同一台服务器上。

7.3 openGauss 的访问控制

数据库访问控制的基本任务一是防止非授权用户进入数据库系统，二是防止合法用户对数据库系统资源的非法使用，它旨在保证主体对客体的所有直接访问都是经过授权的。访问控制有三要素。

（1）主体：一个能够访问对象的实体，通常为进程或用户。

（2）客体：被访问的对象，如文件，数据库、表、元组、属性等。

（3）访问权限：是指主体可对客体进行的特定访问操作。如读、写、执行等。

综上，对访问控制的安全管控，需要分解落实到对三个要素的管控上。

7.3.1 访问主体管理

主体管理的核心是确保只有授权的"用户"才能访问数据库。但用户所具备的权限是会经常发生变化的，为了有效防止诸如非法提权、利用权限漏洞进行恶意操作等行为，必须对权限进行合理的管控。更重要的是，需要在数据库对象被访问时，对当前用户的合法权限进行有效性检查。

在 openGauss 数据库中，为了方便管理，把相同权限的用户组集成起来，形成一个角色（role），作为角色成员的用户可以从角色中继承这一组权限。通过改变角色的权限，该角色所包含的所有成员的权限也会被自动修改。

角色管理和用户管理有很多相同之处，都包含创建、修改、删除、权限授予和回收等操作。CREATE USER 语法与 CREATE ROLE 基本相同，语法中的 option 选项范围也相同。事实上，用户和角色在 openGauss 数据库内部是基本相同的两个对象。区别在于：

① 创建角色时默认没有登录权限，而创建用户时包含了登录权限；

② 创建用户时，系统会默认创建一个与之同名的 schema，用于该用户进行对象管理。因此在权限管理实践中，建议通过角色进行权限的管理，通过用户进行数据的管理。

管理员可通过 GRANT 语法，将角色赋给相应的用户，以便使该用户拥有角色的权限。而在实际场景中，一个用户可以从属于不同的角色，从而拥有不同角色的权限。同样，角色之间的权限也可以进行相互传递。用户在继承来自不同角色的权限时，应尽量避免权限冲突的场景，例如，某一用户同时具有角色 A 不能访问表 T 的权限和角色 B 能够访问表 T 的权限。

在角色的创建过程中，可以通过指定创建角色语法中的 option 选项的值来设定该角色的属性，而这些属性事实上定义了该角色的系统权限，以及该角色登录认证的方式。这些属性包括是否具备登录权限（LOGIN）、是否为超级用户（SUPERUSER）、是否具备创建数据库的权限（CREATEDB）、是否具备创建角色的权限（CREATEROLE）、当前角色的初始口令信息（PASSWORD）以及是否可以继承其所属角色的权限的能力（INHERIT）等，下面会给出一些简洁的示例。有关更详细的语法，请查阅 openGauss 的相关文档。

角色所有的权限都记录在系统表 pg_authid 中，并通过对应的字段进行描述。例如，pg_authid 表中的 createrole 字段用于标记当前角色是否拥有创建角色的权利，所有具有 CREATEROLE 权限的角色都可以创建新的角色或用户；特别地，pg_authid 表中 superuser 字段为 true 的角色只能有一个，并且必须是初始用户。如果检查系统权限表 pg_authid 时发现，superuser 字段为 true 的角色不止一个，说明数据库的权限设置得过大，应引起警惕。

openGauss 的初始用户可以被视为系统的超级用户，初始用户既可以自己创建普通用户，也可以通过创建的管理员账户来创建新的普通用户，然后再进行权限的管理。超级用户在系统中的操作是不受限制的，包括权限的赋予和撤回，以及直接参与的数据管理业务。因此，直接使用初始用户进行操作和管理，会给系统带来很大的安全隐患。

1. 创建角色

命令格式：

```
CREATE ROLE role_name [ [ WITH ] option [ … ] ]
{ PASSWORD | IDENTIFIED BY } { 'password' | DISABLE };
```

其中：

role_name 为此次创建的角色的名称，不能与已有的用户或角色同名；

password 为设置的密码；

option 为可设置的子项，几个重要选项的含义如下。

{SYSADMIN | NOSYSADMIN}：新创建的角色是否为“系统管理员”，默认为 NOSYSADMIN。

{AUDITADMIN | NOAUDITADMIN}：新创建的角色是否具有审计管理员的权限。

{CREATEDB | NOCREATEDB}：是否具有创建数据库的权限。

{USEFT | NOUSEFT}：是否能操作外表，包括：新建外表、删除外表、修改外表和读写外表，默认为 NOUSEFT。

{CREATEROLE | NOCREATEROLE}：是否具有创建新角色的权限。

例 7.3.1–1：创建名为 fee_charge（收费类）的系统管理员角色，密码为 open_123。

```
=# create role  fee_charge sysadmin identified by
'open_123';
```

例 7.3.1-2：创建名为 dbcp_tmp（等保测评临时用户）的非系统管理员角色，密码为 open_456，登录有效期从 2023 年 12 月 10 日到 2023 年 12 月 30 日。

```
=# create role dbcp_tmp with login password
'open_456' valid begin '2023-12-10' valid until
'2023-12-30';
```

2. 创建用户

例 7.3.1-3：创建名为 prog_in（应用系统登录）的系统管理员用户，密码为 open_123。

```
=# create user prog_in sysadmin identified by
'open_123';
```

例 7.3.1-4：创建名为 dbcp_usr1（等保测评临时用户）的非系统管理员用户，密码为 open_456，登录有效期从 2022 年 12 月 10 日到 2022 年 12 月 30 日。

```
=# create user dbcp_usr1 identified by 'open_456'
valid begin '2022-12-10' valid until '2022-12-30';
```

3. 角色修改

角色修改主要涉及角色名称修改和密码修改。实际使用中，密码修改是一项常规的运维动作，如在二级和三级的等级保护中，都要求密码每 90 天做一次更换。

例 7.3.1-5：修改角色名称。

```
=# alter role dbcp_tmp rename to dbcp_tmp1;
```

例 7.3.1-6：修改角色密码。

```
=# alter role dbcp_tmp1 identified by 'open_520'
replace 'open_456';
```

4. 角色删除

例 7.3.1-7：删除角色 dbcp_tmp1。

```
=# drop role dbcp_tmp1;
```

5. 角色权限授予及回收

例 7.3.1-8：将 omm 的权限授予给 dbcp_tmp。

```
=# grant  omm to dbcp_tmp with admin option ;
```

例 7.3.1-9：收回 dbcp_tmp 的权限，等级保护测评结束时，收回临时用户权限是一个推荐的安全动作。

```
=# revoke all privilege from dbcp_tmp ;
```

7.3.2　被访客体管理

1. openGauss 数据库逻辑层级

在 openGauss 数据库系统的对象布局逻辑结构中，每个实例下允许创建多个数据库（database），每个数据库下允许创建多个模式（schema），每个模式下允许创建多个对象，比如表、函数、视图、索引等，每个表又可以依据行和列两个维度进行衡量，从而形成如图 7.7 所示的逻辑层级：

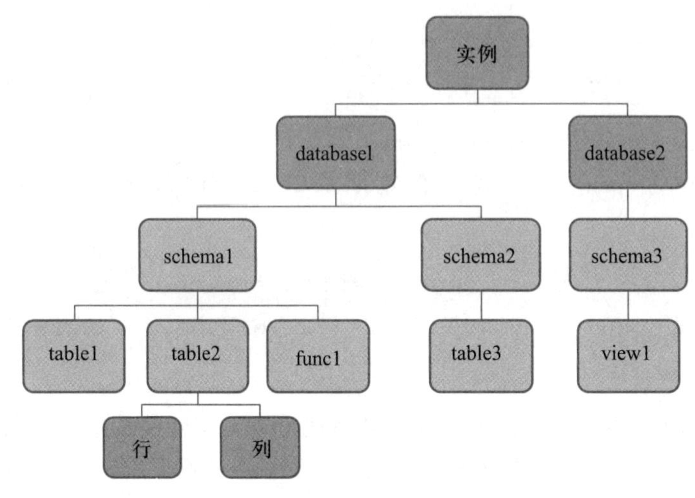

图 7.7　openGauss 常见数据库对象逻辑分布图

2. openGauss 数据库权限分层

依据图 7.7 的逻辑分布，构建出如图 7.8 所示的 openGauss 数据库的权限体系，每一层都有自己的权限控制。

如果用户想要成功查看数据表某一行的数据，那么用户需要具备：登录数据库 (LOGIN) 这一系统权限，表所在数据库的连接权限 (CONNECT)，表所在模式的使用权限 (USAGE) 和数据表本身的查看权限 (SELECT)，同时还要满足对这一行数据的行级访问控制条件 (row level security)。

图 7.8　openGauss 权限层级

7.3.3　访问权限管理

openGauss 中的访问权限根据粒度分为两种类型：系统权限和对象权限。系统权限是大粒度权限，控制用户在系统层级上的权限，如访问数据库、创建数据库、创建用户 / 角色以及创建安全策略等。对象权限是细粒度权限，控制用户在表、视图、模式、函数等数据库对象上执行存取、修改等操作的权限，不同的对象类型与不同的权限相关联，比如数据库的连接权限，表的检索、更新、插入等权限，函数的执行权限等。

1. openGauss 的系统权限

系统权限又称为用户属性，具有特定属性的用户拥有指定属性所对应的权限，参见表 7.1。系统权限不能通过角色（ROLE）来继承。在创建用户或角色时可通过 CREATE 语句指定用户的属性；或者通过 ALTER 语句，为已有的用户 / 角色添加用户属性或取消用户属性。

表 7.1 openGauss 数据库的系统权限

系统权限	权限范围
SYSADMIN	允许用户创建数据库，创建表空间 允许用户创建用户 / 角色 允许用户查看、删除审计日志 允许用户查看其他用户的数据
MONADMIN	允许用户对系统模式 dbe_perf 及该模式下的监控视图或函数进行查看和权限管理
OPRADMIN	允许用户使用 Roach 工具执行数据库备份和恢复
POLADMIN	允许用户创建资源标签、创建动态数据脱敏策略和统一审计策略
AUDITADMIN	允许用户查看、删除审计日志
CREATEDB	允许用户创建数据库
USEFT	允许用户创建外表
CREATEROLE	允许用户创建用户 / 角色
INHERIT	允许用户继承所在组的角色的权限
LOGIN	允许用户登录数据库
REPLICATION	允许用户执行流复制相关操作

openGauss 用 CREATE/ALTER ROLE/USER 语句实现系统权限的授予和回收，示例如下。

例 7.3.3-1：创建角色 sub_manage，同时授予其创建数据库的权限。

```
=# create  role  sub_manage with  createdb ;
```

例 7.3.3-2：授予角色 sub_manage 监控管理员的权限，同时取消其创建数据库的权限。

```
=#  alter  role  sub_manage  with  monadmin  nocreatedb;
```

例 7.3.3-3：查看系统表 pg_authid 或系统视图 pg_roles 获取角色 sub_manage 的相关信息。

```
=# select  rolname , rolcreatedb , rolmonitoradmin
from  pg_authid  where  rolname = sub_manage;
rolname     |  rolcreatedb    |    rolmonitoradmin
-----------+-----------------+------------------
sub_manage |        f        |          t
(1 row)
```

2. 对象权限

对象权限有两个基本要素，首先是具体和特定的数据库对象，其次是能在此对象上进行的操作。对象的创建者默认拥有该对象上的所有操作权限，称为“所有者”权限。对象权限可以通过角色（ROLE）继承，这样方便用户将这些单个的权限打包成一个角色进行权限管理。openGauss 的数据库对象及其支持的对象权限如表 7.2 所示：

表 7.2　openGauss 对象权限

对象	权限	权限说明
TABLESPACE	CREATE	允许用户在指定的表空间中创建表
	ALTER	允许用户对指定的表空间执行 ALTER 语句修改属性
	DROP	允许用户删除指定的表空间
	COMMENT	允许用户对指定的表空间定义或修改注释
DATABASE	CONNECT	允许用户连接到指定的数据库
	TEMP	允许用户在指定的数据库中创建临时表
	CREATE	允许用户在指定的数据库里创建模式
	ALTER	允许用户对指定的数据库执行 ALTER 语句修改属性
	DROP	允许用户删除指定的数据库
	COMMENT	允许用户对指定的数据库定义或修改注释
SCHEMA	CREATE	允许用户在指定的模式中创建新的对象
	USAGE	允许用户访问包含在指定模式内的对象
	ALTER	允许用户对指定的模式执行 ALTER 语句修改属性
	DROP	允许用户删除指定的模式
	COMMENT	允许用户对指定的模式定义或修改注释

续表

对象	权限	权限说明
FUNCTION	EXECUTE	允许用户使用指定的函数
	ALTER	允许用户对指定的函数执行 ALTER 语句修改属性
	DROP	允许用户删除指定的函数
	COMMENT	允许用户对指定的函数定义或修改注释
TABLE	INSERT	允许用户对指定的表执行 INSERT 语句插入数据
	DELETE	允许用户对指定的表执行 DELETE 语句删除表中数据
	UPDATE	允许用户对指定的表执行 UPDATE 语句
	SELECT	允许用户对指定的表执行 SELECT 语句
	TRUNCATE	允许用户执行 TRUNCATE 语句删除指定表中的所有记录
	REFERENCES	允许用户对指定的表创建一个外键约束
	TRIGGER	允许用户在指定的表上创建触发器
	ALTER	允许用户对指定的表执行 ALTER 语句修改属性
	DROP	允许用户删除指定的表
	COMMENT	允许用户对指定的表定义或修改注释
	INDEX	允许用户在指定表上创建索引，并管理指定表上的索引
	VACUUM	允许用户对指定的表执行 ANALYZE 和 VACUUM 操作

openGauss 用 SQL 语句 GRANT/REVOKE，实现对象权限的授予和回收。

例 7.3.3-4：将对表 tbl 进行 select 的权限以及此权限的再赋权的权限授予用户 user1。

```
=# grant select on table tbl to user1 with grant option ;
```

赋权后，用户 user1 有权对 tbl 执行 select 操作，且 user1 有权将 select 权限再赋予其他用户。

例 7.3.3-5：将对表 tbl 进行 alter 和 drop 的权限赋给用户 user1。

```
=# grant alter,drop on table tbl to user1 ;
```

赋权后，用户 user1 有权对 tbl 进行修改（ALTER）和删除（DROP）操作，但不能再把此权限授予其他用户。

例 7.3.3-6：撤销用户 user1 对表 tbl 进行 select 的权限。

```
=#  revoke  select  on  table  tbl  from  user1 ;
```

撤销后，用户 user1 对 tbl 进行 select 操作会报错：

```
ERROR: permission denied for relation tbl.
```

3. 列级访问控制

列级访问控制其实是一种特殊的对象访问控制权限，用于在一些业务场景中：数据表的某些列需要对一些用户不可见，但其他列的数据又需要用户能够查看或操作，此时就需要针对数据表的特定列作访问控制。

openGauss 使用 GRANT/REVOKE 语句，实现针对列对象的权限授予和回收。

例 7.3.3-7：将对表 tbl 的第一列 (fir) 进行 select 的权限和对表 tbl 的第二列 (sec) 进行 update 的权限授予用户 user1。

```
=#  grant  select(fir),update(sec)  on  table  tbl  to
user1 ;
```

赋权后，用户 user1 有权对 tbl 的第一列执行 select 操作并对第二列执行 update 操作。

例 7.3.3-8：撤销用户 user1 对表 tbl 的第一列 fir 进行 select 的权限。

```
=#  revoke  select(fir)  on  table  tbl  from  user1 ;
```

撤销后，用户 user1 不再具有查看表 tbl 的第一列 fir 数据的权限。

4. 行级访问控制

行级访问控制也是一种特殊的对象访问控制权限，同一张数据表，只允许用户查看满足特定条件的行数据，此时就需要将访问控制精确到数据表的行级别，使得不同用户执行相同的 SQL 查询、更新或删除操作时，读取到的结果是不同的。

用户要先在数据表上创建行级访问控制 (row level security) 策略，该策略包含针对特定数据库用户、特定 SQL 操作生效的表达式，然后打开该表的行级访问控制开关。这样，当数据库用户访问数据表时，满足策略条件的行对用户可见，不满足条件的行对用户不可见，从而实现针对用户的行级别的访问控制。

openGauss 用语句 CREATE/ALTER/DROP ROW LEVEL SECURITY 进行行级访问权限策略的创建 / 修改 / 删除操作。

例 7.3.3-9：在 HIS 系统中，各个科室的住院患者，只能对主治的医生可见。

步骤 1. 查看住院患者表 inpat_info 记录的住院患者的个人信息：

```
=#  select  pat_name,doctor,dept_name  from  inpat_
info ;
```

返回结果如下：

```
pat_name | doctor | dept_name
---------+--------+----------
peter    | mary   |  wk_1
bob      | mary   |  wk_1
julie    | tom    |  nk_1
(3 rows)
```

步骤 2. 创建行级访问控制策略，使得医生只能查看属于自己的患者的信息。

```
=#  create row level security policy  rls_selec  on
inpat_info for select using (doctor = current_user);
```

☻ 解释：行级访问控制策略作为 openGauss 的一个数据库对象，需要赋予一个名字。

步骤 3. 打开信息表 inpat_info 上的行级访问控制开关。

```
=#  alter table inpat_info enable row level security ;
```

步骤 4. 将信息表 inpat_info 的查看权限赋予所有人。

```
#  grant  select  on  table  inpat_info  to  public ;
```

步骤 5. 不同的医生登录进入系统，相同的语句返回不同的结果。

（1）mary 医生登录，执行语句

```
hisdb=>select  pat_name,doctor,dept_name  from
inpat_info ;
```

返回结果如下：

```
pat_name | doctor | dept_name
---------+--------+----------
peter    | mary   |  wk_1
bob      | mary   |  wk_1
(2 rows)
```

（2）tom 医生登录，执行语句

```
hisdb=>select  pat_name,doctor,dept_name  from
inpat_info ;
```

返回结果如下：

```
pat_name | doctor | dept_name
---------+--------+----------
julie    | tom    |  nk_1
(1 rows)
```

☻ 解释：本范例仅示范 openGauss 的行级访问控制功能，但在实际的医院管理系统中，一般不采用这种方法来筛选医生和患者，因为现实的医疗活动中，存在会诊、转科等医疗活动，患者不能仅对收治医生和本科室医生可见。因此，对患者的筛选。最好采用医生 ID、科室 ID、医疗活动类型等综合筛选的方法，但需要在业务的灵活性与使用数据库提供的功能之间取得平衡。

7.4　openGauss 的安全审计

数据库审计是确保数据库安全的重要措施，它通过记录、分析和汇报用户在数据库上的活动，帮助数据库管理者进行事故追根溯源，定位事件原因，提供审计报告等。数据库审计也是网络安全等级保护在内控与审计方面的重要指标、关键要求和主要测评依据。

在网络安全等级保护中，安全审计的测评指标主要包含：

（1）应启用安全审计功能，审计覆盖到每个用户，对重要的用户行为和重要安全事件进行审计；

（2）审计记录应包括事件的日期和时间、用户、事件类型、事件是否成功及其他与审计相关的信息；

（3）应对审计记录进行保护，定期备份，避免受到未预期的删除、修改或覆盖等；

（4）应对审计进程进行保护，防止未经授权的中断。

数据库审计主要包括审计日志的创建和管理，以及数据库的各类管理活动和业务活动的审计追溯。审计日志管理包括创建新的审计日志、审计日志轮转、审计日志清理等。具体内容是：

（1）如何打开 openGauss 的审计，支持哪几种审计方法；

（2）哪几种数据库操作行为需要写入日志记录以供后期审计；

（3）记录的事件以何种形式展现和存储。

7.4.1　建立审计

建立审计即设置 openGauss 的审计总开关，让其记录用户在数据库中的操作，这些操作在审计中称为事件。

1. 检查和设置审计总开关 audit_enabled

例 7.4.1-1：检查审计总开关状态。

```
hisdb=# SHOW  audit_enabled;
```

默认值为 on（审计打开）。

例 7.4.1-2：改变审计总开关状态。

```
]# gs_guc reload  --N all -I all -c "audit_enabled = 
on | off"
```

本开关不支持动态加载，如果改变其状态，需要重启数据库。

2. 设置各个审计项

打开了审计总开关后，还需要开启相应的访问操作（被称为审计项）的开关，只有这样，对应的审计功能项才能被记录。审计项开关支持动态加载，在数据库运行期间修改审计开关的值时，不需要重启数据库即可生效。审计项主要包括：

audit_login_logout：用户登录、注销审计。

audit_database_process：数据库启动、停止、恢复和切换审计。

audit_user_locked：用户锁定和解锁审计。

audit_user_violation：用户访问越权审计。

audit_grant_revoke：授权和回收权限审计。

audit_system_object：数据库对象的 CREATE、ALTER 和 DROP 操作审计。

audit_dml_state：具体表的 INSERT、UPDATE 和 DELETE 操作审计。

audit_dml_state_select：SELECT 查询操作审计。

audit_copy_exec：复制行为审计。

audit_function_exec：审计执行 FUNCTION 操作。

audit_set_parameter：审计设置参数的行为。

当审计总开关及各审计项开关打开后，当数据库执行相关的操作时，内核独立的审计线程就会记录下相关的操作，形成审计日志。

3. openGauss 审计内容的存储

默认存储位置为 /var/log/opengauss/perfadm/pg_audit，也可以由用户指定存储位置。

openGauss 还有一些参数可用来控制：审计日志的保存策略，允许占用的磁盘空间总量，保留审计日志的最短时间，可存储的审计文件个数。更多详细信息，请参考 openGauss 的官方文档。

7.4.2 查询审计结果

openGauss 将审计所产生的文件以特定的格式（默认为二进制格式文件）存放在审计文件夹中，并按照产生的先后顺序进行标记管理。拥有 auditadmin（审计管理员）权限的用户才可以查看审计记录。查询审计记录时，通过执行函数 pg_query_audit( ) 即可，具体的语法如下：

```
select * from pg_query_audit(timestamp valid_start_
time, timestamp valid_end_time, audit_log);
```

其中，valid_start_time 和 valid_end_time 定义了审计管理员将要审计的有效开始时间和有效结束时间；audit_log 表示审计日志信息所在的归档路径，当不指定该参数时，默认链接当前实例的审计日志文件。

例 7.4.2–1：查询审计记录。

```
hisdb=# select time, type, result, username, object_name from pg_query_audit ('2020-07
-10 08:00:00', ' 2022-07-11:00:00');
          time          |      type       | result | username  |    object_name
------------------------+-----------------+--------+-----------+--------------------
 2022-05-26 02:17:35+08 | internal_event  | ok     | [unknown] | file
 2022-05-26 02:17:35+08 | system_start    | ok     | null      | null
 2022-05-26 02:17:36+08 | login_success   | ok     | omm       | postgres
 2022-05-26 02:17:36+08 | user_logout     | ok     | omm       | postgres
 2022-05-26 02:17:52+08 | login_success   | ok     | omm       | postgres
 2022-05-26 02:17:52+08 | set_parameter   | ok     | omm       | connection_info
 2022-05-26 02:18:35+08 | login_success   | ok     | omm       | postgres
 2022-05-26 02:18:35+08 | set_parameter   | ok     | omm       | connection_info
```

图 7.9　数据库审计记录查询

由图 7.9 可以看到，审计日志中包含了众多的信息，如时间、地点、行为分类等共 13 个字段：time、type、result、userid、username、database、client_conninfo、object_name、detail_info、node_name、thread_id、local_port、remote_port。既可以在 pg_query_audit( ) 函数中输入过滤条件；也可以像使用 select 语句筛选列一样，显示感兴趣的内容；还可以用 select * from pg_query_audit( ) 列出所有的审计内容。

7.4.3　三权分立

众所周知，openGauss 数据库的初始用户具有最高权限。这意味着该用户可以执行任何系统管理操作和数据管理操作，甚至可以修改数据库对象。现代信息安全管理机制认为，没有限制和监管的权限是不可接受的，因为拥有超级用户权限的管理人员可以在无人知晓的情况下改变数据，这带来的后果是不能接受的。

为了提升安全性，openGauss 做出了限制：不允许初始用户远程登录，只可以本地登录。在管理层面，严格监控拥有初始用户权限的员工在本地的操作，这可以在一定程度上有效避免诸如修改表中数据等监守自盗行为的发生。然而，如果将大部分的系统管理权限都交给某一个用户来执行，实际上也是不合适的，因为这等同于超级用户。

为了解决权限高度集中的问题，openGauss 引入了三权分立的安全模型，如图 7.10 所示。三权分立角色模型将权限分解给三个不同的角色，分别为安全管理员、系统管理员和审计管理员。其中，安全管理员用于创建数据管理用户，系统管理员对创建的用户进行赋权，审计管理员则审计安全管理员、系统管理员、普通用户实际的操作行为。

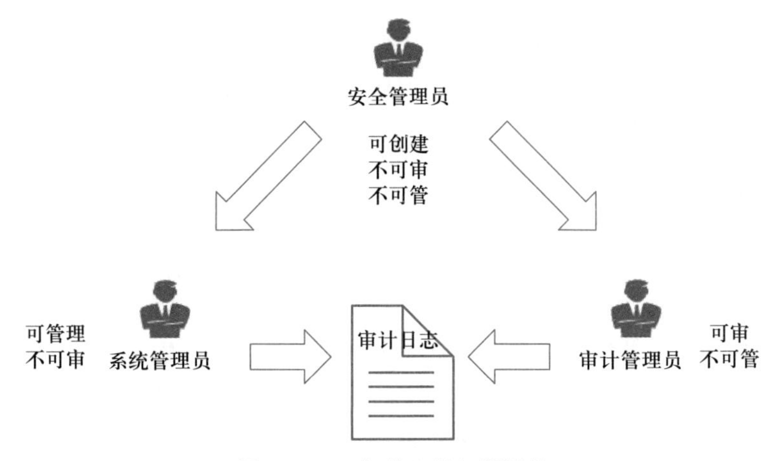

图 7.10　三权分立的权限结构

三权分立后，系统管理员的 SYSADMIN 的权限范围缩小，将不再具有创建用户 / 角色的权限，即 CREATEROLE 属性已分派给安全管理员；也不再拥有查看和维护数据库审计日志的权限，即 AUDITADMIN 属性已分派给审计管理员。于是，SYSADMIN，CREATEROLE，AUDITADMIN 三种系统权限的权限范围互相隔离，互不影响；而且一个用户仅能被赋予其中一个属性，从而避免一个管理员因为拥有过度集中的权利而带来的高风险。请参见表 7.3。

表 7.3　三权分立后的权限范围

系统权限	权限范围
SYSADMIN	允许用户创建数据库，创建表空间
CREATEROLE	允许用户创建用户 / 角色
AUDITADMIN	允许用户查看、删除审计日志

三权分立改进了系统权限管理机制，但是却加重了管理负担，即，需要安排 3 个不同的自然人，分别承担 3 个管理员角色；从另一侧面，也说明了安全不仅仅依赖于技术，也需要管理的支持。

例 7.4.3-1：检查数据库的三权分立状态，如图 7.11 所示。

```
hisdb = #  select name,setting,unit,context from pg_settings where name = 'enableSeparationOfDuty';
```

```
hisdb=# select name,setting, unit, context from pg_settings
 where name = 'enableSeparationOfDuty';
          name          | setting | unit |  context
------------------------+---------+------+------------
 enableSeparationOfDuty | on      |      | postmaster
(1 row)
```

图 7.11　查看三权分立状态

例 7.4.3-2：设置数据库为三权分立状态。

```
]# gs_guc reload  -N all -I all -c "enableSeparationOfDuty=on"
```

7.5 数据安全

根据网络安全等级保护的标准规范，数据安全主要保证数据的完整性和数据的保密性。

数据的完整性是指数据在传输和存储过程中不会被篡改：

（1）应采用校验技术或密码技术以保证重要数据在传输过程中的完整性，包括但不限于鉴别数据、重要业务数据、重要审计数据、重要配置数据、重要视频数据和重要个人信息等；

（2）应采用校验技术或密码技术以保证重要数据在存储过程中的完整性，包括但不限于鉴别数据、重要业务数据、重要审计数据、重要配置数据、重要视频数据和重要个人信息等。

数据的保密性是指数据在传输和存储过程中不会被无权限的用户获取：

（1）应采用密码技术以保证重要数据在传输过程中的保密性，包括但不限于鉴别数据、重要业务数据和重要个人信息等；

（2）应采用密码技术以保证重要数据在存储过程中的保密性，包括但不限于鉴别数据、重要业务数据和重要个人信息等。

数据库最重要的作用是存储数据。数据是整个数据库系统中最关键的资产。因此，保护数据库系统不受侵害，其一是要防止数据在传输过程中被截取和恶意篡改，这是数据的完整性要求；其二是要防止数据在存储过程中被破坏，或者是要在受到破坏时能很快恢复，这是数据的备份要求；其三是要防止数据泄露，这是数据的保密性要求。

7.5.1 数据完整性

数据完整性是指要确保数据在传输过程中既不会被非授权用户获取，也不会被非法篡改。为此，需要在客户端与服务器端之间的网络连接中创建一个安全通道。

1. 配置安全的访问通道

在配置文件 pg_hba.conf 中，按照如下规范加入远程连接许可，即新增远程访问的 IP 地址（集）以及用户名，并指定加密方式：

“连接类型 数据库 用户名称 IP 地址 / 子网 加密方式”

参考前面图 7.4 中的配置“host all all 0.0.0.0/0 sha256”，其含义是允许所有远程主机（任何地址）上的任何用户，以 sha256 的加密连接方式，访问本 openGauss 服务器。

但是上述配置未对访问来源和用户进行限制，也未限定可访问的目标，这是不符合安全规范的。为了满足三级网络安全等级保护的要求，需要明确指定允许远程连接的目标数据库和用户，并限定 IP 地址范围，或精确指定 IP 地址，例如，

“host hisdb user1 192.168.3.0/24 md5”，其含义是允许user1用户，在192.168.3.0 的 C 类地址中，密码采用 md5 信息摘要算法，访问 hisdb 数据库；

“host managdb user2 192.168.6.129/32 md5”，其含义是允许 user2 用户，仅在 192.168.6.129 这个精确限定的地址上，密码采用 md5 信息摘要算法，访问 managdb 数据库。

2. 强制要求传输通道为加密认证的 SSL 隧道

远程连接的访问链路，需在 postgresql.conf 中配置安全认证通道。请参考前面图 7.5 中的配置。若配置为“ssl = off”，则允许非加密的链路访问，但是在生产环境中，应配置为“ssl = on”。

3. 数据备份的安全性

为了保证数据的安全性，要在日常运维中对数据库进行可靠的备份，并定期对备份集进行安全恢复，以确保备份的手段正确、备份集可用。关于数据库备份的方法，请参考本书第 8 章或 openGauss 的相关文档。

另外，要注意可靠保存备份集，注意在线备份集和离线备份集的安全存储，并认真遵守安全管理规范。

7.5.2 数据保密性

数据的保密性是通过数据加密和解密来实现的，这同时也是防止数据隐私泄露最为常见也最为有效的手段之一。数据在经过加密后以密文形式存放在数据库中，当所使用的加密算法足够安全时，攻击者在有限的计算资源下将很难根据密文获取明文信息。

1. 局部加密

openGauss 在内核中定义了数据加密和解密的函数，并对外提供了数据加密和解密的接口，函数接口格式定义为：

```
gs_encrypt_aes128(text, initial_value);
```

其中，text 为需要加密的明文数据；initial_value 为加密密钥，它至少 8 位，且包含字母数字及特殊字符。该函数可在 SQL 语句中灵活调用。例如，通过使用 INSERT 语句插入数据或者查询数据时，均可调用该函数对数据进行加密处理，具体示例如下：

```
SELECT * FROM gs_encrypt_aes128(tbl.col, ‘A1b2c3d!’);
```

通过该查询，用户可以直接返回表 tbl 中 col 列的密文信息。

与加密函数相对应的是解密函数，其接口格式定义为：

```
gs_decrypt_aes128(cypertext, initial_value);
```

其中，cypertext 为加密之后的密文，initial_value 必须与加密时所采用的值相同，否则即便使用该函数也无法得到正确明文。

除了基本的数据加密和解密接口外，openGauss 还在多个特性功能里提供了数据加密和解密功能。其中第一个提供加密和解密功能的特性是数据导入导出，第二个提供加密和解密功能的特性是数据库备份恢复。

2. 密态数据库

密态数据库的目的是解决数据全生命周期的隐私保护问题，实现敏感数据在传输、运算以及存储的各个环节始终都处于密文状态。当数据拥有者在客户端完成数据加密并发送给服务端后，即使攻击者借助系统脆弱点窃取到用户数据，由于数据是加密的，攻击者也无法获得有效的价值信息，从而起到保护数据隐私的作用。

由于密态数据库应用是在客户端进行敏感数据加密，需要在客户端进行大量的操作，包括管理数据密钥，加密敏感数据，解析并修改实际执行的 SQL 语句，并且识别返回到客户端的加密的数据信息。openGauss 将这一系列的复杂操作，自动化地封装在前端解析中，对 SQL 查询中的敏感信息进行加密替换，使得发送至数据库服务端的查询任务不会泄露用户查询意图。openGauss 通过提供相关工具以减少密态数据库应用开发中客户端的复杂安全管理及操作难度，并运用全密态数据库等值查询技术，以实现敏感用户应用开发无感知。

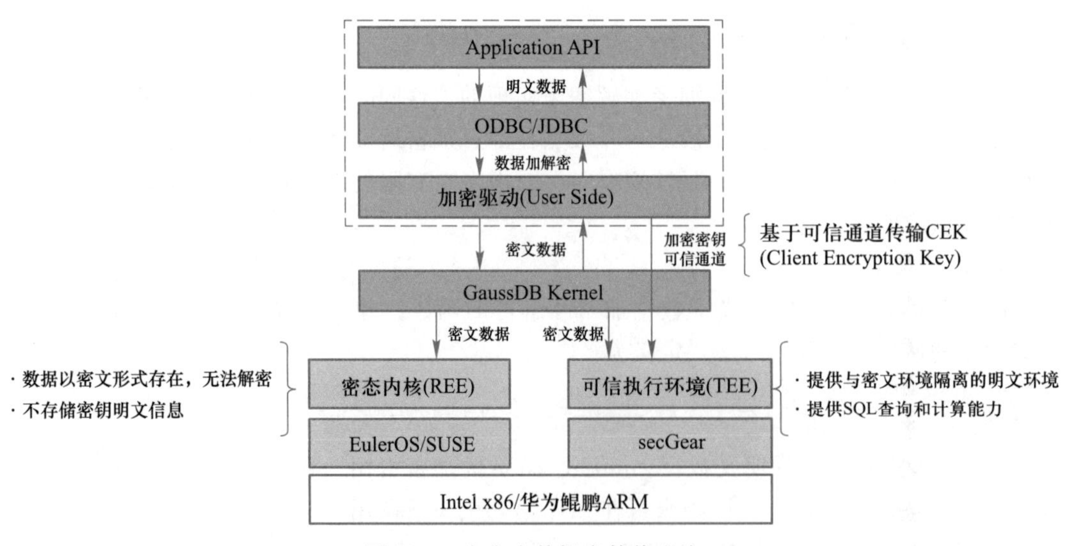

图 7.12　全密态数据库等值查询

图 7.12 展示了全密态数据库等值查询的框架，可以看到 openGauss 不存储密钥明文信息，数据以密文形式存储于表中；通过提供可信通道来传输用户密钥，在可信执行环节中完成 SQL 查询及相应计算；另外返回结果也是加密的，需要使用客户密钥在客户端解密。

由于整个业务数据流在数据处理过程中都是以密文形态存在，因此通过全密态数据库可以实现：

① 保护用户数据在云上全生命周期的隐私安全，无论数据处于何种状态，攻击者都无法从数据库服务端获取有效信息。

② 帮助云服务提供商获取第三方信任，无论是企业服务场景下的业务管理员、运维管理员，还是消费者云业务下的应用开发者，这些高权限人员均无法获取数据有效信息，因为用户将密钥掌握在自己的手上。

③ 让构建在云上的数据库借助全密态能力，更好地遵守个人隐私保护方面的法律法规。

本章小结

本章从网络安全等级保护的视角，分析了数据库网络安全保护的各个方面，以及 openGauss 在这些方面进行的优化和配置，向读者传递信息系统必须满足网络安全要求的理念。坚持从数据库的选型、设计就开始强调网络安全、并贯穿至编码开始和运维，确保建设安全的应用系统。

安全访问，首先要解决身份验证问题，openGauss 支持多种身份认证方式，并使用多种加密算法来确保连接的保密性和完整性；在访问控制方面，openGauss 支持三权分立的权限管理体系，但该配置默认处于关闭状态，需要主动打开；在安全审计方面，介绍了数据库安全审计的方法，审计追溯的方法，以及审计记录的保存和保护，如何获取审计数据等；最后，本章介绍了数据库加密访问链路的配置和对数据库进行加密的方法。

思考题

1. 简述你对数据库安全的理解。
2. 网络安全等级保护标准中，共有几个保护等级？常见的等级有哪些？
3. 对数据库安全构成威胁的因素有哪些？
4. 简述 openGauss 对用户认证的措施。
5. 列出 SQL 语句中，用于安全设置和安全权限配置的语句。
6. 什么是三权分立？对安全的提升有哪些举措？
7. 简述日志与审计的异同和关联。
8. 分析一个实际使用的数据库，描述其在安全方面的亮点和不足之处，并提出改进意见。

第 8 章　openGauss 备份与恢复

本章要点：

备份与恢复是数据库系统在运维过程中非常重要的工作，本章将介绍 openGauss 的两种备份方式：逻辑备份和物理备份；阐明逻辑备份的两个工具，以及根据逻辑备份集来恢复数据库的方法；梳理物理备份的三个工具和方法，以及每一个物理备份工具的备份结果和恢复方法。

本章导图：

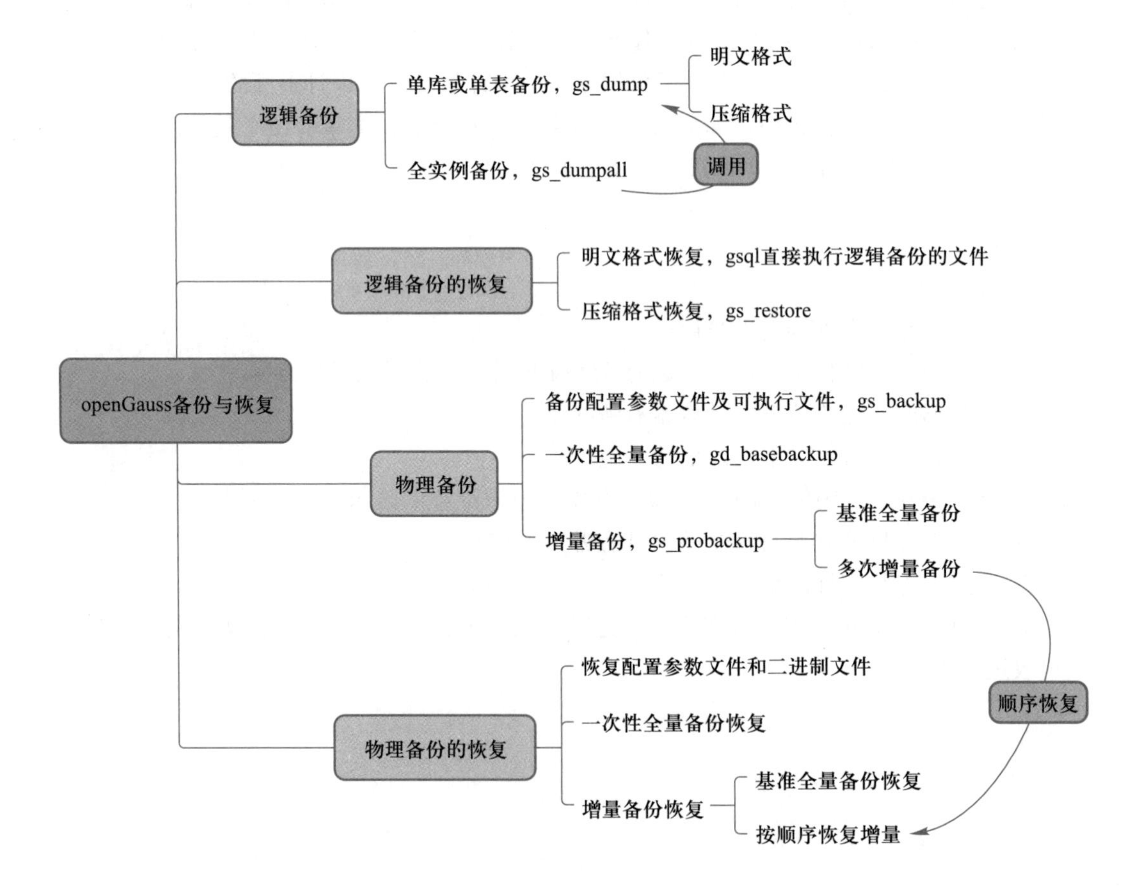

在网络安全领域中，数据备份与恢复能力是评估一个系统安全等级的重要标准之一。由此可见，数据备份与恢复是保护数据安全的重要手段。为了达成这个目标，openGauss 数据库提供了三种备份与恢复机制，以及多种备份与恢复方法，以满足不同安全等级的需求。

openGauss 支持逻辑备份与恢复、物理备份与恢复，以及闪回恢复三种备份与恢复机制。每一种备份与恢复机制都配备了一组对应的工具，熟练掌握这些工具的使用方法、工作逻辑和适用场景，是进行数据库运维及保护的重要手段。

在数据库运维中，数据库的备份与恢复工作属于重要且富有挑战性的任务。备份工作在某些情况下看似无用，但关键时刻却能起到重要作用。同样，恢复过程也充满挑战，需要确保备份集能够正确得到恢复，否则，备份工作将变得毫无意义。当系统发生故障时，备份能否成功恢复到指定时间点，是一个重要的运维评价指标。

尽管某些数据库提供了备份与恢复功能的图形化界面，但笔者强烈建议开发者和数据库管理员（DBA）更多地了解基于命令行的备份技能，包括在多种场景下的备份技巧，以及对恢复参数的理解。备份与恢复虽然是一项枯燥的工作，但对于数据库系统的安全和持续运行却极为重要，同时也考验着相关人员的专业技能和知识储备，精进专业技能和知识储备能够增强在备份与恢复工作中的能力。

8.1 逻辑备份

逻辑备份是指：使用 openGauss 提供的逻辑备份工具，将数据库内用户表的数据以结构化的格式写入外部存储介质，这里的外部是相对于由 openGauss 数据库控制的表空间或文件系统而言的。这种备份方法通过“逻辑导出”，实现对数据进行备份。在所获得的备份文件中，包含了原数据库的用户模式、表结构、约束等逻辑结构，数据库中的数据以 SQL 语句的形式存放在备份文件中，因此称为逻辑备份，有时也称为 SQL 转储。逻辑备份具有较高的灵活性，能够支持库级、模式级和表级备份，但逻辑备份仅读取了某个时间点的数据库快照所对应的数据，因此很难实现增量备份，且在恢复时无法将数据库恢复到指定的时间点。

逻辑备份仅基于备份时刻进行数据转储，所以恢复时也只能还原到备份时的数据状态。逻辑备份的前提是 openGauss 数据库系统能够正常运行，主要用于导出和保存用户的数据，并进行定点恢复。因此，逻辑备份既可以针对特定的表和用户进行备份与恢复；也可用于全库备份与恢复，但需要预先建立目标数据库的表空间等存储结构，然后才能导入备份数据。由于这个过程是通过“逻辑地”执行建库语句，批量复制表数据，甚至是执行 insert 语句以实现恢复，因此恢复时间较长，恢复效率较低，在高可用性场合一般不会采用；

然而，由于逻辑备份的平台无关性特点，通常会作为数据迁移和移动的主要手段。

8.1.1　用 gs_dump 进行逻辑备份

gs_dump 是 openGauss 数据库提供的数据导出工具，既可以全库导出，也可以只导出指定的数据对象的定义、模式及数据，还可以指定不导出的数据对象；执行导出时需要登录进入目标数据库，因此需要提供用户名和密码；可以指定导出的文件类型及压缩格式和压缩比。

gs_dump 工具在进行数据导出时，其他用户可以正常访问 openGauss 数据库（读或写）。

安装部署 openGauss 时将默认安装 gs_dump，并且会为 openGauss 的安装用户（一般是 omm）配置好运行环境，omm 可以直接使用 gs_dump 工具。

1. 查看 gs_dump 的版本信息

例 8.1.1-1：由安装 openGauss 的操作系统用户（默认是 omm）执行 gs_dump 工具，查看其版本信息，如图 8.1 所示：

```
[omm@node1 ~]$ gs_dump -V
gs_dump (openGauss 3.0.0 build 02c14696) compiled at 2022-04-01 18:12:19 commit 0 last mr
[omm@node1 ~]$
```

图 8.1　查看 gs_dump 版本

2. 用 gs_dump 按指定的格式导出期望的数据

例 8.1.1-2：全库导出 hisdb 的数据，并指定导出格式、导出文件名及保存路径。

```
[omm@node1 ~]$ gs_dump -p 15400 hisdb  -F p -f  /
home/backup.sql
```

执行结果如图 8.2 所示：

```
gs_dump[port='15400'][hisdb][2023-02-14 06:51:12]: The total objects number is 426.
gs_dump[port='15400'][hisdb][2023-02-14 06:51:12]: [100.00%] 426 objects have been dumped.
gs_dump[port='15400'][hisdb][2023-02-14 06:51:12]: dump database hisdb successfully
gs_dump[port='15400'][hisdb][2023-02-14 06:51:12]: total time: 5412  ms
```

图 8.2　用 gs_dump 进行全库导出

☻ 解释：gs_dump 需要使用 -p 参数提供 openGauss 的登录端口，由此可知，用 gs_dump 进行逻辑备份时需要登录 openGauss。

例 8.1.1-3：在执行 gs_dump 工具时，指定用户名和密码。

```
[omm@node1 ~]$ gs_dump  -p 15400  -U  test  -W
kunpeng@1234  hisdb  -F  p  -f  /home/omm/backuptest/
backup.sql
```

执行结果同例 8.1.1-2。

例 8.1.1-4：执行 gs_dump 工具时指定用户名，为安全起见不在命令行中提供密码，而是在工具执行时输入，届时输入的密码不会回显。

```
[omm@node1 ~]$ gs_dump  -p 15400  -U  test  hisdb  -F
p  -f  /home/omm/backuptest/backup.sql
```

结果如图 8.3 所示，gs_dump 要求输入相应账户的密码：

```
[omm@node1 ~]$ gs_dump -U test hisdb -F p -f /home/omm/backuptest/backup.sql -p 15400
Password:
```

图 8.3　在 gs_dump 执行时输入密码

例 8.1.1-5：用 gs_dump 工具导出指定的表，每个需要导出的表以 -t 引导，格式为“模式名 . 表名”。

```
[omm@node1 ~]$ gs_dump  -p 15400  hisdb  -F  p  -f  /
home/omm/backuptest/bkp_t2.sql  -t  schema1.table1  -t
schema2.table2
```

例 8.1.1-6：执行 gs_dump 工具时，指定不需要导出的表（可排除指定的表），每个需要排除的表以 -T 引导。

```
[omm@node1 ~]$ gs_dump  -p 15400  hisdb  -F  p  -f  /
home/omm/backuptest/bkp_not2.sql  -T  table1  -T
table2
```

例 8.1.1-7：用 gs_dump 工具导出指定的表，并将导出的文件按指定的压缩比（本例为 3）进行压缩。

```
[omm@node1 ~]$ gs_dump  -p 15400  hisdb  -F  c  -Z  3
-f  /home/omm/backuptest/bkp_comprise.comp  -T  person
```

☻ 解释 1：-Z 参数后的值的可取范围是 0 ~ 9，表示压缩率。0 表示无压缩；1 表示压缩比最小，处理速度最快；9 表示压缩比最大，处理速度最慢。

☻ 解释 2：用“-F c -Z 压缩率”参数导出的文件为 gs_dump 工具的特有格式，只能使用 gs_restore 进行恢复。

例 8.1.1-8：执行 gs_dump 工具时，t 参数可用来指定以 tar 压缩格式输出备份文件，如图 8.4 所示。

```
[omm@node1 ~]$ gs_dump  -p 15400  hisdb  -F  t  -f  /
home/omm/backuptest/MP_bkp.tar
```

```
[omm@node1 ~]$ gs_dump  -p 15400  hisdb  -F  t  -f  /home/omm/backuptest/MP_bkp.tar
gs_dump[port='15400'][hisdb][2024-01-22 00:31:54]: The total objects number is 497.
gs_dump[port='15400'][hisdb][2024-01-22 00:31:55]: [100.00%] 497 objects have been dumped.
gs_dump[port='15400'][hisdb][2024-01-22 00:31:55]: dump database hisdb successfully
gs_dump[port='15400'][hisdb][2024-01-22 00:31:55]: total time: 5943  ms
```

图 8.4　在 gs_dump 导出数据时指定压缩格式

例 8.1.1-9：使用 gs_dump 导出逻辑备份时，对输出的纯文本文件进行加密。

```
[omm@node1 ~]$ gs_dump -p 15400 hisdb -F p --with-encryption=AES128 --with-key=123456789ABcdef  -f /home/omm/backuptest/bkp_encry.sql
```

☻ 解释：AES128 密码要求有 8 ~ 16 位字符，至少要包含数字、大写字母、小写字母、特殊字符（指的是像 +、-、*、?、@ 等可在键盘上直接输入的字符）4 种字符中的 3 种字符。

3. gs_dump 导出工具的特点

① gs_dump 工具只能导出其登录后开始导出那个时刻的数据；

② 执行 gs_dump 时若不指定压缩格式，则输出为纯文本格式的 SQL 脚本文件，其中包含将数据库恢复为其保存时的状态所需的 SQL 语句。通过 gsql 运行该 SQL 脚本文件，即可恢复数据库。因此，只要对该 SQL 脚本文件进行适应性修改后，即可在其他主机和其他数据库产品上恢复和重建数据库，这就是逻辑导出工具经常被用于数据迁移的主要原因；

③ 归档格式文件包含将数据库恢复为其保存时的状态所需的数据，可以是 tar 格式、目录归档格式或自定义归档格式，详见表 8.1。导出结果必须与 gs_restore 配合使用来恢复数据库，gs_restore 工具在执行导入时，系统允许用户选择需要导入的内容，甚至还可以在导入之前对等待导入的内容进行排序。

表 8.1 gs_dump 用参数 -F 指定导出文件格式

<table>
<tr><th>格式名称</th><th>-F 参数值</th><th>说明</th><th>建议</th><th>对应导入工具</th></tr>
<tr><td>纯文本</td><td>p</td><td>纯文本脚本文件包含 SQL 语句和命令。由 gsql 命令行程序执行，用于重新创建数据库对象并加载表数据</td><td>小型数据库，一般推荐纯文本格式</td><td>使用 gsql 执行，可对导出的纯文本文件进行编辑</td></tr>
<tr><td>自定义归档</td><td>c</td><td>一种二进制文件。支持从导出文件中恢复所有或所选数据库对象</td><td rowspan="3">中型或大型数据库，推荐自定义归档格式</td><td rowspan="3">使用 gs_restore 可以选择要从自定义归档导出文件中导入的相应数据库对象</td></tr>
<tr><td>目录归档</td><td>d</td><td>该格式中包含一个目录，其中有两类文件，一类是目录文件，另一类是每个表和 blob 对象对应的数据文件</td></tr>
<tr><td>tar 归档</td><td>t</td><td>tar 归档文件支持从导出文件中恢复所有或所选数据库对象。本格式不支持压缩，且单独表大小应小于 8 GB</td></tr>
</table>

8.1.2 用 gs_dumpall 进行逻辑备份

gs_dumpall 是 openGauss 的另一个逻辑备份工具，可以导出 openGauss 数据库的所有数据，包括默认数据库 postgres 的数据、自定义数据库的数据以及 openGauss 所有数据库公共的全局对象。

例 8.1.2-1：执行 gs_dumpall 工具进行全库导出，在不指定用户时，默认以 omm 用户登录，不必指定连接的数据库。

```
[omm@node1 ~]$ gs_dumpall  -p 15400 -f  /home/omm/
backuptest/dmpall_1.sql
```

例 8.1.2-2：执行 gs_dumpall 工具进行全库导出，指定 -c 参数可在恢复时先清除已导出的对象；指定 -g 参数可进行全局导出。

```
[omm@node1 ~]$ gs_dumpall  -p 15400 -c -f  /home/omm/
backuptest/dmpall_2.sql
```

8.2 逻辑备份的恢复

逻辑备份的恢复主要使用两个工具：gsql 和 gs_restore。一般地，如果后缀为 .sql 的逻辑备份文件，就用 gsql 恢复；若后缀为 .tar，则用 gs_restore 进行恢复。

8.2.1 使用 gsql 进行恢复

gsql 主要用于恢复纯文本格式的 .sql 逻辑备份文件，其实就是相当于使用 gsql 的 -f 参数执行其后提供的语句文件。

例 8.2.1-1：使用 gsql 恢复例 8.1.1-2 中备份的数据。

```
[omm@node1 ~]$ gsql  -p  15400  hisdb   -f  /home/
backup.sql
```

☻ 解释：逻辑备份的恢复，需要操作者对数据库的当前数据状态有完整的认识，例如，是否需要清理原数据，是否需要保留表定义，所有的这些信息，都要根据产生该逻辑备份集时的配置进行选择。

8.2.2 使用 gs_restore 进行恢复

gs_restore 用于恢复 gs_dump 和 gs_dumpall 产生的非 SQL 逻辑备份文件，gs_restore 默认以追加的方式进行数据导入。为了避免造成数据异常，在进行导入时建议使用“-c”参数，以便在重新创建数据库对象前，清理（删除）已存在于将要还原的数据库中的数据库对象。

命令格式：

```
gs_restore [OPTION]… FILE
```

[OPTION] 参数有两大类。

1. 通用参数

-d：-dbname=NAME：连接数据库并直接导入该数据库。

-p：数据库端口。

-V：-version：打印 gs_restore 版本，然后退出。

-? 及 -help：显示 gs_restore 命令行参数帮助，然后退出。

2. 导入参数

-a, -data-only：只导入数据，不导入模式（数据定义）。gs_restore 的导入是以追加方式进行的。

-c, -clean：在重新创建数据库对象前，清理（删除）已存在于将要还原的数据库中的数据库对象。

-C, -create：导入数据库之前先创建数据库。（选择该选项后，-d 指定的数据库将被用作发布首个 CREATE DATABASE 命令。所有数据将被导入创建的数据库）。

-I, -index=NAME：只导入已列举的索引的定义。允许导入多个索引。

-n, -schema=NAME：只导入已列举的模式中的对象，本选项可与 -t 选项一起使用以导入某个指定的表，多次输入 -n _schemaname_ 可以导入多个模式。

-t, -table=NAME：只导入已列举的表定义、数据或定义和数据。本选项与 -n 选项同时使用时，用来指定某个模式下的表对象。不输入 -n 参数时，默认为 PUBLIC 模式，多次输入 -n -t 可以导入指定模式下的多个表。

例 8.2.2-1：查看 gs_restore 的帮助。

```
[omm@node1 ~]$ gs_restore  --help
```

例 8.2.2-2：从备份文件中恢复指定的索引，名称分别为 Index1 和 Index2（区分大小写）。

```
[omm@node1  ~]$  gs_restore   -p 15400   -d hisdb   -I
Index1  -I  Index2  /home/omm/backuptest/dump1.tar
```

例 8.2.2-3：从备份文件中恢复指定的模式，名称分别为 sch1 和 sch2（区分大小写）。

```
[omm@node1  ~]$  gs_restore   -p 15400   -d hisdb   -n
sch1  -n  sch2  /home/omm/backuptest/dump1.tar
```

例 8.2.2-4：从备份文件中导入 PUBLIC 模式下的表 tabe1。

```
[omm@node1  ~]$  gs_restore   -p 15400   -d hisdb   -t
tabe1  -n  PUBLIC  /home/omm/backuptest/dump1.tar
```

例 8.2.2-5：从备份文件中导入 schm1 模式下的表 tabe1 和 schm2 模式下的表 tabe2。

```
[omm@node1 ~]$ gs_restore  -p  15400  -d  hisdb
-n schm1 -t tabe1 -n schm2 -t tabe2  /home/omm/
backuptest/dump1.tar
```

例 8.2.2-6：从备份文件中导入 PUBLIC 模式下的 table1 和 schm1 模式下 tabe1。

```
[omm@node1 ~]gs_restore  -p  15400  -d  hisdb
-n PUBLIC -t tabe1 -n schm1 -t tabe1 /home/omm/
backuptest/dump1.tar
```

8.3 物理备份

物理备份是指通过物理文件复制的方式对数据库进行备份，以磁盘块为基本单位将数据从主机复制到备机。通过备份的数据文件及归档日志等文件，可以实现数据库的完全恢复。物理备份速度快，一般用于全量备份的场景。

物理备份直接复制数据库的物理文件，因此性能比较高，相应的约束比较少，但是只能对整个库进行备份。物理备份分为全量备份和增量备份。增量备份又有两种方式，一种是结合数据库的脏页跟踪实现的增量备份；另一种是根据 redo 日志的增量实现的增量备份。其中，根据脏页进行的增量备份可以与历史上的备份合并，进而减少存储空间的占用，恢复时可以恢复到增量备份的时间点，但无法恢复到任意时间点；而对于根据 redo 日志进行的增量备份，恢复时可以恢复到指定时间点，但所有的 redo 日志都需要进行备份，因而占用的存储空间较大。

openGauss 提供了三个备份工具，gs_backup、gs_basebackup 和 gs_probackup。gs_backup 可执行二进制及参数文件的备份；gs_basebackup 只能执行全量备份；gs_probackup 既可执行全量备份，又可执行增量备份。

8.3.1 用 gs_backup 进行物理备份

安装部署 openGauss 时已默认安装 gs_backup，并且已经为 openGauss 的安装用户（一般是 omm）配置好运行环境，omm 可以直接使用。备份时需要登录目标数据库，可使用 -U 参数指定登录数据库的用户名，使用 -W 参数提供密码，如果不提供这两个参数，则 gs_backup 以 omm 身份登录 openGauss。

gs_backup 并不备份数据，主要用来备份数据库主机的配置参数文件及可执行文件，即用于备份和恢复 openGauss 的二进制程序。

1. 语法

```
gs_backup -t backup --backup-dir=BACKUPDIR [-h
HOSTNAME] [--parameter] [--binary] [--all] [-l
LOGFILE]
```

参数说明：

-t：备份 / 恢复的开关，备份时其后跟“backup”，恢复时其后跟“restore”。

--backup-dir=：在等号后指定备份文件保存的路径。

-h：指定需要备份 / 恢复的主机名称，如果不指定，则默认为 openGauss。

--parameter：可选项，指定时仅备份 / 恢复参数文件，主要是 pg_hba.conf 和 postgresql.conf 两个配置文件。

--binary：可选项，指定时仅备份 / 恢复二进制文件。

--all：可选项，选用时将同时备份 / 恢复二进制文件和参数文件。

-l LOGFILE：本参数和后面的 LOGFILE 指输出本次备份日志的文件名及全路径。

2. 示例

例 8.3.1-1：执行 gs_backup 工具以查看其版本，如图 8.5 所示。

```
[omm@node1 ~]$ gs_backup  -V
```

```
[omm@node1 ~]$ gs_backup  -V
gs_backup (openGauss OM 3.0.0 build 4d6617b7) compiled at 2022-04-01 18:24:51 commit 0 last mr
[omm@node1 ~]$ gs_backup  --version
gs_backup (openGauss OM 3.0.0 build 4d6617b7) compiled at 2022-04-01 18:24:51 commit 0 last mr
```

图 8.5 查看 gs_backup 的版本

例 8.3.1-2：执行 gs_backup 工具，备份配置文件到指定的文件夹。

```
[omm@node1 ~]$ gs_backup -t backup --parameter
--backup-dir=/home/omm/backuptest/
```

本命令正确执行后，在指定的文件夹下会得到名为 parameter.tar 的压缩文件，如图 8.6 所示：

```
[omm@node1 ~]$ gs_backup -t backup --parameter --backup-dir=/home/omm/backuptest/
Parsing configuration files.
Successfully parsed the configuration file.
Performing remote backup.
Remote backup succeeded.
Successfully backed up cluster files.
[omm@node1 ~]$ ls -l /home/omm/backuptest/
total 492348
-rw------- 1 omm dbgrp      3920 Feb 14  2023 backup.sql
-rw------- 1 omm dbgrp 503982080 Feb 18  2023 binary.tar
-rw------- 1 omm dbgrp      2513 Feb 19  2023 bkp_comprise.sql
-rw------- 1 omm dbgrp      5673 Feb 19  2023 bkp_comprise.tar.gz
-rw------- 1 omm dbgrp      8208 Feb 19  2023 bkp_encry.sql
-rw------- 1 omm dbgrp      2173 Feb 18  2023 gs_local-2023-02-18_123354.log
-rw------- 1 omm dbgrp     76288 Jan 22 00:31 MP_bkp.tar
-rw------- 1 omm dbgrp     61440 Jan 22 00:36 parameter.tar
```

图 8.6 用 gs_backup 备份配置文件

例 8.3.1-3：执行 gs_backup 工具，备份所有文件到指定的文件夹。

```
[omm@node1 ~]$ gs_backup -t backup --all --backup-dir=/home/omm/backuptest/
```

本命令正确执行后，在指定的文件夹下会得到名为 binary.tar 的压缩文件，如图 8.7 所示：

```
[omm@node1 ~]$ gs_backup -t backup --all --backup-dir=/home/omm/backuptest/
Parsing configuration files.
Successfully parsed the configuration file.
Performing remote backup.
Remote backup succeeded.
Successfully backed up cluster files.
[omm@node1 ~]$ ls -l /home/omm/backuptest/
total 492348
-rw------- 1 omm dbgrp      3920 Feb 14  2023 backup.sql
-rw------- 1 omm dbgrp 503982080 Jan 22 00:45 binary.tar
```

图 8.7 用 gs_backup 备份所有文件

8.3.2 用 gs_basebackup 进行物理备份

gs_basebackup 使用复制协议，对 openGauss 的数据库进行物理备份，通过读取 pg_hba.conf 配置文件的白名单，确定用户是否具备从客户端远程发起复制链接的权限；本工具仅支持全量备份，不支持增量备份。

gs_basebackup 由安装 openGauss 时的操作系统的用户（未指定时默认是 omm）使用，-U 参数用于指定登录数据库的用户名，使用 -W 参数提供密码，如果不提供这两个参数，则以 omm 身份登录 openGauss。

1. 先决条件

在默认的流模式（stream）下，gs_basebackup 使用复制协议复制日志文件，需要占用 2 个 walsender 线程，要确保 max_wal_senders 大于 8，本参数在 postgresql.conf 中设定，可以用 vi、sed 等文本编辑工具查看和修改，也可用下面的 SQL 命令查看：

```
hisdb =#  show  max_wal_senders;
```

下面是参考本书“7.2.2 客户端认证”一节的内容，在 pg_hba.conf 中创建一个登录名为 rep_user 的远程备份用户，赋予其复制权限，且只允许其从 IP 地址为 192.168.10.101 的客户端登录：

```
"host replication rep_user 192.168.10.101/32 sha256"
```

2. 语法

```
gs_basebackup [OPTION] …
```

参数有通用参数类、连接类和输出控制类三种，分别说明如下。

通用参数类：

-c 其值为 fast 或 spread，设置检查点模式为 fast 或者 spread，若不提供则默认为 spread；

-l 其后跟的字符串成为本次备份的标签；

-P 启用进展报告；

-V 或 --version 打印版本后退出；

-? 或 --help 显示 gs_basebackup 命令行参数。

连接参数类：

-h 指定要备份的 openGauss 服务器的主机名或 IP 地址；

-p 指定数据库服务器的端口号，必须指定该参数；

-U 指定连接数据库的用户，如不指定，则使用 omm 用户连接数据库；

-W 当使用 -U 参数连接本地数据库或者连接远端数据库时，可通过指定该选项以出现输入密码提示，如果指定 -U 而不指定 -W，则 gs_basebackup 运行后会提示输入该用户在 openGauss 上的登录密码。

输出控制类参数：

-D 其后跟备份集保存位置，必须提供该参数；

-F 其值为 p 或 t，为备份文件的保存格式，p 为平面文件，t 则压缩为 tar 格式，若不提供，则存为平面文件格式；

-T 表空间映射，若不提供，则不进行映射；

-X 设置 xlog 传输方式。有 stream 和 fetch 两种方式，没有设置该参数时，默认 -xlog-method=stream。在备份中包括所需的预写式日志文件（WAL 文件）。这包括所有在备份期间产生的预写式日志。fetch 方式在备份末尾收集预写式日志文件。为此，有必要把 wal_keep_segments 参数设置得足够高，这样在备份末尾之前日志不会被移除。如果在要传输日志时它已经被轮转，备份将失败并且不可用。stream 方式在备份被创建时流传送预写式日志。这将开启一个到服务器的第二连接，并且在运行备份时并行开始流传输预写式日志。因此，它将使用最多两个由 max_wal_senders 参数配置的连接。只要客户端能保持接收预写式日志，使用这种模式就不需要在主控机上保存额外的预写式日志；

-x -xlog 使用这个选项等效于和方法 fetch 一起使用 -X；

-z 在 -F 对输出格式为 tar 的情况下进行 gzip 压缩，使用默认的压缩级别，并且会在所有 tar 文件名后面自动加上后缀 .gz；

-Z 在进行 tar 格式的压缩时指定压缩级别（0 到 9，0 是不压缩，9 是最佳压缩）。

3. 使用示例

例 8.3.2-1：执行 gs_basebackup 工具，备份所有文件到指定的文件夹。

```
[omm@node1 ~]$ gs_basebackup  -p 15400 -D  /home/omm/
backuptest/
```

例 8.3.2-2：执行 gs_basebackup 工具，并生成压缩的备份文件，此时，不能使用 stream 模式，只能使用 fetch 模式。

```
[omm@node1 ~]$ gs_basebackup  -D  /home/omm/gs_bckup  -X  fetch  -F  t  -z  -h 192.168.0.225  -p 15400  -U rep_user
```

8.3.3 用 gs_probackup 进行物理备份

gs_probackup 是 openGauss 数据库备份和恢复的重要工具。可对 openGauss 实例进行定期备份，全量备份及增量备份，既可备份单机数据库，也可对主机或者主节点数据库备机进行物理备份。

作为一个功能强大的命令行备份工具，gs_probackup 的使用和参数也极其复杂，本节将按功能进行分类梳理和介绍，有关参数的意义及更详细的用法，请参照 openGauss 官方文档。

1. 版本查询及帮助

对于物理备份和恢复，要求备份及恢复的环境主版本号要一致，最好是二者同为相同版本，因此，应该在备份或恢复开始时检查工具的版本。

例 8.3.3-1：查看 gs_probackup 的版本及帮助语法。

```
[omm@node1 ~]$ gs_probackup  -V
```

或者：

```
[omm@node1 ~]$ gs_probackup  --version
```

或者：

```
[omm@node1 ~]$ gs_probackup  --help
```

2. 对接收备份的外部目录进行初始化

gs_probackup 会在指定的目录下创建 backups/ 和 wal/ 子目录，分别用于存放备份文件和 WAL 文件。

例 8.3.3-2：执行 gs_probackup 工具，对接收备份的外部文件夹进行初始化。

```
[omm@node1 ~]$ gs_probackup  init  -B  /home/omm/probck1/
```

3. 管理备份实例

这里的“备份实例”，可以理解为一个已命名的增量备份集，以方便按计划进行备份规划和管理。

例 8.3.3-3：执行 gs_probackup 工具，在初始化好的文件夹中，加入一个备份实例。

```
[omm@node1 ~]$ gs_probackup add-instance -B /home/omm/probck1/ -D /gauss/data/db1/ --instance pro_back_2301
```

☻ 解释 1：加入备份实例时，需要指定该数据库所在文件夹。

☻ 解释 2：加入备份实例的过程，就是进一步规格化接收备份的文件夹，在它的配置文件中记录备份参数。

管理“备份实例”，包括使用 -b 的模式开关中的 merge 和 delete 等参数来完成对备份实例的合并、删除，查看等动作，下文给出了一些实例，有关更详细的用法，请参考 openGauss 官方文档。

4. 配置变化跟踪参数

要完成增量备份，首先要打开 openGauss 数据的数据页变化跟踪参数“enable_cbm_tracking”，该参数是动态生效的。

例 8.3.3-4：使用 gs_guc 工具，打开数据页变化跟踪参数。

```
[omm@node1~]$ gs_guc reload -I ALL -N ALL -c "enable_cbm_tracking = on"
```

5. 进行备份

一个“完整”的备份实例，必定有一个全量备份作为起点，外加几个不同时间点增量备份。

例 8.3.3-5：执行一次全量备份。

```
[omm@node1 ~]$ gs_probackup backup -B /home/omm/probck1/ --instance pro_back_2301 -b full -D /gauss/data/db1/ -d hisdb -p 15400 --progress
```

☻ 解释：gs_probackup 先要使用 –d 和 –p 参数连接目标主机中的一个数据库，而真正需要进行备份的数据库实例用 -D 参数后紧跟的目录来指定。

例 8.3.3-6：执行一次全量备份，并记录相关的备份日志到指定的日志文件夹。

```
[omm@node1 ~]$ gs_probackup backup -B /home/omm/probck1/ --instance pro_back_2301 -b full -D /gauss/data/db1/ --progress
```

例 8.3.3-7：检查备份执行结果。

```
[omm@node1 ~]$ gs_probackup show -B /home/omm/probck1/
```

例 8.3.3-8：在全量备份的基础上，进行增量备份。

```
[omm@node1 ~]$ gs_probackup backup -B /home/omm/
```

```
probck1/ --instance pro_back_2301 -b PTRACK -D /
gauss/data/db1/ --progress
```

8.4 物理备份的恢复

8.4.1 gs_backup 产生的二进制文件恢复

1. 语法

```
gs_backup -t restore --backup-dir=BACKUPDIR [-h
HOSTNAME] [--parameter] [--binary] [--all] [-l
LOGFILE]
```

参数说明：

-t：备份 / 恢复的开关，备份时其后跟“backup”，恢复时其后跟“restore”。

--backup-dir=：在等号后指定备份文件保存的路径。

-h：指定需要备份 / 恢复的主机名称，如果不指定，则默认为 openGauss。

--parameter：可选项，指定时仅备份 / 恢复参数文件，主要是 pg_hba.conf 和 postgresql.conf 两个配置文件。

--binary：可选项，指定时仅备份 / 恢复二进制文件。

--all：可选项，选用时将同时备份 / 恢复二进制和参数文件。

-l LOGFILE：本参数和后面的 LOGFILE 指输出本次备份日志的文件名及全路径。

2. 示例

例 8.4.1-1：使用 gs_backup 工具，从已备份的文件中恢复配置文件。

```
[omm@node1 ~]$ gs_backup -t restore --parameter
--backup-dir=/home/omm/backuptest/
```

例 8.4.1-2：使用 gs_backup 工具，从备份文件中恢复二进制程序。

```
[omm@node1 ~]$ gs_backup -t restore --all --backup-
dir=/home/omm/backuptest/
```

8.4.2 gs_basebackup 的备份集恢复

由于 gs_basebackup 是使用复制协议，而且备份的是数据库的二进制文件，因此在恢复时可以直接复制并替换原有的文件，或者直接在备份目录启动数据库。

唯一需要注意的是，如果在备份时使用了压缩格式 .tar 进行存储，则必须使用 gs_tar 进行解压。

例 8.4.2-1：恢复在上节的例 8.3.2-2 中得到的 gs_bckup.tar 文件至数据库。

（1）将通过 gs_basebackup 得到的 tar 包，用 gs_tar 命令解压备份集至指定目录中。

```
[omm@node1 ~]$ gs_tar  -D  /gauss/data/db1  -F  gs_
bckup.tar
```

（2）进入解压得到的目录，查看表空间映射信息。

```
[omm@node1 ~]$ cd /gauss/data/db1
[omm@node1 ~]$ cat tablespace_map
16434   /gauss/data/tbs2
16386   /gauss/data/db1/pg_location/tablespace/tbs1
```

（3）根据上一步得到的表空间映射信息，创建相应的表空间目录。

```
[omm@node1 ~]$ mkdir -p /gauss/data/tbs2
[omm@node1~]$ mkdir -p /gauss/data/db1/pg_location/
tablespace/tbs1
```

（4）将数据库的备份文件压缩包，根据表空间映射信息，解压到相应的目录中，即完成数据库的恢复。

```
[omm@node1 ~]$ cd  /home/omm/gs_bckup
[omm@node1 ~]$ gs_tar  -D  /gauss/data/tbs2  -F
16434.tar
[omm@node1 ~]$ gs_tar  -D /gauss/data/db1/pg_location/
tablespace/tbs1  -F  16386.tar
```

至此，数据库恢复完成，可使用 gs_om 启动数据库。

8.4.3　gs_probackup 的备份集恢复

需要注意的是，使用 gs_probackup 恢复数据库时，要求备份客户端、被备份的服务器端、恢复的服务器端的版本号要一致。

1. 全量备份的恢复

恢复数据之前，需停止要恢复的数据库，清理干净该数据库数据目录里的数据文件及目录，可以使用“rm -fr /openGauss 数据目录”这个 Linux 的文件及文件夹删除命令进行清理。恢复前不必重建数据文件目录，全量恢复工具会自动创建目录及数据文件。

例 8.4.3-1：恢复在上节的例 8.3.3-5 中得到的全量备份集至目标数据服务器。

```
[omm@node1 ~]$ gs_probackup  restore  -B  /home/
omm/probck1/  -D  /gauss/data/db1/  --instance pro_
back_2301  -i  R41ZLQ  -j  4  --progress
```

☻ 解释：用 -i 指定需要恢复的备份集的 ID，该值可用 gs_probackup 的 show 指令查看；用 -j 指定恢复的并行度以提高并行恢复效率，但该值依赖主机配置。

2. 增量备份的恢复

只要给出需要恢复到的增量备份集 ID，gs_probackup 会自动恢复该增量备份集的全量备份及之前的所有中间增量备份。

例 8.4.3-2：恢复到在上节例 8.3.3-6 中得到的某个增量备份节点。

```
[omm@node1 ~]$ gs_probackup  restore  -B  /home/
omm/probck1/  -D  /gauss/data/db1/  --instance pro_
back_2301  -i  R41ZLQ  -j  4  --progress
```

☻ 解释：恢复增量备份与全量备份的指令用法并无不同，需要注意的是 -i 指定增量备份集的 ID，因此，在实际生产环境中，对于产生的备份结果集，要妥善记录增量备份集的 ID 及与之对应的数据更新内容或状态。

本章小结

备份与恢复是数据库管理和运维过程中十分重要的技能，本章介绍了 openGauss 数据库备份与恢复的四种方法：逻辑备份与恢复；使用 gs_backup 进行配置参数文件和可执行文件的备份与恢复；使用 gs_basebackup 进行数据库的全量备份与恢复；使用 gs_probackup 进行全量备份和增量备份与恢复。

思考题

1. 简述逻辑备份与物理备份的区别。
2. 做一个二进制文件的备份 / 恢复。
3. 做一个逻辑备份的恢复实验。
4. 做一个全量 / 增量备份的恢复实验。
5. openGauss 数据库提供了哪三种备份与恢复机制？请简要描述每种备份与恢复机制的特点和适用场景。
6. 逻辑备份是什么？它有哪些特点和限制？请简要描述使用 gs_dump 进行逻辑备份的方法。
7. 物理备份是什么？它有哪些特点和限制？请简要描述物理备份的三个工具和对应的备份方法。
8. 逻辑备份的恢复主要使用哪两个工具？简要描述逻辑备份的恢复方法。
9. 根据本章所述，备份与恢复在数据库系统的运维中具有重要性和挑战性，你对此有何理解？

第 9 章　openGauss 管理及运维

本章要点：

本章将从四个方面阐述 openGauss 数据库的运维方法。首先，探讨如何有效监测数据库的运行状态，特别是在出现运行性能下降时，如何进行资源占用情况检查和锁的状态分析，并快速定位可能导致死锁的进程和语句；其次，将深入分析统计信息的使用，以全面了解数据库的当前运行状态，并据此确定未来的运维方向和优化策略；本章还将详细介绍 openGauss 的 5 种日志类型，解释它们的用途，并为每种日志类型提供有效的检查方法；最后，本章将提供 openGauss 日常维护指导，指出在例行运维中需要完成的工作。

本章导图：

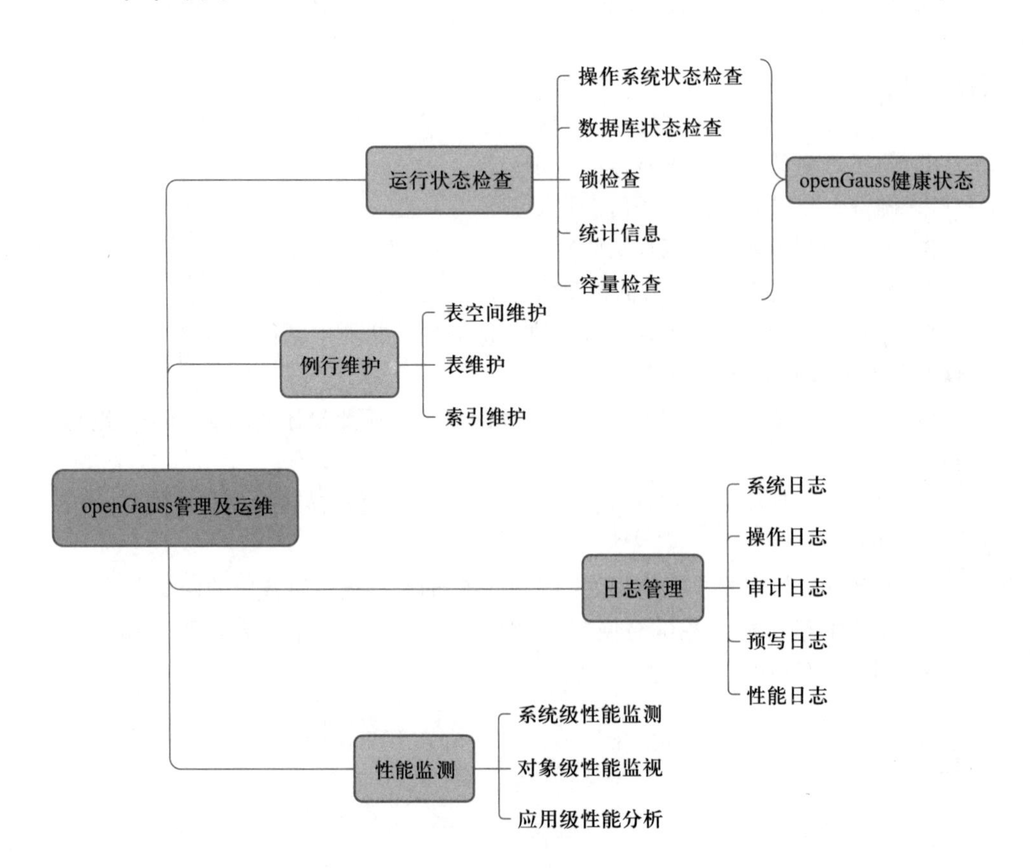

openGauss 数据库目前主要运行在 openEuler 和 CentOS 这两个 Linux 发行版本下，为了有效地进行 openGauss 的管理和运维，需要掌握 Linux 操作系统的基本操作方法和系统命令的使用方法。此外，对于 openGauss 数据库的维护管理，特别是表和索引的例行维护，我们需要熟练掌握 openGauss 数据库的基本操作和 SQL 语法的使用。

本章的目标是介绍 openGauss 的基础运维方法，并着重介绍一些管理和运维方面的基本命令。在实际的生产实践中，为了更好地监控 openGauss 的运行状态，读者可能需要深入了解更多监控技巧和详细的方法，请读者参阅相关的技术文档，以便更好地满足实际需求。

9.1 openGauss 运行状态

9.1.1 操作系统及环境检查

应用系统要运行在操作系统之上，必然会对操作系统这个运行环境提出一定的需求。作为数据库系统的 openGauss，也一样会对操作系统的配置环境有一些特定要求。目前人们主要使用原生工具 gs_checkos 来进行操作系统、控制参数、磁盘配置等方面的检查。此外，该工具还能对系统的控制参数、I/O 配置以及网络配置服务进行相应的调整。

gs_checkos 工具的运行需要用到 root 权限，在操作系统中，既可以使用 root 用户的身份运行，也可以使用 sudo 命令提权执行，用法及参数如下：

```
# gs_checkos -i ITEM [-f HOSTFILE] [-h HOSTNAME] [-X XMLFILE] [--detail] [-o OUTPUT] [-l LOGFILE]
```

参数说明：

-i ITEM：格式：-i A、-i B1、-i A1 -i A2 或 -i A1,A2，取值范围：A1…A14、B1…B8，一般用作：“-i A”即检查所有参数。请注意，使用“B”参数时，其含义为设置相应的参数值，详细信息，请查阅 openGauss 官方文档。

-f：主机名称列表文件。在多主机环境中，应将主机名写在本参数后续的文件中。

-h：指定需要检查的主机名称，可以同时指定多个主机，主机之间使用“,”分隔。取值范围：openGauss 的主机名称。如果未指定主机，则检查当前主机。

☢ 注意：“-f”和“-h”不能同时使用。

-X：openGauss XML 配置文件，应当指定该配置文件所在的路径。

--detail：显示检查结果详情。

-o：将操作系统检查报告输出到指定的文件，若没有指定，则将检查结果输出到屏幕上。

-l：指定日志文件及存放路径，默认值：/tmp/gs_checkos/gs_checkos-YYYY-MM-DD_hhmmss.log。

-?, --help：显示帮助信息。

-V, --version：显示版本号信息。

例 9.1.1-1：检查本主机的所有参数，使用一般选项。

```
[root@localhost ~]# gs_checkos -i A
Checking items:
A1. [ OS version status ]                          : Normal
A2. [ Kernel version status ]                      : Normal
A3. [ Unicode status ]                             : Normal
A4. [ Time zone status ]                           : Normal
A5. [ Swap memory status ]                         : Normal
A6. [ System control parameters status ]: Warning
A7. [ File system configuration status ] : Normal
A8. [ Disk configuration status ]                  : Normal
A9. [ Pre-read block size status ]                 : Normal
A10.[ IO scheduler status ]                        : Normal
                                                     BondMode
                                                     Null
A11.[ Network card configuration status ]: Warning
A12.[ Time consistency status ]                    : Warning
A13.[ Firewall service status ]                    : Normal
A14.[ THP service status ]                         : Normal
Total numbers:14. Abnormal numbers:0. Warning numbers:3.
```

输出说明：

Normal 为正常项，Abnormal 为必须处理项，Warning 为警告项。

本例共输出了 14 项检查内容，共有 3 项警告，可以不予处理。

例 9.1.1-2：检查名为 plat1 的主机的配置文件所指定的详细参数，并将结果写入指定位置的文件中。

```
# gs_checkos -i A -h plat1 -X  /opt/software/
openGauss/cluster_ config.xml --detail -o /var/log/
checkos
```

命令正常执行后，可使用 vim /var/log/checkos 或者 cat /var/log/checkos 命令，以便打开指定的输出文件，进而能看到检查结果。

请注意，有一些系统参数不能使用 B 选项设置，此时只能通过修改操作系统参数配置文件（/etc/sysctl.conf）来调整，然后再用“sysctl -p”令参数生效。有关适宜的操作系统参数、意义及推荐值，请参考 Linux 和 openGauss 的官方文档，此处不一一列举。

9.1.2 openGauss 基本状态检查

在开发和维护数据库的过程中，需要检查 openGauss 的运行状态，一般要检查锁信息、统计事件数据、检查对象、检查 SQL 报告、统计信息等。

通过 openGauss 提供的工具 gs_check，可以查询数据库实例状态，并以此来确认数据库和实例是否都处于正常的运行状态，而且还可以对外提供数据服务。

1. 检查实例状态

```
# gs_check -U omm -i CheckClusterState
```

在正常情况下，显示“Parsing the check items config file successfully”则表示 openGauss 数据库实例运行正常，参数文件正确。

2. 查询 openGauss 状态

切换到初始安装用户 omm，使用 gs_om，如图 9.1 所示：

```
[omm@node1 ~]$ gs_om  -t  status  --detail
```

如果在多节点环境下，要查询某主机上的实例状态，则在命令中增加“-h”项。示例如下：

```
[omm@node1 ~]$  gs_om -t status -h node1
```

其中，node1 为待查询主机的名称。

```
[omm@node1 ~]$ gs_om -t status --detail
[   Cluster State   ]

cluster_state    : Normal
redistributing   : No
current_az       : AZ_ALL

[  Datanode State    ]

    node node_ip          port      instance                              state
------------------------------------------------------------------------------------
1  node1 192.168.1.4      15400      6001 /opt/huawei/install/data/dn    P Primary Normal
```

图 9.1　使用 gs_om 查询 openGauss 状态

表 9.1 解释了查询结果的含义：

表 9.1　节点角色说明

字段	字段含义	字段值
cluster_state	openGauss 状态。显示整个 openGauss 是否运行正常。	Normal：表示 openGauss 可用，且数据有冗余备份。所有进程都在运行，主备关系正常。Unavailable：表示 openGauss 不可用。Degraded：表示 openGauss 可用，但存在故障的数据库节点、数据库主节点实例。

续表

字段	字段含义	字段值
node	主机名称	表示该实例所在的主机名称。多可用区（AZ）时会显示 AZ 编号。
node_ip	主机 IP	表示该实例所在的主机 IP。
instance	实例 ID	表示该实例的 ID。
state	实例角色	Normal：表示单主机实例。 Primary：表示实例为主实例。 Standby：表示实例为备实例。 Cascade Standby：表示实例为级联备实例。 Secondary：表示实例为从属备实例。 Pending：表示实例处在仲裁阶段。 Unknown：表示实例状态未知。 Down：表示实例处于宕机状态。 Abnormal：表示节点处于异常状态。 Manually stopped：表示节点已被手动停止。

每个实例角色也存在不同的状态，例如，启动、连接等，其各个状态说明如表 9.2 所示：

表 9.2　节点状态说明

状态	字段含义
Normal	表示节点启动正常
Need repair	当前节点需要修复
Starting	节点正在启动中
Wait promoting	节点正等待升级中，例如，备机向主机发送升级请求后，正在等待主机回应时的状态
Promoting	备节点正在升级为主节点的状态
Demoting	节点正在降级中，如主机正在降为备机中
Building	备机启动失败，需要重建
Catchup	备节点正在追赶主节点
Coredump	节点程序崩溃
Unknown	节点状态未知

当节点出现 Need repair 状态时，可能需要对该节点进行重建以使其恢复正

常。通常情况下，节点重建原因说明见表 9.3：

表 9.3 节点重建原因说明

状态	字段含义
Normal	表示节点启动正常
WAL segment removed	主机日志 WAL 日志不存在，备机日志比主机日志新
Disconnect	备机不能连接主机
Version not matched	主备二进制版本不一致
Mode not matched	主备角色不匹配，例如，两个备机互联
System id not matched	主备数据库系统 ID 不一致，主备双机要求 System ID 必须一致
Timeline not matched	日志时间线不一致
Unknown	其他原因

3. 检查参数

在执行检查参数的命令前，被检查的 openGauss 数据库实例必须处于正常运行且能正常登录的状态，使用 gsql 登录数据库后，在数据库命令行中输入：

```
openGauss=#  show  parameter_name;
```

parameter_name 为要检查的具体参数名称。例如，图 9.2 显示了配置文件所在的位置：

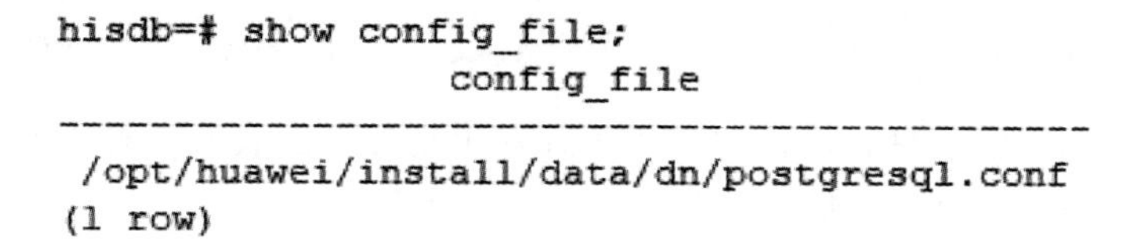
```
hisdb=# show config_file;
                 config_file
----------------------------------------------
 /opt/huawei/install/data/dn/postgresql.conf
(1 row)
```

图 9.2 在 gsql 中检查参数

截至 2023 年 3 月发布的 5.0.0 版本，运行参数共有 679 个，可以使用 select * from pg_settings 命令查询到所有的 openGauss 运行参数。然而，解释所有 679 个参数的详细含义和用途超出了本教材的范围。每个参数都有自己的特定用途，并且很多参数的使用和调整需要根据具体的数据库环境、工作负载和性能需求来确定。在实际使用 openGauss 时，建议查阅官方文档以获取更详细的参数信息，包括每个参数的详细说明、建议的使用范围，以及如何调整这些参数以优化数据库的性能。

下面将简略地介绍这些参数的分类。根据修改级别的不同，运行参数分为 6 个类别：

（1）internal：这类参数为只读参数，有的是程序固定的参数，有的是在安装数据库时 intdb 设置好的参数。

（2）postmaster：这类参数需要重启数据库才能生效。

（3）sighup：这类参数不需要重启数据库，但要向 postmaster 进程发送 sighup 信号，即需要 pg_ctl reload 命令。

（4）backend：这类参数无须重启数据库，只需向 postmaster 进程发送 sighup 信号。但新的配置值只能在之后的新连接中生效，已有连接中这些参数值不会改变。

（5）superuser：这类参数可以由超级用户使用 set 修改。参数设置后只会影响超级用户自身的 session 配置，不会影响其他用户。

（6）user：这类参数可由普通用户使用 set 设置，这类参数修改后和 superuser 类参数一样，也是只影响自身 session。

9.1.3　openGauss 锁信息检查

锁机制是数据库在事务并发运行时保证数据正确性和一致性的重要手段，通过检查锁的相关信息，可以得到数据库的事务和运行状况。特别是在系统运行效率低，或者出现性能问题时，首先应该检查锁的状态，当排除不正常的死锁后，再分析是否存在其他的性能问题。

1. 查询数据库中的锁信息

```
openGauss=#  select  *  from  pg_locks;
```

2. 查询等待锁的线程状态信息

```
openGauss=#  select  *  from  pg_thread_wait_status
openGauss=#  where  wait_status = 'acquire lock';
```

根据查询到的信息，可以判断是否存在出现死锁的表或者相应的事务，从而判断卡顿是否因为锁机制而导致。

9.1.4　openGauss 统计信息

SQL 语句长时间运行会占用大量系统资源，用户可以通过查看事件发生的时间、占用的内存大小，来了解数据库的运行状态。

1. 查询事件的时间

查询事件的线程启动时间、事务启动时间、SQL 启动时间以及状态变更时间。

```
=#  select  backend_start , xact_start , query_start ,
state_change
=#  from  pg_stat_activity;
```

查询结果如图 9.3 所示：

```
hisdb=# select  backend_start , xact_start , query_start , state_change from pg_stat_activity;
         backend_start          |          xact_start           |          query_start          |          state_change
--------------------------------+-------------------------------+-------------------------------+-------------------------------
 2023-11-06 00:35:18.378628+08  | 2023-11-06 00:36:31.81472+08  | 2023-11-06 00:36:31.81472+08  | 2023-11-06 00:36:31.814728+08
 2023-11-06 00:31:17.95023+08   |                               |                               | 2023-11-06 00:31:17.950281+08
 2023-11-06 00:31:17.95852+08   |                               |                               | 2023-11-06 00:36:28.279342+08
 2023-11-06 00:31:17.775637+08  |                               |                               |
 2023-11-06 00:31:17.958639+08  |                               |                               | 2023-11-06 00:36:31.711148+08
 2023-11-06 00:31:17.91256+08   |                               |                               | 2023-11-06 00:36:31.249084+08
(6 rows)
```

图 9.3　在 gsql 中查询事件

2. 查询当前服务器的会话信息

```
=# select  datid ,datname ,pid ,sessionid ,usesysid ,
usename ,state
=#  from  pg_stat_activity ;
```

查询结果如图 9.4 所示：

```
hisdb=# select  datid,datname,pid,sessionid,usesysid,usename,state from pg_stat_activity;
 datid | datname  |       pid       |    sessionid    | usesysid | usename | state
-------+----------+-----------------+-----------------+----------+---------+--------
 24619 | hisdb    | 139975476573952 | 139975476573952 |       10 | omm     | active
 15564 | postgres | 139975835449088 | 139975835449088 |       10 | omm     | idle
 15564 | postgres | 139975882766080 | 139975882766080 |       10 | omm     | active
 15564 | postgres | 139975920580352 | 139975920580352 |       10 | omm     |
 15564 | postgres | 139975857534720 | 139975857534720 |       10 | omm     | active
 15564 | postgres | 139975978379008 | 139975978379008 |       10 | omm     | active
(6 rows)
```

图 9.4　在 gsql 中查询会话信息

3. 系统级统计信息

通过查询当前使用内存最多的会话信息，并结合系统相关信息，就能找出目前系统运行的热点，该步骤为性能调优的起点。

```
=#  select  *  from pv_session_memory_detail()
=#  order by  usedsize desc limit 10;
```

9.1.5　openGauss 容量检查

数据库运维及管理的一项重要工作，就是检查 openGauss 各个层面的容量，防止因容量耗尽而导致业务停止。

1. 查询表空间容量

SQL 语句如下：

```
=# select pg_tablespace_size('tablespace_name');
```

☻ 解释：tablespace_name 为需要查询容量的表空间名称。

例 9.1.5-1：查询 pg_default 表空间的大小，如图 9.5 所示：

```
hisdb=# select pg_tablespace_size('pg_default');
 pg_tablespace_size
--------------------
          105657636
(1 row)
```

图 9.5　用 gsql 查询表空间

2. 查询数据库容量

SQL 语句如下：

```
=#  select  pg_database_size('database_name');
```

☻ 解释：database_name 为需要查询容量的数据库名称。

例 9.1.5-2：查询 hisdb 数据库的大小，如图 9.6 所示：

```
hisdb=# select  pg_database_size('hisdb');
 pg_database_size
------------------
         13612908
(1 row)

hisdb=# select  pg_database_size('opengauss');
 pg_database_size
------------------
         13301612
(1 row)
```

图 9.6　用 gsql 查询数据库容量

9.1.6　openGauss 健康状态检查

检查方法：

（1）以 openGauss 的安装用户（操作系统用户）omm 的身份登录数据库主节点。

（2）使用 gs_check 工具，加 "-e '场景'" 参数以便对 openGauss 数据库进行健康检查。

'场景' 由 "-e" 指定，区分大小写。可能的场景包括：inspect（例行巡检）、upgrade（升级前巡检）、install（安装前巡检）、binary_upgrade（就地升级前巡检）、health（健康检查巡检）、slow_node（节点慢巡检）、longtime（耗时长巡检）等。详细内容请参考 openGauss 官方文档。

例 9.1.6-1：使用 gs_check 进行例行巡检，如图 9.7 所示：

```
[omm@node1 ~]$  gs_check  -e  inspect
```

```
[omm@node1 ~]$ gs_check -e inspect
Parsing the check items config file successfully
The below items require root privileges to execute:[CheckBlockdev CheckIOrequestqueue CheckIOCon
figure CheckMTU CheckRXTX CheckMultiQueue CheckFirewall CheckSshdService CheckSshdConfig CheckCr
ondService CheckMaxProcMemory CheckBootItems CheckFilehandle CheckNICModel CheckDropCache]
Please enter root privileges user[root]:root
Please enter password for user[root]:
```

图 9.7　用 gs_check 进行健康检查

9.2　openGauss 日志管理

数据库在运行过程中，会产生与其相关的日志。其中，既有保证数据库安全运行的预写式日志（write ahead log，WAL），也称为 Xlog，还有用于数据库日常维护的运行和操作日志等，具体的日志类型，参见表 9.4。在进行安全评估、性能分析以及数据库发生故障时，可以参考这些日志进行问题定位和数据库恢复的操作。

表 9.4 日志类型

类型	说明
系统日志	数据库系统进程运行时产生的日志，记录系统进程的异常信息
操作日志	通过客户端工具（例如 gs_guc）操作数据库时产生的日志
跟踪日志	打开数据库的调试开关后，会记录大量的跟踪日志。这些日志可以用来分析数据库的异常信息
黑匣子日志	数据库系统崩溃的时候，通过故障现场堆、栈信息可以分析出故障发生时的进程上下文，方便故障定位。黑匣子具有在系统崩溃时，转储出进程和线程的堆、栈、寄存器信息的功能
审计日志	开启数据库审计功能后，将数据库用户的某些操作记录在日志中，这些日志称为审计日志
WAL 日志	又称为 REDO 日志，在数据库异常损坏时，可以利用 WAL 日志进行恢复。由于 WAL 日志的重要性，所以需要经常备份这些日志
性能日志	数据库系统在运行时，记录检测物理资源运行状态的日志，主要关注外部资源的访问性能问题

9.2.1 系统日志

openGauss 运行时数据库节点及其在安装部署时产生的日志统称为系统日志。系统日志的路径在安装 openGauss 时已由 XML 配置文件中的 gaussdbLogPath 参数指定，如果未指定该参数的值，则日志存储的默认路径为 /var/log/gaussdb。

数据库节点运行时产生的系统日志放在“/var/log/gaussdb/ 用户名 /pg_log”中各自对应的目录下。

openGauss 数据库节点在安装卸载（一般情况下用户是 omm）时产生的日志存放在“/var/log/gaussdb/ 用户名 /omm”目录下。

1. 数据库节点运行日志的命名规则

postgresql- 创建时间 .log

默认情况下，每天的 0 点或者当日志文件大于 16 MB，或者数据库实例（数据库节点）重新启动后，会生成新的日志文件。

2. 日志内容说明

数据库节点每一行日志内容的默认格式为：

日期 + 时间 + 时区 + 用户名称 + 数据库名称 + 会话 ID+ 日志级别 + 日志内容

9.2.2　操作日志

操作日志是指数据库管理员使用工具操作数据库，以及工具被 openGauss 调用时所产生的日志。如果 openGauss 发生故障，可以通过这些日志信息跟踪用户对数据库执行了哪些操作，以便重现故障场景，从而进行故障排除。

操作日志文件存储路径默认在“$GAUSSLOG/bin”目录下，如果环境变量 $GAUSSLOG 不存在或者变量值为空，则工具日志信息不会记录到对应的工具日志文件中，日志信息只会打印到屏幕上。其中 $GAUSSLOG 默认为“/var/log/gaussdb/ 用户名”。

如果使用 om 脚本部署时，则日志路径为“/var/log/gaussdb/ 用户名”。

操作日志文件命名格式为：

① 工具名 – 日志创建时间 .log；

② 工具名 – 日志创建时间 –current.log；

其中，“工具名 – 日志创建时间 .log”是历史日志文件，“工具名 – 日志创建时间 –current.log”是当前日志文件。

如果日志大小超过 16 MB，在下一次调用该工具时，会重命名当前日志文件为历史日志文件，并以当前时间生成新的当前日志文件。例如，当管理员在 2023 年 12 月 10 日 14:22:16 登录 openGauss 后，系统会将上次（假如是昨天 18:37:28）生成的日志文件“gs_guc–2023–12–09_183728–current.log”重命名为“gs_guc–2023–12–09_183728.log”，然后将今天的操作日志记录在重新生成的“gs_guc–2023–12–10_142216–current.log”中。

9.2.3　审计日志

数据库开启审计功能后，将会产生大量的审计日志，这些审计日志会占用一定的磁盘空间。因此，应根据磁盘空间的大小以及安全策略，来设置审计日志的维护策略。

1. 审计相关的配置参数及其含义

审计的配置参数见表 9.5。

表 9.5　审计参数含义

配置项	含义	默认值
audit_directory	审计日志文件的存储目录	/var/log/gaussdb/ 用户名 / pg_audit
audit_resource_policy	审计日志的保存策略	on（表示使用空间配置策略）
audit_space_limit	审计日志文件占用磁盘空间总量	1 GB

续表

配置项	含义	默认值
audit_file_remain_time	审计日志文件最小保存时间	90 天
audit_file_remain_threshold	审计目录下审计日志文件的最大数量	1048576

2. 审计内容记录方式

目前常用的记录审计内容的方式有两种：记录到数据库的表中、记录到操作系统文件中。这两种方式的优缺点参见表 9.6。

表 9.6 审计内容记录方式优缺点

方式	优点	缺点
记录到表中	不需要用户维护审计日志	由于表是数据库的对象，如果一个数据库用户具有一定的权限，就能够访问到审计表。如果该用户非法操作审计表，审计记录的准确性将难以得到保证
记录到操作系统文件中	比较安全，即使一个账户可以访问数据库，但不一定有权访问操作系统文件	需要用户维护审计日志

从数据库安全角度出发，笔者推荐将 openGauss 的审计内容记录到操作系统文件中，因为在操作系统用户和数据库用户隔离的情况下，数据库用户不能访问审计记录，从而保证审计内容不被数据库用户更改。

当将审计记录存储为操作系统文件时，要注意文件的大小。系统的更新策略为：如果占用的磁盘空间达到指定的最大值，系统将删除最早的审计文件，并记录审计文件删除信息到审计日志中。

审计文件占用的磁盘空间大小默认值为 1 024 MB，用户可以根据磁盘空间大小重新设置参数。该参数的名称为 audit_space_limit，可以使用 gsql 查看。例如，下面的操作系统命令会将该值设置成 2 048 MB：

```
[omm@node1~]$ gs_guc reload -N all -I all -c "audit_
space_limit=2048MB"
```

3. 设置审计日志文件个数

审计文件的个数超过指定的最大值时，系统将删除最早的审计文件，并记录审计文件删除信息到审计日志中。

（1）在 gsql 中查看已配置的审计文件个数的最大值，默认值为 1048576，（audit_file_remain_threshold）；

（2）使用 gs_guc 工具，在操作系统命令行下，设置成所需要的文件个数。

```
gs_guc reload -N all -I all -c "audit_file_remain_
threshold=1048576"
```

4. 手动备份审计文件

当审计文件占用的磁盘空间或者审计文件的个数超过配置文件指定的值时，系统将会自动删除较早的审计文件。如果需要，可以将比较重要的审计日志复制出来进行保存。

（1）连接数据库，使用 show 命令获得审计文件所在目录（audit_directory）；

（2）将审计目录整体复制出来进行保存。

9.2.4　预写日志管理

预写式日志 WAL（write ahead log，也称为 Xlog）是 openGauss 实现事务日志的标准方法，对于以表和索引为载体的数据文件而言，在进行写操作之前，必须先写入相应的日志。只有在写入日志成功后，才能更新表或索引对应的日志文件，所以将其称为预写日志，这就是为什么在系统崩溃时，可以使用 WAL 日志对 openGauss 进行恢复操作的原因。

1. 预写式日志文件存储路径

以一个数据库节点为例，默认位于“/gaussdb/data/data_dn/pg_xlog”目录下，其中“/gaussdb/data/data_dn”代表 openGauss 节点的数据目录。

2. 预写式日志文件命名格式

日志文件是以段文件的形式存储的，每个段为 16 MB，并分割成若干页，每页 8 KB。对 WAL 日志的命名说明如下：一个段文件的名称由 24 个十六进制字符组成，分为三个部分，每个部分由 8 个十六进制字符组成。第一部分表示时间线，第二部分表示日志文件标号，第三部分表示日志文件的段标号。时间线由 1 开始，日志文件标号和日志文件的段标号都由 0 开始。

例如，系统中的第一个事务日志文件是 000000010000000000000000。

3. 维护建议

WAL 日志对数据库异常的恢复有重要的作用，建议定期对 WAL 日志进行备份。

9.2.5　性能日志管理

性能日志是指 openGauss 在运行时定期检测资源的占用情况，并因此而写入的日志。当出现性能问题时，可以借助性能日志及时定位问题发生的原因，这能极大地提升问题解决效率。与其他日志不同，性能日志主要关注外部资源的访问性能问题。

收集性能数据可能会拖慢系统性能，因此在默认状态下，openGauss 并不打开性能收集功能。性能收集所涉及的配置参数有以下两个：

（1）logging_collector：是否进行日志收集；

（2）plog_merge_age：多久进行一次性能日志汇聚，单位为毫秒。

当 logging_collector 参数为 on，plog_merge_age 大于 0，且主机正常运行时，将收集性能数据，恢复过程不进行性能收集。图 9.8 显示了性能收集状态：

```
hisdb=# show logging_collector;
 logging_collector
-------------------
 on
(1 row)

hisdb=# show plog_merge_age;
 plog_merge_age
----------------
 10ms
(1 row)
```

图 9.8　用 gsql 显示日志性能参数

如图 9.9 所示的例子，使用命令打开性能日志汇聚参数：

```
[omm@node1 ~]$ gs_guc reload -N all -I all -c "plog_merge_age=20"
The gs_guc run with the following arguments: [gs_guc -N all -I all -c plog_merge_age=20 reload ].
NOTICE: how long to aggregate profile logs.0 disable logging. suggest setting value is 1000 times.
Begin to perform the total nodes: 1.
Popen count is 1, Popen success count is 1, Popen failure count is 0.
Begin to perform gs_guc for datanodes.
Command count is 1, Command success count is 1, Command failure count is 0.

Total instances: 1. Failed instances: 0.
ALL: Success to perform gs_guc!
```

图 9.9　用 Linux 命令行修改日志性能参数

1. 性能日志文件存储路径：

数据库节点的性能日志目录位于“/var/log/omm/omm/gs_profile/”下，如图 9.10 所示，用 pwd 命令显示。

```
[omm@node1 dn_6001]$ pwd
/var/log/omm/omm/gs_profile/dn_6001
[omm@node1 dn_6001]$ ls
postgresql-2022-05-26_021735.prf  postgresql-2023-02-13_215500.prf  postgresql-2023-03-03_000000.prf
postgresql-2022-05-27_230248.prf  postgresql-2023-02-14_000000.prf  postgresql-2023-03-04_100317.prf
postgresql-2022-05-28_122308.prf  postgresql-2023-02-15_000000.prf  postgresql-2023-03-05_000000.prf
postgresql-2022-05-28_125154.prf  postgresql-2023-02-16_000000.prf  postgresql-2023-03-06_000000.prf
postgresql-2022-05-29_000000.prf  postgresql-2023-02-17_000000.prf  postgresql-2023-03-08_071840.prf
postgresql-2022-05-29_150153.prf  postgresql-2023-02-18_000000.prf  postgresql-2023-03-09_224141.prf
postgresql-2022-05-30_000000.prf  postgresql-2023-02-19_000000.prf  postgresql-2023-03-09_235320.prf
```

图 9.10　用 Linux 命令查看性能日志文件

2. 性能日志文件命名格式：

数据库节点的性能日志的命名规则：postgresql- 创建时间 .prf

默认情况下，每天的 0 点或者日志文件大于 20 MB，或者数据库实例（数据库节点）重新启动后，会生成新的日志文件。

9.3 openGauss 例行维护

9.3.1 openGauss 表空间维护

1. Linux 视角下的表空间

一个 openGauss 数据库可以有多个表空间，每个表空间对应一个磁盘上的文件夹，这个文件夹存储了数据库的各种物理文件，openGauss 的表空间仅起到物理隔离的作用，其管理功能更依赖于表空间所在的文件系统。

（1）openGauss 默认表空间

在安装部署 openGauss 后，会创建两个默认的表空间，分别是 pg_default 和 pg_global。其中，pg_default 用来存储系统目录对象、用户表、用户表索引、临时表、临时表索引、内部临时表的默认条空间；pg_global 用来存放系统字典表。

（2）默认表空间存放位置

pg_default 对应的存储目录位于实例数据库目录 $PGDATA/base 下，该目录存放的文件信息如下。

例 9.3.1-1：查看表空间位置。

```
[omm@opengauss-db1 ~]$ cd $PGDATA/base
[omm@opengauss-db1 base]$ pwd
[omm@opengauss-db1 base]$ ls
```

以上 3 条命令及显示如图 9.11 所示：

```
[omm@node1 ~]$ cd $PGDATA/base/
[omm@node1 base]$ pwd
/opt/huawei/install/data/dn/base
[omm@node1 base]$ ls
1  15559  15564  16384  16385  16410  24619  pgsql_tmp
```

图 9.11 用 Linux 命令查看表空间位置

pg_global 对应的存储目录位于实例数据库目录 $PGDATA/global 下，该目录存放的文件信息如下。

例 9.3.1-2：显示表空间目录信息。

```
[omm@opengauss-db1 global]$ pwd
/opt/huawei/install/data/dn/global
```

2. 表空间管理

（1）创建表空间

创建表空间需要系统管理权限：

```
=# create tablespace tablespace_name [ owner user_name ]
```

```
[relative] location 'directory' [ maxsize 'space_
size' ];
```

参数说明：

tablespace_name：要创建的表空间名称，表空间名称不能和 openGauss 中的其他表空间重名，且名称不能以“pg”开头，以“pg”开头的名称需要留给系统表空间使用。表空间名称规则为使用字符串，且字符串要符合标识符的命名规范。

owner user_name ：指定该表空间的所有者。在默认状态下，新表空间的所有者是当前用户。只有系统管理员可以创建表空间，但是可以通过 OWNER 子句把表空间的所有权赋给其他非系统管理员。此处的 user_name 必须是已存在的用户。

relative ：使用相对路径，location 目录是相对于各个数据库节点数据目录的。目录层次：数据库节点的数据目录 /pg_location/ 相对路径。相对路径最多指定两层。

location ‘directory’：用于表空间的目录，对于该目录有如下要求：

① openGauss 系统用户必须对该目录拥有读写权限，并且目录为空。如果该目录不存在，将由系统自动创建；

② 目录必须是绝对路径，目录中不得含有特殊字符（如 $,> 等）；

③ 不允许将目录指定在数据库数据目录下；

④ 目录需为本地路径。

maxsize 'space_size'：指定表空间在单个数据库节点上的最大值。取值范围：字符串格式为正整数 + 单位，单位当前支持 KB/MB/GB/TB/PB。解析后的数值以 KB 为单位，且范围不能够超过 64 b 表示的有符号整数，即 1 KB ~ 9 007 199 254 740 991 KB。

例 9.3.1-3：在相对目录（openGauss 默认数据文件目录）下的 tablespace_1 子目录创建表空间 ds_location2，且将所有者指定为用户 joe（joe 用户必须已经存在）。

```
hisdb=# create tablespace ds_location2 owner joe
relative location 'tablespace/tablespace_1';
```

（2）表空间权限授予及回收

例 9.3.1-4：将 tablespace_name 表空间上的创建权限赋给用户 user_name。

```
hisdb=# grant create on tablespace tablespace_name to
user_name;
```

例 9.3.1-5：将表空间 tablespace_name 的所有者权限赋给用户 user_name。

```
hisdb=# alter tablespace tablespace_name OWNER TO
```

```
user_name;
```

（3）在创建表时指定表空间

例 9.3.1-6：创建表时指定表空间。

```
=#  create  table  t_test(col_i  int)  tablespace
tbsp_name;
```

例 9.3.1-7：先使用 set default_tablespace 设置默认表空间，再创建表。

```
openGauss=#  set  default_tablespace = 'fastspace';
openGauss=#  create  table  t_test(col_i  int) ;
```

（4）监控表空间的使用，特别是剩余空间

① 检查表空间的大小，参考例 9.1.5-1；

② 检查表空间所在的物理位置。

例 9.3.1-8：查询表空间的物理文件夹位置。

```
hisdb=# select * from pg_tablespace_location((select
oid from pg_tablespace  where  spcname='your_
tablespace'));
```

参数说明：

your_tablespace：要查询其物理位置的表空间名称，结果为形如“/opt/gaussdb/tablespace/tbs_tb01”这样的物理文件夹；建议定期检查表空间所在的物理磁盘剩余空间，防止空间占满导致数据库出错。

例 9.3.1-9：用 Linux 指令查询表空间所在的物理位置剩余容量。

```
[omm@node1 etc]$ df [-ahikHTm]
```

参数说明：

-a：列出所有的文件系统，包括系统特有的 /proc 等文件系统。

-h：以人们较易阅读的 GB、MB、KB 等格式自行显示。

-i：不用硬盘容量，而以 inode 的数量来显示。

-k：以 KB 的容量显示各文件系统。

-H：以 MB=1 000 KB 取代 MB=1 024 KB 的进位方式。

-T：显示文件系统类型，连同该分区的文件系统名称（例如 ext3）也会列出。

-m：以 MB 的容量显示各文件系统。

☻ 解释：openGauss 可以加装插件，以实现对磁盘空间的使用进行限制，但一般不这样做，因为会带来性能问题。所以，本例借助 Linux 操作系统自身所带的工具进行查询，这也是进行系统运维的一个准则：不能完全依赖工具。

9.3.2 openGauss 表的例行维护

一个处于运行状态的数据库，存在两类表，一类表是基础信息，供其他表引用，它的变化频率不高，即使变化，也是以插入和更新操作为主，这类表称为基础字典表，典型的示例如人员结构和组织架构，即使人员离职，流出的人员也是状态上由“在职”变为“离职”，一般不会用 delete 命令进行删除，这类表在运维过程中，可以不作过多关注；另一类表通常会频繁地执行插入 / 删除操作，且表处于增长状态，这类表是日常运维需要重点关注的内容。

为了保证数据库的有效运行，建议数据库在执行插入 / 删除操作后，定期做 VACUUM 和 ANALYZE，以便进行磁盘碎片回收，更新统计信息，获得更优的性能。

VACUUM、VACUUM FULL 和 ANALYZE 的功能如下：

① VACUUM 更新了表的可视化映射，能够加速唯一索引扫描，从而提高 select 执行效率；

② VACUUM 可避免当执行的事务数超过数据库阈值时，事务 ID 重叠所造成的原有数据丢失；

③ VACUUM FULL 可回收已更新或已删除的数据所占据的磁盘空间，同时将小数据文件合并；

④ ANALYZE 可收集与数据库中表内容相关的统计信息。统计结果存储在系统表 PG_STATISTIC 中。查询优化器会使用这些统计数据，生成最有效的执行计划。

执行示例如下。

例 9.3.2-1：使用 VACUUM 命令，对指定的表进行磁盘空间回收。

```
hisdb=#  vacuum outrecipe_detail
```

参数说明：

outrecipe_detail 为要整理的表，此处为 HIS 系统的门诊处方明细表，数据量巨大。

☻ 解释 1：本命令可以与数据库操作命令并行运行（执行期间，可正常使用的语句是 SELECT、INSERT、UPDATE 和 DELETE，不能使用的语句是 ALTER TABLE）。

☻ 解释 2：在使用 VACUUM FULL 时，建议不要对数据库进行业务操作。

例 9.3.2-2：使用 ANALYZE 命令，对指定的表更新统计信息。

```
hisdb=#  analyze  outrecipe_detail
```

参数说明：

outrecipe_detail 为要分析的表。

☻ 解释 1：本命令可以与数据库操作命令并行运行（执行期间，可正常使用的语句是 SELECT、INSERT、UPDATE 和 DELETE，不能使用的语句是

ALTER TABLE)。

☻ 解释 2：可以使用 ANALYZE　VERBOSE 语句更新统计信息，并输出表的相关信息，VACUUM 和 ANALYZE 命令可以连用，以进行查询优化。

☻ 解释 3：VACUUM 和 ANALYZE 将导致 I/O 流量的大幅增加，有可能会影响其他活动会话的性能。

9.3.3　openGauss 索引维护

数据库经过多次插入和删除操作后，索引页面上的索引键会变得膨胀而不再高效。因此定期进行索引的重建，可以有效地提高查询效率。

进行维护的一个首先条件，是要查出需维护的索引的名称，可以使用元命令“\d 表名”来查看该表的所有信息，其中就包括索引信息，然后，再用“\di 索引名”来进一步查看索引的详细情况：

例 9.3.3-1：使用元命令，先查看 hisdb 数据库中 person 表信息，从而得到相关的索引信息。

```
hisdb=#  \d  person
```

结果如图 9.12 所示。

```
hisdb=# \d person
                    Table "public.person"
   Column    |            Type             | Modifiers
-------------+-----------------------------+-----------
 per_no      | character varying(20)       | not null
 per_name    | character varying(20)       |
 spellshort  | character varying(20)       |
 dept_no     | character varying(20)       |
 gender      | character(1)                |
 birth_date  | timestamp(0) without time zone |
 id_no       | character varying(20)       |
 rem         | character varying(50)       |
 respectful  | character varying(20)       |
Indexes:
    "person_pk_1" PRIMARY KEY, btree (per_no) TABLESPACE pg_default
    "per_name_idx" btree (per_name) TABLESPACE pg_default
Check constraints:
    "restf_chk_1" CHECK (gender = 'F'::bpchar AND respectful::text = 'Ms.'::text
 OR gender = 'M'::bpchar AND respectful::text = 'Mr.'::text)
Foreign-key constraints:
    "person_dept_no_fkey" FOREIGN KEY (dept_no) REFERENCES department(dept_no)
Referenced by:
    TABLE "doct_exam" CONSTRAINT "doct_exam_doct_no_fkey" FOREIGN KEY (doct_no)
REFERENCES person(per_no)
    TABLE "his_prog_in.outchargecash" CONSTRAINT "outchargecash_per_no_fkey" FOR
EIGN KEY (per_no) REFERENCES person(per_no)
```

图 9.12　用“\d”元命令查看表信息

由此可见，在 person 表中存在两个索引，一个为 person_pk_1，这是主键带来的默认唯一索引，另一个为 per_name_idx，如图 9.13 所示，继续使用元命令 \di 查看其详细信息：

```
hisdb=# \di per_name_idx
                     List of relations
 Schema |     Name     | Type  | Owner | Table  | Storage
--------+--------------+-------+-------+--------+---------
 public | per_name_idx | index | omm   | person |
(1 row)
```

图 9.13 用“\di”元命令查看索引信息

至此已经搜集了维护索引所需要的全部信息。

重建索引有两种方法。

1. 先删除索引（DROP INDEX），再创建索引（CREATE INDEX）

在删除索引过程中，会在父表上增加一个短暂的排他锁，以阻止相关读写操作。在创建索引过程中，会锁住写操作但不会锁住读操作，此时读操作只能使用顺序扫描。

（1）使用“drop index 索引名”命令删除索引：

```
hisdb=#  drop index per_name_idx;
```

（2）创建索引：

```
hisdb=#   create   index   per_name_idx on person(per_name);
```

2. 使用 REINDEX 语句重建索引

使用 REINDEX TABLE 语句重建索引时，会在重建过程中增加排他锁，以阻止相关读写操作。

例 9.3.3-2：使用“reindex index 索引名”命令，重建指定的索引。

```
hisdb=#  reindex  index  per_name_idx;
```

例 9.3.3-3：使用“reindex table 表名”命令，重建指定表上所有的索引。

```
hisdb=#  reindex  table  person;
```

☢ 注意：“alter index”命令只能改变索引名称或其所在表空间。

9.4 openGauss 性能监测

监测性能指标时一般遵循分层的原则，即分为系统级、对象级和应用级性能监测。系统级主要监测集群或者节点的性能，整体资源分配等；对象级主要观察表、索引和锁这三个主要的数据库对象的性能统计数据；而应用级主要关注用户负载程序的表现、事务的性能、会话的性能等，特别是关注全量查询和慢查询。

openGauss 数据库将性能相关的统计数据放在模式 DBE_PERF 中。这个模式提供了一系列的视图和函数，可以帮助数据库管理员和开发人员更深入地了解数据库的性能状况。

9.4.1 系统级性能监测

主要获取集群的资源分配、节点的负载均衡、整体吞吐量等指标。

1. 操作系统资源消耗监测

从 dbe_perf 中查看 OS_RUNTIME、OS_THREADS 的性能：获取实时的 CPU 时间、负载、内存消耗信息，用于判断当前操作系统的负载状态，如图 9.14 所示：

```
hisdb=# select id,name,value from dbe_perf.os_runtime;
 id |         name          |   value
----+-----------------------+------------
  0 | NUM_CPUS              |          2
  1 | NUM_CPU_CORES         |          2
  2 | NUM_CPU_SOCKETS       |          1
  3 | IDLE_TIME             |    1622593
  4 | BUSY_TIME             |      13945
  5 | USER_TIME             |       8289
  6 | SYS_TIME              |       5656
  7 | IOWAIT_TIME           |        265
  8 | NICE_TIME             |        202
  9 | AVG_IDLE_TIME         |     811296
 10 | AVG_BUSY_TIME         |       6972
 11 | AVG_USER_TIME         |       4144
 12 | AVG_SYS_TIME          |       2828
 13 | AVG_IOWAIT_TIME       |        132
 14 | AVG_NICE_TIME         |        101
 15 | VM_PAGE_IN_BYTES      |          0
 16 | VM_PAGE_OUT_BYTES     |          0
 17 | LOAD                  |        .01
 18 | PHYSICAL_MEMORY_BYTES | 4018520064
(19 rows)
```

图 9.14 查看操作系统负载统计

2. 实例资源分配和占用

INSTANCE_TIME：系统级的时间消耗细节。可以据此分析系统是否存在负载、网络、IO、CPU 上的瓶颈，如图 9.15 所示：

```
hisdb=# select * from dbe_perf.instance_time;
 stat_id |      stat_name      |  value
---------+---------------------+---------
       0 | DB_TIME             | 1082656
       1 | CPU_TIME            |  902524
       2 | EXECUTION_TIME      |  457980
       3 | PARSE_TIME          |   15576
       4 | PLAN_TIME           |  199665
       5 | REWRITE_TIME        |    5336
       6 | PL_EXECUTION_TIME   |       0
       7 | PL_COMPILATION_TIME |       0
       8 | NET_SEND_TIME       |   28670
       9 | DATA_IO_TIME        |  271835
(10 rows)
```

图 9.15 查看实例资源占用

3. 内存消耗

openGauss 的内存使用相关统计较为特殊，与具体的版本有很强的相关性，常见的视图主要有：memory_node_detail，显示每个数据库节点的内存使用情况，包括共享内存、本地内存等；global_memory_detail：提供全局内存使用情况的详细信息，如内存总量、已用内存、空闲内存等；share_memory_detail，可监视共享内存的上下文分配和使用率，并且可以细化到特性级别，结合会话级别的内存上下文分配视图，可以定位会话级内存使用问题，如图 9.16 所示：

```
openGauss=# select * from dbe_perf.shared_memory_detail where level=2;
```

contextname	level	parent	totalsize	freesize	usedsize
sql count lookup hash	2	WaitCountGlobalContext	8192	7984	208
stream connect sync hash	2	StreamNodeGlobalContext	8192	2640	5552
stream info lookup hash	2	StreamGlobalContext	8192	2768	5424
dynamic stmt track control hash table	2	DynamicFuncCtrolMgr	8192	2640	5552
view json file hash table	2	CaptureViewContext	8192	2640	5552
instr user hash table	2	InstrUserContext	24576	10784	13792
ASP unique sql hash table	2	AshContext	24576	12736	11840
unique sql hash table	2	UniqueSQLContext	1336576	12864	1323712
GPRC_Bucket_Context	2	GlobalPackageRuntimeCacheMemory	24576	12736	11840
GPRC_Bucket_Context	2	GlobalPackageRuntimeCacheMemory	24576	12736	11840
GPRC_Bucket_Context	2	GlobalPackageRuntimeCacheMemory	24576	12736	11840
GPRC_Bucket_Context	2	GlobalPackageRuntimeCacheMemory	24576	12736	11840
GPRC_Bucket_Context	2	GlobalPackageRuntimeCacheMemory	24576	12736	11840
GPRC_Bucket_Context	2	GlobalPackageRuntimeCacheMemory	24576	12736	11840

图 9.16 查看会话共享内存使用情况

4. 系统级会话

系统级会话视图收集和管理数据库会话活动的统计信息。它提供了有关数据库会话的执行、锁定和资源使用情况的详细信息。这些信息通过查询 pg_stat_activity 视图来获取，如图 9.17 中查询每个用户的会话数：

```
hisdb=# select usename, count(*) from pg_stat_activity
group by usename;
 usename | count
---------+-------
 omm     |     6
(1 row)
```

图 9.17 查看用户的会话情况

5. 等待事件

在 openGauss 中，有两张表可用来分析等待事件，一张是 thread_wait_status，另外一张是等待事件汇总信息 wait_events。wait_events 视图记录了数据库启动以来每个等待事件发生的次数、平均等待时间、最长等待时间、最短等待时间等信息。

例 9.4.1-1：查询节点上的等待事件，如图 9.18 所示。

```
hisdb=# select type , event ,total_wait_time , avg_
wait_time ,
hisdb-# max_wait_time , last_updated  from  dbe_perf.
wait_events
hisdb-# order by  last_updated desc ;
```

由图 9.18 可以看出，等待事件主要分为等待状态、等待轻量级锁、等待 IO、等待事务锁等几类。每类等待事件都有其特定的含义和相关的处理策略。有关具体的意义及处理策略，请查阅相关手册。

```
hisdb=# select type, event,total_wait_time,avg_wait_time, max_wait_time, last_updated from dbe_perf.wait_events order by last_updated desc;
   type    |         event          | total_wait_time | avg_wait_time | max_wait_time |         last_updated
-----------+------------------------+-----------------+---------------+---------------+-------------------------------
 IO_EVENT  | BufHashTableSearch     |        20736756 |             1 |          7097 | 2024-01-26 00:37:08.66007+08
 STATUS    | wait cmd               |     12231110031 |         38976 |     563267154 | 2024-01-26 00:37:08.659862+08
 STATUS    | flush data             |        24103912 |            76 |          7549 | 2024-01-26 00:36:29.380067+08
 STATUS    | Sort                   |           10577 |            55 |          6708 | 2024-01-26 00:36:29.37773+08
 STATUS    | HashJoin - build hash  |           57590 |             1 |            43 | 2024-01-26 00:36:15.962926+08
 IO_EVENT  | ControlFileSyncUpdate  |        25652356 |          1643 |         32742 | 2024-01-26 00:36:08.468143+08
 IO_EVENT  | ControlFileWriteUpdate |          255585 |            16 |          1128 | 2024-01-26 00:36:08.466767+08
 IO_EVENT  | WALWrite               |          616079 |            24 |          1332 | 2024-01-26 00:36:08.463973+08
 IO_EVENT  | DoubleWriteFileWrite   |        16537194 |          2082 |         65796 | 2024-01-26 00:36:08.454366+08
 IO_EVENT  | DataFileRead           |          683961 |           162 |         28538 | 2024-01-26 00:01:04.839677+08
 IO_EVENT  | StrategyGetBuffer      |            5570 |             1 |            64 | 2024-01-26 00:01:04.839152+08
 IO_EVENT  | DataFileSync           |          210955 |           682 |         13536 | 2024-01-25 22:48:06.594382+08
 IO_EVENT  | SLRUFlushSync          |          187130 |          1701 |          5808 | 2024-01-25 22:48:06.589659+08
 IO_EVENT  | SLRUWrite              |            4786 |            43 |           471 | 2024-01-25 22:48:06.587897+08
 IO_EVENT  | DataFileWrite          |          337794 |            14 |         27775 | 2024-01-25 22:47:13.11808+08
```

图 9.18　查看资源等待情况

9.4.2　对象级性能监视

1. 数据库级统计信息

openGauss 的 STAT_DATABASE 和 STAT_DATABASE_CONFLICTS 这两个系统表提供了关于数据库性能和冲突统计的信息。这些视图可以帮助人们分析数据库的整体性能，以及检测和处理可能存在的并发冲突。

首先，观察 STAT_DATABASE 视图，本视图提供了关于数据库级别的性能统计数据，包括事务提交、回滚的数量，数据库的读写操作次数等。

☢ 注意：在 openGauss 中，本视图名称可能会随着版本的不同而不同，可能的名称包括 pg_stat_database 和 dbe_perf.stat_database 等。本视图的重要列介绍如下：

xacts_committed：已提交的事务数。

xacts_rolledback：已回滚的事务数。

blks_read：从磁盘读取的块数。

blks_hit：缓存命中的块数。

tup_returned：返回的行数。

tup_fetched：获取的行数。

tup_inserted：插入的行数。

tup_updated：更新的行数。

tup_deleted：删除的行数。

根据这些信息可以帮助建立数据库访存模型（读写比等负载特点），识别热点数据库，诊断数据库级别中大颗粒性能瓶颈，如图 9.19 所示：

```
hisdb=#  select numbackends, xact_commit , xact_rollback, blks_read , blks_hit , tup_returned,tup_fetched , tup_inserted , tup_updated , tup_deleted, conflicts
from dbe_perf.stat_database where datname='hisdb';
 numbackends | xact_commit | xact_rollback | blks_read | blks_hit | tup_returned | tup_fetched | tup_inserted | tup_updated | tup_deleted | conflicts
-------------+-------------+---------------+-----------+----------+--------------+-------------+--------------+-------------+-------------+-----------
           1 |      159162 |           185 |      4484 |  9082758 |     11805733 |     7300070 |          527 |         109 |         146 |         0
(1 row)
```

图 9.19　查看数据库级资源统计

2. 数据库事务冲突

在关系数据库的实际应用中，特别是在并发环境下，当多个事务试图同时访问和修改相同的数据时，就会产生数据库事务冲突。因此，研究分析事务冲突具有以下作用。

确保数据一致性：在并发环境中，多个事务可能同时访问和修改同一数据，导致数据不一致。通过研究和解决事务冲突，可以确保数据在事务处理过程中的一致性，避免数据错误和损坏。

提高并发性能：事务冲突是并发控制的难点之一。通过深入研究事务冲突的原因和解决方法，可以优化并发控制策略，提高系统的并发处理能力，从而提升数据库的整体性能。

保障事务隔离性：事务隔离性是数据库事务的重要属性之一。研究事务冲突可以帮助设计并实现更高效的隔离级别，确保事务在执行过程中不受其他事务的干扰，保证事务的独立性。

在 openGauss 的数据库中，通过查询系统表 stat_database_conflicts 或视图来分析数据库冲突，本视图名称可能会随着版本的不同而不同，可能的名称包括 pg_stat_database_conflicts 和 dbe_perf.stat_database_conflicts，本视图的重要列介绍如下：

confl_tablespace: 表空间冲突。

confl_lock: 锁冲突。

confl_snapshot: 快照冲突。

confl_bufferpin: 缓冲区钉住冲突。

confl_deadlock: 死锁。

通过分析这些冲突统计信息，可以确定哪些类型的事务冲突最常见，以及它们可能对数据库性能产生的影响。可能需要调整事务隔离级别、重新设计查询或优化数据库架构，以减少冲突并提高并发性能。

3. 索引级性能统计

STAT_USERINDEXES、STAT_SYSINDEXES、STAT_ALL INDEXES、STATIO_USERINDEXES、STATIO_SYSINDEXES、STATIO_ALL_INDEXES：索引使用情况统计，统计索引扫描次数，索引扫描返回的索引项，通过索引扫描返回的表行数等，索引页的缓存效率等，用以评估索引收益和效率。

4. 文件性能统计

FILE_IOSTAT：数据文件的 IO 性能统计指标（读写数目、耗时、时延等），可以帮助建立数据文件物理访存的模型，识别文件级别上的物理 IO 负荷及其瓶颈。FILE_REDO_IOSTAT、STAT_BAD_BLOCK：获取操作 Redo 文件的性能，帮助诊断 Redo 日志操作的性能瓶颈。

5. 锁性能统计

LOCKS：对象锁涉及的对象、事务、会话、锁信息，可实时显示当前系统锁和热点锁。

9.4.3 应用级性能分析

openGauss 数据库性能指标分层中的应用级主要强调用户程序的表现，优秀的设计往往能避免掉大部分的性能问题。换句话说，不好的设计，往往是性能不好的原因。

1. 语句性能模型

STATEMENT_COUNT、STATEMENT：用于查询 DDL、DML（select、insert、update、delete）、DCL 语句的分布比率，帮助建立负载特征模型，预警负载异常变动；语句级别（归一化 SQL、模板 SQL）的响应时间、执行次数、行活动、软硬解析比、时间模型、网络开销、排序性能（时间、内存、溢出）、执行器 HASH 性能（时间、内存、溢出）。据此可以识别热点语句，定位语句性能瓶颈，建立语句性能基线，以低成本预警语句性能变化。

2. 应用级会话性能

LOCAL_ACTIVE SESSION、GS_ASP（public schema）：ASP（Active Session Profile，活跃会话概要信息）通过采样实例中活跃会话的状态信息，复现过去一段时间的系统活动，主要包含会话基本信息、会话事务、语句、等待事件、会话状态 (active、idle 等)，当前正阻塞在哪个事件上，正在等待哪个锁或被哪个会话阻塞。进而从中获取如下主要概要信息：

① 最近用户会话最耗资源的事件；

② 最近比较占资源的会话 /SQL 把资源都消耗在哪些事件上；

③ 最近执行时间 / 执行次数最多的是哪些 SQL（进而可以找出表、数据库）；

④ 最近最耗资源的用户的信息；

⑤ 最近阻塞其他会话最多的会话。

LOCAL_ACTIVE_SESSION 的默认采样频率是 1 s，这是一个内存视图；ASP 的默认采样频率是 10 s，持久化写入存储。

3. 全量 SQL 跟踪和慢 SQL 分析

STATEMENT_HISTORY：记录全量 SQL 信息，分为 L0、L1、L2 三个等级，可以获取实例信息、客户端信息、语句概要信息、执行信息、行活动信息、Cache/IO、时间模型、网络统计信息、锁概要信息、锁详细信息等。通过全量 SQL，可以得到整个系统所有语句的执行流水以及它们的详细性能数据 (持久化的)。

除 Statement 视图提供的能力外，还额外提供了详细加锁和释放锁信息，可以诊断到单语句级别的性能波动。

达到慢查询阈值设置的语句性能信息，性能要素和全量 SQL 一致。

在应用级进行全量跟踪（full sQL trace）时，分为三个层级：

Level0：性能影响 <1%，默认常开。

Level1：性能影响 <3%，建议常开。

Level2：性能影响 <30%，建议在发现和处置性能问题时短暂开启。

本章小结

无论是开发还是运行管理，数据库管理都是一个十分重要的技能，本章介绍了 openGauss 数据库管理及运维的几个方面：

"openGauss 运行状态"一节描述了操作系统资源消耗的检查方法、基本状态及统计信息等；"openGauss 日志管理"一节介绍了 openGauss 的五种日志以及每一种日志的检查方法；"openGauss 例行维护"一节重点阐述了表空间维护、表的例行维护及索引维护的方法；"openGauss 性能监测"一节说明了 openGauss 性能监测的三个级别：系统级、对象级和应用级性能监测与分析的方法。

思考题

1. 回顾本章内容，简述数据库运维过程中管理和技术的作用。

2. 完成"操作系统及环境检查"一节的内容，理解数据库对操作系统的依赖。

3. 查看 openGauss 的系统日志和审计日志，理解审计的作用。

4. 简述在 openGauss 数据库中实施备份和恢复的不同方法。考虑不同场景（例如，灾难恢复、数据损坏修复等）下，你会选择哪种方法，并解释原因。

5. 讨论在 openGauss 数据库中实施安全措施的重要性。如何配置用户权限和角色来提高数据库的安全性。

6. 简述 openGauss 数据库中的并发控制机制。如何管理事务以确保数据一致性和完整性？探讨锁机制和多版本并发控制（MVCC）在实际应用中的优缺点。

7. 简述在 openGauss 数据库运维中可能遇到的常见故障，并提出相应的诊断和解决策略。考虑包括硬件故障、网络问题、数据损坏等在内的不同类型的故障。

8. 讨论在 openGauss 数据库环境中构建高可用性架构的方法。你会如何规划和实施灾难恢复计划？考虑不同的备份方案和故障转移机制的优缺点。

9. 完成重建索引的两个方法。

10. 思考性能优化的方法，提出你认为的最优解。

第 10 章 openGauss 高级特性

本章要点：

在学习了 openGauss 提供的传统数据库功能之后，本章将针对企业级应用场景需求，介绍 openGauss 提供的一些具有持续竞争力的特性，包括内存引擎 MOT、适应更多应用场景的原地更新存储引擎 (Ustore)、创新的表数据按列存储形式，即列存表；为实现高可用性及高可靠性，从支持主备机到两地三中心的部署；在 openGauss 中引入 AI 特性，通过 AI 技术优化数据库的性能，如通过 CBO（cost-based optimization，基于代价的优化）优化器在执行计划生成阶段触发智能估计，实现对执行代价更精确的估计，从而生成更优的执行计划以获得更好的执行表现，同时也可通过 AI 实现数据库自治、免运维等技术特点，这部分称为 AI4DB；另一方面，在数据库中内置 AI 功能，打通数据库到人工智能应用的端到端流程，使得在数据库编程中可方便实现机器学习相关算法，这部分称为 DB4AI。最后总结了 openGauss 对数据库两种应用模式 OLTP 和 OLAP 的支持情况。

本章导图：

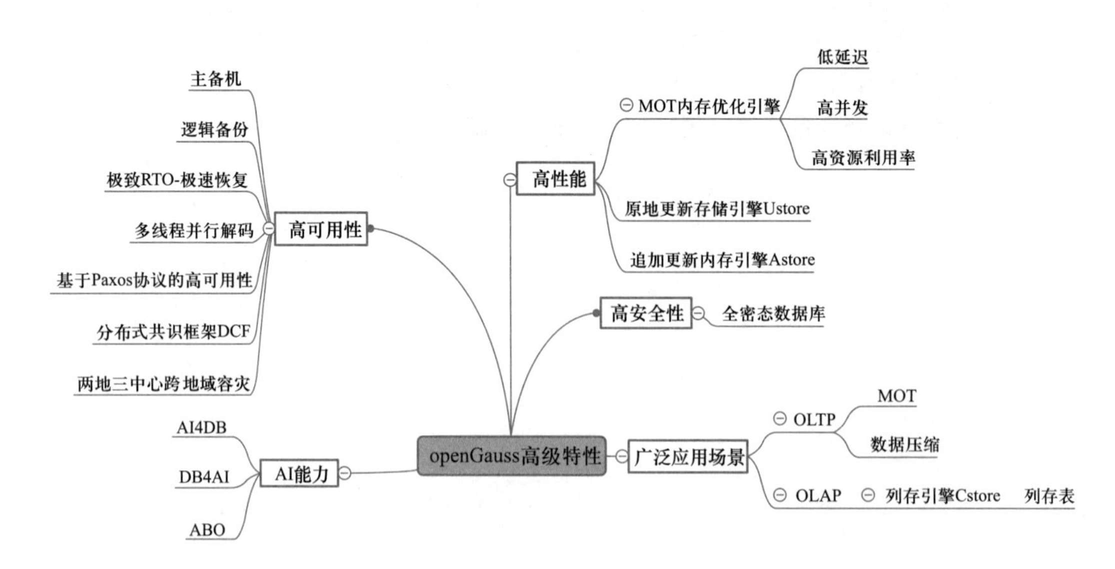

在全面支持传统数据库系统功能的基础上，openGauss 针对海量事务处理、高吞吐事务处理、高工作负载、大规模流数据提取、高可靠性和高性能要求的应用场景，提供了包括 AI 在内的很多创新技术，以此来支持这些场景应用的有效实现。

本章将从技术原理、应用场景及基本使用方法方面简要介绍 openGauss 提供的这些主要高级特性，有关更多的特性，请感兴趣的读者参阅 openGauss 的技术白皮书和技术参考资料。

10.1　行存储及列存储

对于表中数据的存储模型，openGauss 提供了将表数据按行存储到硬盘分区上的行存储形式和将表数据按列存储到硬盘分区上的列存储形式，并且支持在一个数据库中，有些表是行存储形式，有些表是列存储形式的混合存储。

行、列存储形式各有优劣，具体应根据应用场景进行选择。通常在 OLTP（联机事务处理）场景下，推荐使用行存储，仅在执行复杂查询且数据量大的 OLAP（联机分析处理）场景时，才使用列存储。默认情况下，openGauss 创建的数据表采用行存储模式。

10.1.1　行存储和列存储的差异

行存储和列存储的差异，参见图 10.1。

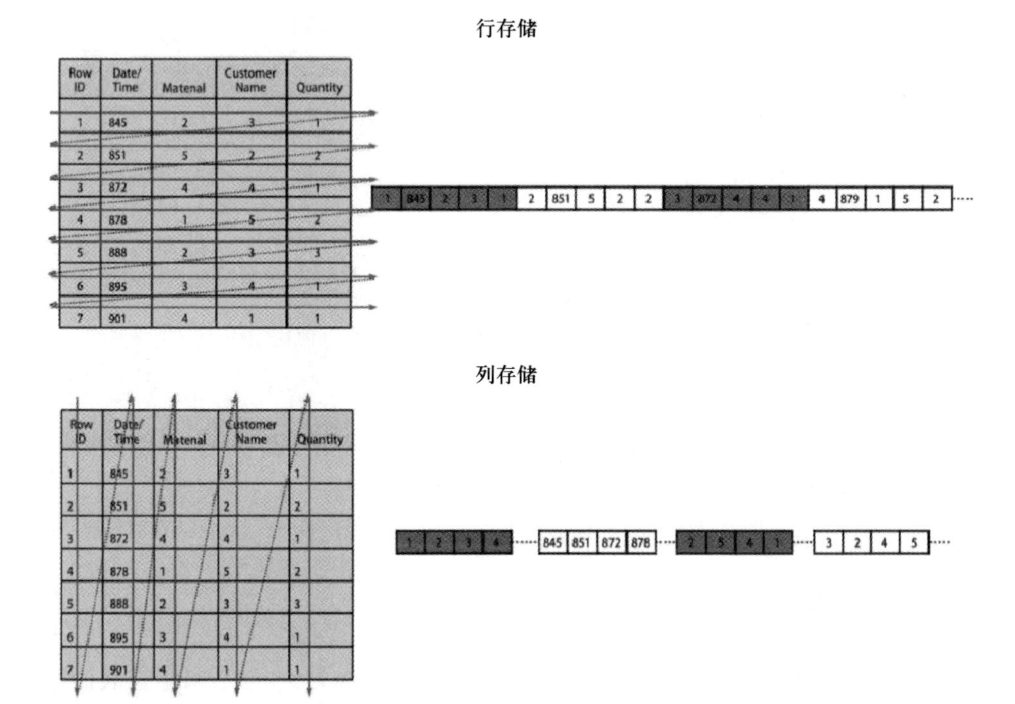

图 10.1　行存储和列存储的差异

在图 10.1 中，上半部分为行存表，表数据逐行存储在文件中；下半部分为列存表，表数据按列顺序存储在文件中。

10.1.2　行存储和列存储优缺点对比

行存储和列存储各有优缺点，表 10.1 对两种存储方式的优缺点进行了比较。

表 10.1　行存储和列存储的优缺点比较

存储模型	优点	缺点
行存	相邻行的数据保存在一起，容易进行插入、更新操作	SELECT 选择表数据时即使只涉及某几列，所有数据都会被读取，效率低
列存	SELECT 时仅读取涉及的列；投影（projection）操作很高效	选择数据时，被选择的列要重新组装； INSERT/UPDATE 操作较复杂

10.1.3　应用场景

一般情况下，如果表的字段比较多（大宽表），查询中涉及的列不多的情况下，适合列存储。如果表的字段个数比较少，查询大部分字段，那么选择行存储比较好。表 10.2 对两种存储方式的适用场景进行了比较。

表 10.2　行存储和列存储的适用场景比较

存储类型	适用场景
行存	点查询（返回记录少，基于索引的简单查询）场景； 增、删、改操作较多的场景； 频繁的更新、少量的插入场景； 联机事务优先 OLTP
列存	统计分析类查询（关联、分组操作较多的场景）； 即席查询（查询条件不确定，行存表扫描难以使用索引）； 一次性大批量插入； 表列数较多，建议使用列存表； 如果每次查询只涉及表的少数（<50% 总列数）几个列，建议使用列存表； 联机分析处理 OLAP

10.1.4　使用示例

在创建表时，可通过在建表语句中指定 ORIENTATION 参数来指定表的存储模式。

基本的创建表语法如下：

```
CREATE TABLE table_name
(column_name data_type [, … ])
[ WITH ( ORIENTATION  = value) ];
```

其中，ORIENTATION 参数指定表的存储形式，参数设置成功后就不能再修改。

ORIENTATION=ROW，表示表的数据将以行存模式存储。

ORIENTATION=COLUMN，表示表的数据将以列存模式存储。

当不指定 ORIENTATION 参数时，默认为行存表，下列语句创建了一个表名为 test 的行存表：

```
=# create table  test  (
   id   char(10),
   name varchar(40),
   age    int );
```

如果要创建列存储表，需要显示指定 ORIENTATION 参数，下列语句将表 test 创建为一个列存表：

```
=#  create table  test (
   id   char (10),
   name varchar(40),
   age    int
)  with ( orientation = column) ;
```

对于表删除操作，无论行存表还是列存表，都不需要用参数来指定表类型，使用 DROP TABLE 语句来删除指定表名的表即可，如下面语句将删除表 test，无论它是列存表还是行存表：

```
=# drop  table  test;
```

10.2 存储引擎

针对行存表和列存表，openGauss 采用了不同的存储引擎来管理。对于行存表，用户可选择 Astore（append update，追加更新模式）引擎、Ustore（In-place Update，原地更新模式）引擎和内存引擎 MOT，在创建行存表时通过选项来设定相应的引擎；对于列存表，openGauss 采用列存引擎 Cstore 管理。本节主要介绍上述三种行存表引擎的设计原理、使用场景及基本使用方法。

行存表和列存表及相应的存储引擎的关系如图 10.2 所示：

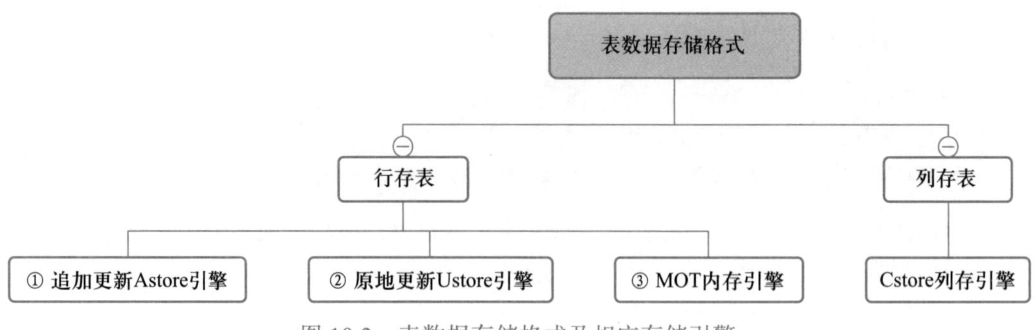

图 10.2　表数据存储格式及相应存储引擎

10.2.1　追加更新存储引擎 Astore

Astore 存储引擎模式是 openGauss 最初使用的存储引擎，使用这种存储引擎的数据表对于数据的增加、删除以及同一页面内数据更新（Hot Update，热更新）操作具有较好的性能，缺点是对于跨数据页面的非热更新场景，垃圾回收不够高效。

创建表时如果没有指定存储引擎模式，默认的存储引擎就是追加更新模式。

10.2.2　原地更新存储引擎 Ustore

由于 Astore 存储引擎模式在跨数据页面的非热更新场景下垃圾回收不够高效，为了解决该问题，Ustore 存储引擎应运而生。

Ustore 存储引擎，又称为 In-place Update（原地更新）存储引擎，是 openGauss 内核解决 Astore 模式的不足而新增的一种存储引擎模式。

1. 设计原理

Ustore 存储引擎模式将历史版本数据存储于单独的 UNDO（回滚）空间并设计相应的 UNDO 子系统来管理，主要特点如下：

Ustore 存储引擎将最新版本的“有效数据”和历史版本的“垃圾数据”分离存储，将最新版本的“有效数据”存储在数据页面上，并单独开辟一段 UNDO 空间，用于统一管理历史版本的“垃圾数据”，因此数据空间不会由于频繁更新而膨胀，“垃圾数据”集中回收效率更高。

Ustore 存储引擎采用非统一内存访问感知（Non-uniform memory access-aware，NUMA-aware）的 UNDO 子系统设计，这使得 UNDO 子系统可以在多核平台上有效扩展；同时采用多版本索引技术，解决索引清理问题，有效提升了存储空间的回收复用效率。

Ustore 存储引擎结合 UNDO 空间，可以实现更高效、更全面的闪回查询和回收站机制，能快速回退人为“误操作”，为 openGauss 提供了更丰富的企业级功能。

2. 核心优势

Ustore 存储引擎模式具有数据操作高性能、数据存储高效率及有效控制细粒度资源等优势。

数据操作高性能：对插入、更新、删除等不同负载的业务，性能以及资源使用表现相对均衡。在频繁更新类的业务场景下，更新操作采用原地更新模式可拥有更高、更平稳的性能表现。适应“短”（事务短）、“频”（更新操作频繁）、“快”（性能要求高）的典型 OLTP 类业务场景。

数据存储高效率：支持最大限度的原位更新，极大节约了空间；将回滚段、数据页面分离存储，具备更高效、平稳的 IO 使用能力，UNDO 子系统采用 NUMA-aware 设计，具有更好的多核扩展性，UNDO 空间统一分配，集中回收，复用效率更高，存储空间使用更加高效、平稳。

有效控制细粒度资源：Ustore 引擎提供多维度的事务“监管”方式，可基于事务运行时长、单事务使用 UNDO 空间大小，以及整体 UNDO 空间限制等方式对事务运行进行“监管”，防止异常、非预期内的行为出现，方便数据库管理员对数据库系统资源的使用进行规范和约束。

从 Ustore 存储引擎的核心优势可看出，即使数据更新频繁，该模式依然能够保持业务系统的高性能和平稳运行，从而适应更多业务场景和更高的工作负载，特别是对性能和稳定性有更高要求的金融核心业务场景。

3. Ustore 模式使用示例

Ustore 与 Astore 两种存储引擎在 openGauss 中并存。Ustore 存储引擎屏蔽了存储层实现的细节，SQL 语法和原有的 Astore 存储引擎使用基本保持一致，在创建表和索引时通过建表语句的存储类型参数指定引擎类型，如果建表时没有指定存储引擎类型，则默认采用 Astore 存储引擎；也可通过 GUC 参数配置，指定 Ustore 存储引擎为默认引擎。

Ustore 存储引擎含有 undo log（回滚日志），在创建 Ustore 存储引擎表时需要提前在 postgresql.conf 中配置 undo_zone_count 参数的值，该参数代表 undo log 的一种资源个数，建议配置为 16 384，即在配置表中设置“undo_zone_count=16384”，配置完成后要重启数据库。

在 postgresql.conf 配置文件中加入：

```
undo_zone_count=16384
```

基本的创建表语法如下：

```
CREATE  TABLE  table_name
    (column_name data_type [, … ])
    [ WITH ( STORAGE_TYPE  =  value) ];
```

其中 STORAGE_TYPE 参数指定表的存储引擎模型；STORAGE_TYPE=USTORE，表示采用 Ustore 存储引擎；STORAGE_TYPE= ASTORE，表示采用 Astore 存储引擎。

下面给出建表时指定存储引擎的示例：

```
=# create table test(id int, name varchar(10)) with
(storage_type=ustore);
```

上述语句以 Ustore 模式创建了一个含有两个字段的表 test，如果语句中没有 with 选项，则默认创建 Astore 模式的表。

也可在数据库启动之前，在配置文件 postgresql.conf 中设置“enable_default_ustore_table=on”，指定用户创建表时默认使用 Ustore 存储引擎。

在 postgresql.conf 配置文件中加入：

```
enable_default_ustore_table=on
```

在上述配置下，create table 语句将创建一个 Ustore 模式的表。

Ustore 存储引擎使用的索引为 UBtree，它是专门给 Ustore 存储引擎开发的索引，也是该引擎目前唯一支持的索引类型。

有两种方法为 Ustore 存储引擎模式下的表创建索引。

方法 1. 不需要指定索引类型，也就是通过一般的索引创建方法，为表创建的就是 UBtree 索引，如下面语句将在表 test 的 name 列上创建一个 UBtree 索引：

```
=# create index name_idx on test(name);
```

方法 2. 可在创建索引语句上使用 using 关键字指定索引类型为“ubtree”，上述 test 表的索引也可采用下列语句创建：

```
=# create index name_idx on test using ubtree (name);
```

10.2.3　MOT 内存引擎

MOT 内存引擎是 openGauss 最先进的生产级特性，它为事务性工作负载提供更高的性能。MOT 内存引擎允许用户将表数据及索引完全放入内存中，通过高效的内存访问、消除锁及锁争用算法等手段，提供更快的数据访问及更高效的事务执行，结合完整的 ACID 事务特性及高可用性支持，使得 MOT 内存引擎在对低延迟、高吞吐量有较高要求的应用场景下成为用户的首选。

1. MOT 特性

数据库系统需要持久存储海量数据，磁盘容量较大且能够提供持久性存储，所以数据库系统一般选择磁盘作为数据的存储介质，但磁盘的访问时间常常成为系统性能瓶颈，所以需要在内存中开辟缓冲区，实现磁盘到内存的数据交换，在内存中执行事务、索引、日志记录及备份等操作以提高数据库系统性能，是常见的数据库系统设计方案。

通过设计相应的内存数据结构，将数据库数据放入内存中，从而取消内存缓存区，减少甚至完全消除磁盘到内存的数据交换时间，这种设计方案能够显著提高数据访问速度从而极大提升数据库系统性能，这类数据库系统称为“内存数据库”。目前常见的内存数据库一般分为关系型和非关系型，非关系型也称为 NoSQL（not only SQL）型，一般以键值对（key-value）的形式存储数据，Redis 是典型的 NoSQL 内存数据库，主要用于缓存数据以提高热点数据的访问效率，是目前分布式架构中运用较多的一种技术选型。传统关系数据库一般通过提供内存数据库引擎机制从而实现关系型内存数据库，比如 SQL Server 2016 In-Memory OLTP 及 MySQL Memory Engine，关系型内存数据库也通过 SQL 操纵数据，和关系数据库基本操作一致，虽然支持的数据类型可能受限，但因为具备有效提升事务处理性能和显著降低延迟等优点，所以在性能敏感的应用场景中具有极高的应用价值。

openGauss 集成了 MOT（memory-optimized table）存储引擎，采用优化的内存数据结构将数据及索引放入内存，并通过使用 NUMA-aware 算法提升内存数据布局等多种手段来保证内存数据访问的稳定性和高效性。MOT 引擎让用户可采用 SQL 语句在内存中创建表和索引，在内存中存储和操纵数据以获得高效的访问性能，并通过几乎无锁的设计及高度调优的特点使得 MOT 在多核服务器上实现了卓越的近线性吞吐量扩展，MOT 让 openGauss 具有内存关系数据库特性。

由于数据完全在内存中存储，MOT 在生产环境中使用时往往需要配置多核服务器和大内存，所以 MOT 针对多核和大内存服务器进行了优化，可为事务性工作负载提供更高的性能。MOT 引擎支持行存表模式，完全支持事务 ACID 特性，提供严格的持久性和高可用性支持。企业可以在关键任务、性能敏感的联机事务处理（OLTP）中使用 MOT，以实现高性能、高吞吐、可预测低延迟以及多核服务器的高利用率。

- 低延迟（low latency）：提供快速的查询和事务响应时间。
- 高吞吐量（high throughput）：支持峰值和持续高用户并发。
- 高资源利用率（high resource utilization）：充分利用硬件。

MOT 尤其适合在具有多路和多核处理器的现代服务器上运行，经测试，使用了 MOT 的应用程序可以提升 2.5 ~ 4 倍的吞吐量。例如，在基于 Arm/ 鲲鹏的华为泰山服务器和基于英特尔至强的戴尔 x86 服务器上，执行 TPC-C 基准测试（交互事务和同步日志），MOT 提供的吞吐率增益在 2 路服务器上达到 2.5 倍，4 路服务器上达到 3.7 倍；MOT 提供的低事务延迟可将事务处理速度提升 3 ~ 5.5 倍；高负载和高争用的情况是所有领先的行业数据库都会遇到的问题，高效利用服务器资源，特别是多核服务器资源，是解决问题的重要手段。使用 MOT 后，4 路服务器的资源利用率达到 99%，远远领先其他行业数据库。

2. MOT 关键技术

下面对 MOT 引擎的关键实现技术作简单介绍，包括内存数据结构、免锁事务管理、免锁索引、内存管理与 openGauss 的无缝集成等方面内容。

（1）内存优化数据结构

以实现高并发吞吐量和可预测的低延迟为目标，所有数据和索引都存放在内存中，不使用中间页缓冲区，并为内存访问设计专门的数据结构、优化算法，以及使用持续时间最短的锁。

（2）免锁事务管理

MOT 在保证严格一致性和数据完整性的前提下，采用乐观并发控制策略实现高并发和高吞吐。在事务过程中，MOT 不会对正在更新的数据行的任何版本加锁，从而大大降低了一些大内存系统中的争用。事务中的乐观并发控制（optimistic concurrency control，OCC）语句是在没有锁的情况下实现的，所有的数据修改都是在内存中专门用于私有事务的部分（也称为“私有事务内存”）中进行的。这就意味着在事务过程中，相关数据在私有事务内存中更新，从而实现了无锁读写；而且只有在提交阶段才会短时间加锁。

（3）免锁索引

由于内存表的数据和索引完全存储在内存中，因此拥有一个高效的索引数据结构和算法非常重要。MOT 索引机制基于最先进的 Masstree，这是一种用于多核系统的快速且可扩展的键值（key value，K-V）存储索引，采用 B+ 树的 Trie 实现。通过这种设计，高并发工作负载在多核服务器上可以获得卓越的性能。同时 MOT 也应用了优化锁方法、高速缓存感知和内存预取等先进的技术来实现性能优化。

（4）NUMA-aware 的内存管理

MOT 内存访问的设计支持非统一内存访问（NUMA）感知。NUMA-aware 算法增强了内存中数据布局的性能，使线程能够访问由内存控制器处理的、不需要通过使用互连（如英特尔 QPI）进行额外跳转的核心内存。MOT 的智能内存控制模块为各种内存对象预先分配了内存池，提高了性能，减少了锁，保证了稳定性；同时在事务中尽量减少系统内存分配（OS malloc）的使用，避免不必要的锁。

（5）高效持久性

日志和检查点是实现磁盘持久化的关键能力，也是 ACID 的关键要求之一。目前所有的磁盘（包括 SSD 和 NVMe）都明显慢于内存，因此持久化是基于内存数据库引擎应用的瓶颈。作为一个基于内存的存储引擎，MOT 的持久化设计必须实现各种各样的算法优化，以确保持久化的同时还能达到设计时的速度和吞吐量目标。

（6）高 SQL 覆盖率和功能集

MOT 通过扩展的 PostgreSQL 外部数据封装（FDW）以及索引，几乎支持完整的 SQL 范围，包括存储过程、用户定义函数和系统函数调用。

（7）使用 PREPARE 语句的查询原生编译

通过使用 PREPARE 客户端命令，可以按照交互方式执行查询和事务语句。这些命令已被预编译成原生执行格式，也称为 Code-Gen 或即时（just-in-time，JIT）编译。这样可以实现平均 30% 的性能提升。在可能的情况下，应用编译和轻量级执行；否则，使用标准执行路径处理适用的查询。Cache Plan 模块已针对 OLTP 进行了优化，在整个会话中甚至使用不同的绑定设置以及在不同的会话中重用编译结果。

（8）MOT 和 openGauss 数据库的无缝集成

MOT 是一个集成在 openGauss 中面向内存优化的高性能内存引擎。MOT 的主内存引擎和基于磁盘的存储引擎并存，以支持多种应用场景；同时在内部重用数据库辅助服务，如 WAL 重做日志、复制、检查点和恢复高可用性等。用户可以从基于磁盘的表和 MOT 的统一部署、配置及访问中受益，可根据特定需求，灵活且低成本地选择使用哪种存储引擎，例如，将会导致瓶颈的高度性能敏感数据放入内存中，由 MOT 引擎管理，其他数据由磁盘引擎管理。

3. MOT 应用场景

通过前面讲述的 MOT 技术特点及其具有的特性：低延迟、高吞吐量及高资源利用率，利用 MOT 可以显著提高应用程序的整体性能。MOT 不仅可用于数据缓存场景，而且由于它是以行存表模式存储数据，所以更适用于对性能及吞吐量敏感的联机事务应用场景。

MOT 通过提高数据访问和事务执行的效率，以及消除并发执行事务之间的锁和锁存争用，最大程度地减少重定向，进而提高了事务处理的性能。MOT 的高性能不仅因为数据及索引存储于内存中，还因为它围绕并发内存使用及管理进行了优化，并通过专门的设计和算法来进行数据存储、访问和处理，是能够以最大限度地利用内存和高并发计算的最新先进技术。

为了方便用户能够快速将 MOT 融入自己的应用程序中，openGauss 提供了 MOT 灵活方便的使用方法。得益于表形式的存储格式，程序员可以使用常规的 SQL 语句来创建和访问 MOT，几乎没有学习成本。openGauss 允许应用程序根据需要，随意使用 MOT 或者基于标准磁盘的表。对于程序中非常活跃、访问频繁，访问性能对应用程序性能构成瓶颈的数据表，以及需要可预测的低延迟访问和高吞吐量的表来说，将存储引擎设计为 MOT 特别有用。

MOT 可用于各种应用，下面给出一些其适用场景。

（1）高吞吐事务处理场景

这类应用往往需要处理海量事务，同时要求单个事务的延迟较低，这是 MOT 应用的主要场景。这类应用的示例有实时决策系统、支付系统、金融工具交易、体育博彩、移动游戏、广告投放等。

（2）性能瓶颈加速场景

应用的性能决定于访问频繁的数据表，通过将这类表设计为 MOT 或者转换为 MOT 可以提高系统性能。由于延迟更低、竞争和锁更少以及服务器吞吐量能力增强，MOT 能够使性能显著提升。

（3）消除中间层缓存场景

云计算和移动应用往往会有周期性或峰值的高工作负载。此外，许多应用都有 80% 以上的负载是读负载，并伴有频繁的重复查询。为了满足峰值负载的单独要求，以及降低响应延迟以提供最佳的用户体验，应用程序通常会部署中间缓存层。但这增加了开发的复杂性和时间，也增加了运营成本。MOT 提供了一个很好的替代方案，通过一致的高性能数据存储来简化应用架构，缩短了开发周期，降低了成本。

（4）大规模流数据提取场景

MOT 可以满足云端（针对移动、M2M 和物联网）、事务处理（transactional processing，TP）、分析处理（analytical processing，AP）和机器学习（machine learning，ML）的大规模流数据的提取要求。MOT 尤其擅长持续快速地同时提取许多不同来源的大量数据。这些数据可在以后进行处理、转换，转存为速度较慢的基于磁盘的表。另外，MOT 还可以查询到一致的、最新的数据，从而得出实时结果。

（5）降低 TCO（总体拥有成本）场景

提高资源利用率和消除中间层可以节省 30% ~ 90% 的总体拥有成本。

4. MOT 不支持的数据类型

虽然 MOT 能够有效提升应用的整体性能，但目前 MOT 还不能支持 openGauss 的所有字段类型，常见的字段类型（如字符型、数值型、布尔型等）MOT 都已支持，所以大部分数据表都可以设计为 MOT。

下面列出目前 MOT 不支持的数据类型：

UUID，User-Defined Type(UDF)，Array data type，NVARCHAR2(n)，Clob，Name，Blob，Raw，Path，Circle，Reltime，Bit varying(10)，Tsvector，Tsquery，JSON，Box，Text，Line，Point，LSEG，POLYGON，INET，CIDR，MACADDR，Smalldatetime，BYTEA，Bit，Varbit，OID。

5. MOT 使用方法

用户在使用 MOT 前首先需要具有相应的权限，这样才能创建 MOT 及索引。创建好 MOT 后，就可以和操作磁盘表一样，使用 SQL 来对 MOT 进行增删改查等操作，也可以创建使用 MOT 的存储过程和函数。目前 openGauss 还不支持直接将磁盘表转换为 MOT，但可通过工具导出磁盘表内容，创建一个新的 MOT 后再将数据导入创建的 MOT 来完成将磁盘表转换为 MOT。

由于对创建后的 MOT 而言，增删改查操作和磁盘表完全一样，因此这里只给出创建、删除 MOT 的示例，不再给出其他操作示例。

下面用一些简单的例子来演示如何给用户授予使用 MOT 的权限、创建 MOT 以及将磁盘表转换为 MOT。

（1）用户授权

由于 MOT 通过外部数据封装器（foreign data wrapper，FDW）机制与 openGauss 数据库集成，所以通常在初始配置阶段，数据库管理员需要对使用 MOT 存储引擎的用户授予访问权限，授权操作仅需对每个数据库用户执行一次。

授权语法：

```
=# GRANT USAGE ON FOREIGN SERVER mot_server TO <user>;
```

下列语句授权数据库用户 john 能够创建和访问 MOT：

```
=# GRANT USAGE ON FOREIGN SERVER mot_server TO john;
```

（2）创建和删除 MOT

创建 MOT 前需要在配置文件 postgresql.conf 中关闭增量检查点，否则无法创建 MOT。具体操作是将配置文件中 enable_incremental_checkpoint 项设置为 off。

用户获得授权并修改配置文件以关闭增量检查点后，就可以创建并操纵 MOT。

创建 MOT 的 SQL 语句和创建磁盘表语句的区别在于创建表语句中是否有关键字 FOREIGN，CREATE TABLE 表示创建磁盘表，CREATE FOREIGN TABLE 表示创建 MOT。

MOT 和磁盘表只在创建时语法有区别，对于其他 DML 操作命令的语法，MOT 表和磁盘表是一致的，都采用同样的 SQL 语句处理。需要注意的是 MOT 的字段类型必须是 MOT 支持类型。

下面创建一个表名为 person，含有多个字段的 MOT：

```
=#  create  FOREIGN  table  person (
=#  per_no  char(10)  primary  key,
=#  per_name  char(20) ,
=#  spellshort  varchar(20) ,
=#   dept_no   char(10)   foreign   key   references
department (dept_no),
=#  gender  char(10) ,
=#  birth_date  date,
=#  id_no  char(20) ,
=#  prof_titl  varchar(20) ,
=#  gradu_sch  varchar(20) ,
=#  edu_bckgrd  varchar(20) ,
=#  rem  varchar(50) ,
=#  ) [server mot_server]
=#;
```

上面建表语句中关键字 FOREIGN 表示创建的是内存表（MOT）person。

由于 MOT 引擎已经集成到 openGauss，所以上述语句中的 server mot_server 项是可选参数。

采用 drop 命令删除内存表时，也需要有关键字 FOREIGN。输入下面语句将删除刚创建的内存表 person。

```
=# drop FOREIGN table person;
```

（3）为内存表创建索引

为内存表创建和删除索引的语句与 openGauss 中磁盘表的操作相同。下面语句是为内存表 person 创建索引 name_dept：

```
=#create index  name_dept on person (per_name, dept_
no) ;
```

删除上面命令创建的索引：

```
=#drop index  name_dept ;
```

注意在创建和删除内存表索引时，不再需要关键字 FOREIGN。

（4）磁盘表转换为内存表（MOT）

目前 openGauss 不支持将磁盘表直接转换为内存表，但可通过下面的方式间接实现：使用 openGauss 提供的数据导出工具 gs_dump 先导出磁盘表内容，创建内存表后使用数据导入工具 gs_restore 将导出的数据导入内存表。

由于 MOT 目前不支持所有的数据类型，所以转换前需要检查待转换的磁盘表的数据类型。如果磁盘表中含有内存表不支持的字段类型，则需要将不支持的字段类型先转换为内存表支持的类型，建议使用 ALTER TABLE 语句先将待转磁盘表 A 转换为一个只含有内存表数据类型的磁盘表 B，再按如下转换步骤转换：

（1）暂停应用程序活动；

（2）使用 gs_dump 工具将磁盘表转储到磁盘的物理文件中；

（3）重命名待转的磁盘表；

（4）创建同名同模式的 MOT，并确保使用 FOREIGN 关键字指定该表为 MOT；

（5）使用 gs_restore 将磁盘文件的数据加载 / 恢复到数据库表中；

（6）浏览或手动验证所有原始数据是否正确导入到新的 MOT 中；

（7）恢复应用程序活动。

由于转换后的内存表表名为转换前的磁盘表表名，应用程序查询和相关数据库存储过程将能够无缝访问新的 MOT，而无须修改相关代码。

在 openGauss 5.0 版本后，MOT 支持跨引擎多表查询（可在 join、union 和子查询等语句中同时使用 MOT 和磁盘表）和跨引擎多表事务（在一个事务中同时使用 MOT 和磁盘表）。

下面给出了一个将包含两个整型字段 x 和 y 的磁盘表 customer 转换为内存表 customer 的示例步骤。

（1）查看磁盘表 customer 的数据类型

```
=# \d+ customer
```

执行上述语句后，显示下面信息：

```
Column |  Type    | Modifiers | Storage | Stats target | Description
------+--------+--------+-------+-----------+----------
x      |integer|           | plain |               |
y      |integer|           | plain |               |
```

从上述信息可看到 customer 中的字段类型都是内存表所支持的。

（2）通过查询语句看一下 customer 表中已有的数据

```
=# select * from customer;
```

这个步骤是为了验证转换前的磁盘表数据是否和转换后的内存表数据一致，并不是必要的步骤。

（3）使用 gs_dump 导出磁盘表数据

gs_dump 工具语法：

```
# gs_dump -Fc servername -a --table customer -f
customer.dump -p 16000
```

gs_dump 的具体语法，请参考本书相关章节。上述语句中使用 -Fc 选项格式表示导出后生成逻辑备份，servername 为数据库服务器名称，将磁盘表 customer 的内容导出到文件 customer.dump 中。

（4）重命名 customer 表为 customer_bk

```
=# alter table customer rename to customer_bk;
```

（5）创建与源表完全相同的内存表 customer

```
=# create foreign table customer (x int, y int);
```

（6）将源转储数据（步骤 3 导出的数据 customer.dump）导入到新内存表 customer 中

```
# gs_restore -C -d servername customer.dump -p 16000
```

（7）使用 select 语句查看一下内存表的内容是否为源表内容

```
=# select * from customer;
```

注意：上述转换步骤中，步骤 1、3、4、5、6 为必要步骤，其他的为辅助检查步骤，不是必要的。

10.3 高可用性

高可用性（high availability）是指系统能够连续运行，从而向最终用户提供的服务基本上是不间断的。一个软件系统能否正常运行往往依赖于存放业务数据的数据库系统，所以数据库系统的高可用性对企业数据安全性和保障业务连续性的重要程度是不言而喻的。

系统的可用性一般用可用性指标来度量。如果系统能够不间断地提供服务，那么它的可用性就是 100%。如果系统每运行 100 个时间单位，就会出现 1 个时间单位无法提供服务，那么该台系统的可用性是 99%。目前大部分企业的高可用性目标是 99.99%，也就是系统运行一年，允许有 52.56 分钟系统不提供服务。

数据库系统发生故障的原因有多种，硬件故障，网络故障，电力故障，甚至不可预见的火灾、洪水、地震等。数据库系统通过高可用性来保证发生故障后系统不会丢失数据且能够尽快恢复服务。高可用性是数据库系统在系统架构设计中必须考虑的因素。

高可用性系统的架构设计核心准则包括冗余和故障检测监控机制。冗余包括多数据库实例运行，多硬件备份等。openGauss 提供多种特性，如主备机、逻辑复制、逻辑备份、物理备份、作业失败自动重试、极致 RTO、级联备机、延时回放、备机增加删除、延迟进入最大可用模式、并行逻辑解码、DCF、CM、支持 global-syscache、支持备机 build 备机、两地三中心跨地域容灾等机制来为系统的高可用性保驾护航。

下面简要介绍这些特性的特点及其用途。

10.3.1　主备机

1. 简介

为了保证故障的可恢复，需要将数据备份多份，设置主备多个副本，通过日志进行数据同步。实现在节点故障、停止后重启等情况下，openGauss 能够保证故障之前的数据无丢失，满足事务的 ACID 特性。

2. 模式

主备模式：主备模式相当于两个数据副本，主机和备机各一个数据副本，主机执行读写；备机只读，接受日志、执行日志回放，如图 10.3 所示：

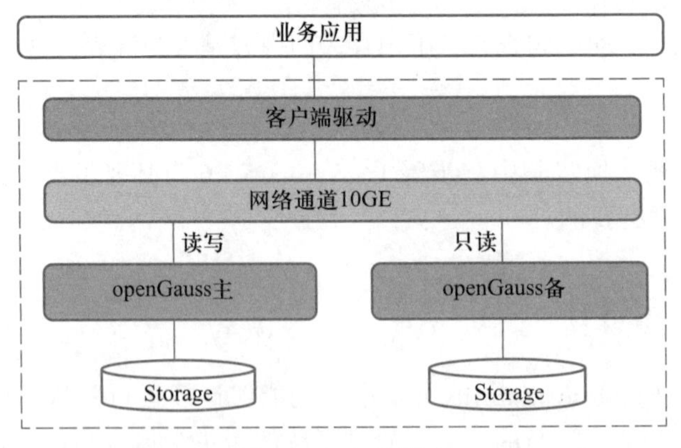

图 10.3　主备模式

一主多备模式：有两个以上备机，每个备机都需要重做日志，都可以升为主机。一主多备可提供更高的容灾能力，更加适合大批量事务处理的OLTP系统。一般建议如图10.4所示的一主二备模式。主备之间可以通过switchover命令进行主备机切换，主机故障后可以通过failover命令对备机进行升主。

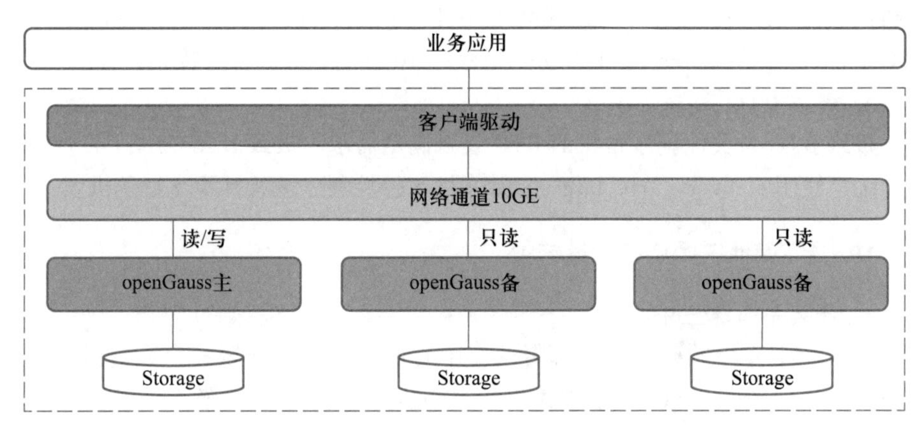

图10.4　一主二备模式

3. 实现和构建

初始化安装或者备份恢复等场景中，需要根据主机重建备机的数据，此时需执行build功能，将主机的数据和WAL日志发送到备机。

为了实现所有实例的高可用容灾能力，除了对DN（数据节点，负责一个具体事务在某一个数据分片内的所有读写操作）设置主备多个副本，openGauss还提供了其他主备容灾能力，以便实例故障后可以尽快恢复，不中断业务，将一些因为硬件、软件和人为故障对业务的影响降到最低，以保证业务的连续性。

4. 使用建议及限制

多副本的部署形态，提供了抵御实例级故障的能力，适用于不要求机房级别容灾，但是需要抵御个别硬件故障的应用场景。

一般多副本部署时使用1主2备模式，总共3个副本，3个副本的可靠性为99.99%，可以满足大多数应用的可靠性要求。

需要注意的是，主备实例不可部署在同一台物理机上。

10.3.2　极致RTO

1. 什么是RTO

恢复时间目标（recovery time objective，RTO），是指事故发生后，从IT系统宕机导致业务停顿之时开始，到IT系统恢复至可以支持各部门运作、恢复运营之时，此两点之间的时间段称为RTO。也就是业务从中断到恢复正常所需的时间，是反映业务恢复及时性的指标。

2. 极致RTO用途

主要用于支撑数据库主机重启后快速恢复的场景和支撑主机与同步备机通

过日志同步，加速备机回放的场景。

当业务压力过大时，备机的回放速度可能跟不上主机的速度，而在系统长时间地运行后，备机上会出现日志累积。当主机出现故障后，数据恢复需要很长时间，导致数据库不可用，从而影响系统可用性。开启极致 RTO，可以减少主机故障后数据的恢复时间，提高可用性。在 60% 负载、70+ 万 tpmC 下可达 RTO < 10 s，也就是在执行主备切换指令后 10 秒内，备机就能接管业务。

3. 极致 RTO 限制

极致 RTO 只关注同步备机的 RTO 是否满足需求。极致 RTO 去掉了自带的流控，统一使用 recovery_time_target 参数来做流控控制。该特性不支持备机读。

10.3.3　两地三中心跨地域容灾

1. 什么是两地三中心

两地三中心指的是在同城部署两个中心机房、异地部署一个灾备机房的架构，如图 10.5 所示，在上海部署两个中心机房，在北京部署一个备灾中心机房，实现跨地域容灾。

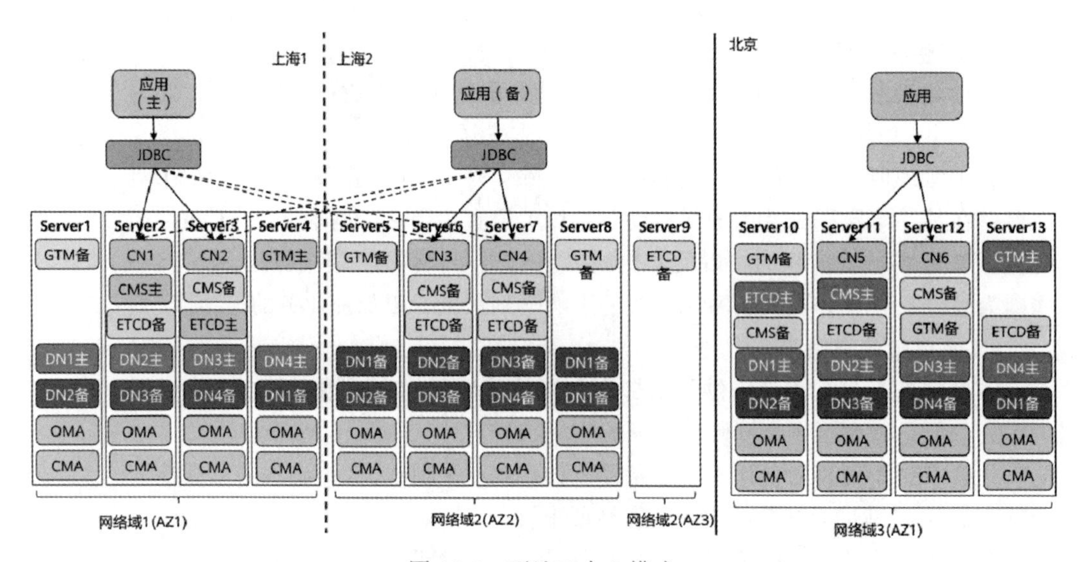

图 10.5　两地三中心模式

金融、银行业对数据的安全有着较高的要求，当发生火灾，地震，战争等极端灾难情况下，需要保证数据的安全性，因此需要采取跨地域的容灾方案。跨地域容灾通常是指主备数据中心机房距离在 200 km 以上的情况，主机房在发生以上极端灾难的情况下，备机房的数据还具备能继续提供服务的能力。该特性的目的是提供一套支持 openGauss 跨地域容灾的解决方案。

2. openGauss 提供的方案

针对应用业务需要底层数据库提供跨地域的容灾能力，来保证极端灾难情况下数据的安全和可用性的场景，openGauss 从 3.1.0 版开始，提供基于流式复制的异地容灾解决方案，它的主要特点是：支持灾备数据库通过 failover 命令升主；支持容灾主备数据库实例通过计划内 switchover 命令进行切换。

10.4 openGauss 对 OLTP 和 OLAP 的支持

目前数据库系统的应用场景，可分为 OLTP（联机事务处理）和 OLAP（联机分析处理）两种，一般来说，一个数据库应用程序可侧重于其中一种场景，但往往两类场景都会出现在应用中。

OLTP 在数据库中访问和维护事务数据。一个事务往往涉及多张表中多个字段组成的单条或者多条数据库记录。OLTP 场景需要频繁读取、写入和更新数据库数据，所以 OLTP 对数据库处理速度、并发性能往往要求较高，同时，如果事务失败，要求数据库系统可确保数据完整性，这要求数据库系统支持事务 ACID 特性并能够提供多种隔离级别。

OLAP 提供对从数据库和其他来源聚合而成的大量历史数据进行复杂的分析计算、数据挖掘、预测趋势服务。OLAP 数据库和数据仓库允许分析师使用自定义报告工具将 OLAP 分析结果转化为信息，为管理者提供决策支持。OLAP 中的查询失败不会中断或延迟客户的事务处理，但会延迟或影响商业智能洞察的准确性。

10.4.1 OLTP/OLAP 的区别及 openGauss 支持特性

openGauss 具有的高性能、高可用性、AI 特性，对 OLTP 和 OLAP 类应用均提供了相应支持，表 10.3 简单描述了 OLTP 和 OLAP 的区别，并且总结了 openGauss 对 OLTP 和 OLAP 支持的特性：

表 10.3 OLTP/OLAP

项目	OLTP	OLAP
用途	OLTP 用于事务处理。 典型的应用包括购物系统、银行业务系统、医院信息管理系统等	OLAP 的用途更注重分析。数据分析师使用 OLAP 服务来完成数据分析和挖掘，以帮助识别趋势、规则和模式，使企业能够实现某些目标，例如提高销售收入
数据处理速度	要求快速处理数据，确保事务处理速度，低延迟、高并发	对大量数据进行分析和挖掘，通常不需要持续跟踪和更新数据，对数据处理速度的要求较 OLTP 低
数据备份要求及频率	为了确保数据始终准确且可用，OLTP 系统中必须对数据进行备份	由于 OLAP 系统需要分析大量数据，为确保所有数据安全且可用，OLAP 的数据备份频率较 OLTP 高

续表

项目	OLTP	OLAP
查询的复杂性	OLTP 查询通常很简单	OLAP 查询通常更复杂，涉及分析来自多维数据集的多个变量
数据规范化	OLTP 的通常处理关系表，对数据的规范性要求较高	OLAP 处理的数据除了数据库中的表数据，可能还涉及其他数据格式，对数据的规范化要求较低
事务性要求	对数据的正确性和完整性要求较高	要求较 OLTP 低
openGauss 支持特性	集成的 MOT 内存引擎技术适用于对响应时间和并发性能敏感的 OLTP 类应用； 原地更新存储引擎 UStore 对 OLTP 类应用提供更高的性能支持； 由于 OLTP 点查、点插、删除、更新频繁，范围统计类查询和批量导入操作不频繁，表的字段个数比较少，查询包含大部分字段，行存表为 OLTP 类应用提供合适的表存储方式； 多种高可用性特性充分满足 OLTP 类应用对数据的可靠性要求； 事务的 ACID 特性及多种隔离级别、事务的乐观、悲观并发机制提供 OLTP 类应用不同的数据可靠性、完整性要求； 支持 OLTP 场景数据压缩	DB4AI 打通数据库到人工智能应用的端到端流程，通过数据库来驱动 AI 任务，对 OLAP 类应用提供更新的工具支持； OLAP 类应用经常使用范围统计类查询且批量导入操作频繁，更新、删除、点查和点插操作不频繁，表的字段比较多，即大宽表，查询中涉及的列不是很多，所以列存表形式有助于 OLAP 类应用快速获得需要的数据； 多种高可用性特性充分满足 OLAP 类应用对数据的可靠性要求

10.4.2　支持 OLTP 场景数据压缩

openGauss 支持 OLTP 场景下行存数据压缩，提供通用压缩算法，通过对数据页的透明页压缩和维护页面存储位置的方式，做到了高压缩、高性能，提高了数据库对磁盘的利用率。

OLTP 场景数据压缩可以降低表、索引数据的磁盘存储空间需求，在 IO 密集的数据库系统，可以有一定的性能提升。

但压缩和解压缩操作会对 CPU 产生额外的压力，因此对性能有一定的负面影响。其优点是增大磁盘的存储能力，提高磁盘利用率，同时节省磁盘空间，减少磁盘 IO 压力。

10.5 openGauss 的 AI 能力

人工智能技术最早可以追溯到 20 世纪 50 年代，甚至比数据库系统的发展历史还要悠久。人工智能技术与数据库结合是近些年的行业研究热点，openGauss 较早地参与了该领域的探索，并取得了阶段性的成果。在 openGauss 中，AI 特性子模块名为 DBMind，相对数据库其他功能更为独立，大致可分为 AI4DB、DB4AI 和 ABO 优化器三个部分。

AI4DB 就是指用人工智能技术优化数据库的性能，从而获得更好的执行表现；也可以通过人工智能的手段实现自治、免运维等。主要包括自调优、自诊断、自安全、自运维、自愈等子领域。

DB4AI 是指打通数据库到人工智能应用的端到端流程，通过数据库来驱动 AI 任务，统一人工智能技术栈，达到开箱即用、高性能、节约成本等目的。例如，通过 SQL-like 语句实现推荐系统、图像检索、时序预测等功能，充分发挥数据库的高并行、列存储等优势，既可以避免数据和碎片化存储的代价，又可以避免因信息泄漏造成的安全风险。

ABO 优化器又称为智能优化器，是指 openGauss 利用轻量级机器学习进行查询计划优化的特性。

本节所涉及的功能独立存在于数据库安装目录 ($GAUSSHOME) 的 bin/dbmind 目录中，各个子功能存在于 dbmind 的子目录 components 中。对于利用 AI 优化数据库性能及实现数据库自治（如 AI4DB），用户可通过 gs_dbmind 命令行调用实现；对于数据库内置 AI 的功能（如 DB4AI），用户只需使用特定的 SQL 语句和系统函数调用实现。

10.5.1 AI4DB：外置 AI

1. AI4DB 服务架构

AI4DB 主要用于对数据库进行自治运维和管理，从而帮助数据库运维人员减少运维工作量。在实现上，DBMind 的 AI4DB 框架具有监控和服务化的性质，同时也提供即时 AI 工具包，提供开箱即用的 AI 运维功能（如索引推荐）。AI4DB 的监控平台以开源的 Prometheus 为主，DBMind 提供监控数据生产者 exporter，可与 Prometheus 平台完成对接。DBMind 的 AI4DB 服务架构如图 10.6 所示：

从图 10.6 可以看到，Prometheus 监控指标存储服务器存储从 openGauss 数据库节点上采集的监控指标，如 CPU 和内存使用情况或者二次加工过的指标（如 CPU 使用率等），DBMind 后台服务通过 Prometheus 服务器获得数据库节点的监控指标并进行定期离线计算，如慢 SQL 原因分析、时序预测等，在离线计算结束后，DBMind 后台服务将计算结果存储到 metadata storage（支持 openGauss、SQLite 等数据库）中，用户可通过命令行客户端读取 DBMind 离线计算结果，若采用 openGauss 等数据库存储 DBMind 计算结果，则用户可以自行配置 Grafana 等可视化工具以实现该结果的可视化。

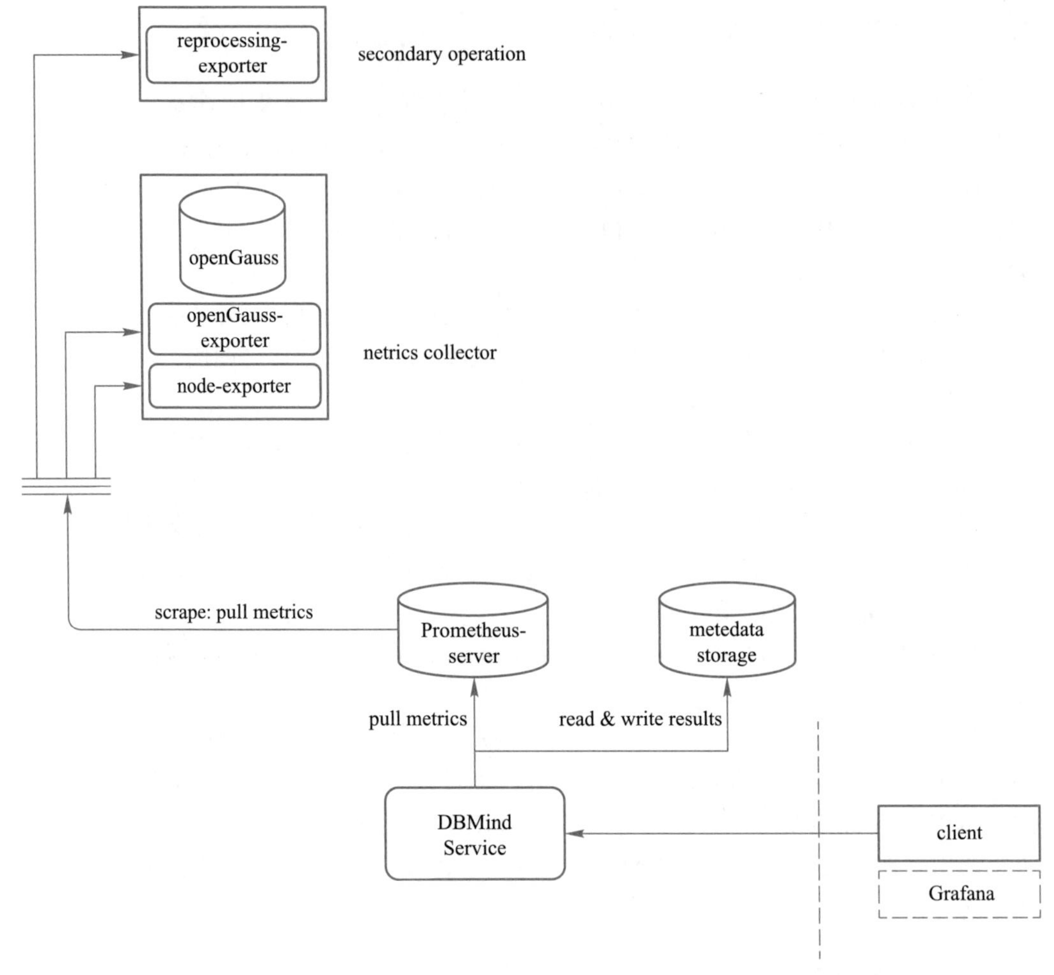

图 10.6　AI4DB 服务框架

2. 环境配置

AI4DB 功能需要运行在 Python 3.6 及更高的版本中，需要的第三方依赖包记录在 AI 功能根目录（$GAUSSHOME/bin/dbmind）的 requirements.txt 文件中（包括 requirements-x86.txt 与 requirements-arrch64.txt，用户可根据自己的平台类型选择），可以通过 pip install 命令安装依赖，如：

```
# pip install requirements-x86.txt
```

如果用户没有安装齐全所需的依赖，则当用户执行 gs_dbmind 命令时，系统会再次提醒用户安装第三方依赖。需要注意，该文件提供了 DBMind 所需的第三方依赖，若用户环境存在第三方包冲突等情况，可由用户根据实际情况进行处理。

3. 使用方法

用户可通过 gs_dbmind 命令调用 AI4DB 的全部功能：

```
# gs_dbmind [-h] [--version] {service,set,component} …
```

该命令可实现下列基本功能：

服务功能：service 子命令，包括创建并初始化配置目录、启动后台服务、关闭后台服务等，用户可发送命令给 DBMind 以修改服务的状态。

调用组件：component 子命令，AI4DB 功能（如索引推荐、参数调优等）可通过该模式进行即时调用。

设置参数：set 子命令，通过该命令，可以一键修改配置目录中的配置文件值；当然，用户也可以通过文本编辑器进行手动修改。

用户可以通过 --help 选项获得上述功能的帮助信息。

当用户完成配置目录的初始化后，可基于此配置目录启动 DBMind 后台服务。例如配置目录为 confpath，则启动命令如下：

```
# gs_dbmind service start -c confpath
```

当执行上述命令后，系统会提示服务已启动。在未指定任何附加参数时，该命令默认会启动所有的后台任务。如果用户只想启动某一个后台任务，那么需要添加参数 -only-run。例如，用户只想启动慢 SQL 原因分析服务，则命令为：

```
# gs_dbmind service start -c confpath --only-run slow_
query_diagnosis
```

关闭服务与启动服务类似，其命令行结构更加简单，只需指定配置目录的地址即可。例如配置目录为 confpath，则命令为：

```
# gs_dbmind service stop -c confpath
```

DBMind 服务会在后台执行完正在运行的任务后自行退出。

用户可以通过 gs_dbmind 的 component 子命令启动对应的 AI 子功能，常见的 AI 子功能包括参数调优与诊断、慢 SQL 根因分析、趋势预测等，下面以 X-Tuner（参数调优与诊断）子功能为例，给出相应的使用方法。

X-Tuner 是一款 openGauss 数据库集成的参数调优工具，通过结合深度强化学习和全局搜索算法等 AI 技术，实现在无须人工干预的情况下，获取最佳数据库参数配置。本功能不强制与数据库环境部署到一起，支持独立部署，脱离数据库安装环境独立运行。

X-Tuner 支持三种模式，分别是获取参数诊断报告的 recommend 模式、训练强化学习模型的 train 模式，以及使用算法进行调优的 tune 模式。上述三种模式可以通过命令行参数来区别，或者通过配置文件来指定具体的细节。

使用 X-Tuner 需要首先配置所连接的数据库。

（1）配置连接数据库

三种模式连接数据库的配置项是相同的，有两种配置方式：一种是直接通过命令行输入详细的连接信息，另一种是通过 JSON 格式的配置文件输入，下面以命令行参数指定数据库连接信息的方式进行说明。

命令行传递 -db-name（数据库名），-db-user（用户名），-port（数据库监听端口），-host（数据库 IP），-host-user（登录主机用户名）参数和可选 -host-ssh-port 参数，示例如下：

```
# gs_dbmind component xtuner recommend --db-name postgres --db-user omm --port 5678 --host 192.168.1.100 --host-user omm
```

上述命令表示以用户 omm 登录 IP 为 192.168.1.100，监听端口为 5678 上 openGauss 数据库服务器并连接 postgres 数据库。

为了防止密码泄露，配置文件和命令行参数中默认都不包含密码信息，用户在输入上述连接信息后，程序会采用交互式的方式要求用户输入数据库密码以及操作系统登录用户的密码。

配置好数据库连接信息后，可使用 recommend 模式、train 模式和 tune 模式获得诊断报告和调优。

（2）recommend 模式使用示例

```
# gs_dbmind component xtuner recommend -f connection.json
```

上述语句使用 recommend 模式获得诊断结果，具体内容请参阅《openGauss 应用开发指南》。

（3）train 模式使用示例

train 模式是用来训练深度强化学习模型的，与该模式有关的配置项为：

rl_algorithm：用于训练强化学习模型的算法，当前支持设置为 ddpg。

rl_model_path：训练后生成的强化学习模型保存路径。

rl_steps：训练过程的最大迭代步数。

max_episode_steps：每个回合的最大步数。

scenario：明确指定的 workload 类型，如果为 auto 则为自动判断。在不同模式下，推荐的调优参数列表也不一样。

tuning_list：用户指定哪些参数需要调优，如果不指定，则根据 workload 类型自动推荐应该调优的参数列表。如需指定，则 tuning_list 表示调优列表文件的路径。

待上述配置项配置完成后（存储到文件 connection.json 中），可以通过以下命令启动训练：

```
# gs_dbmind component xtuner train -f connection.json
```

训练完成后，会在配置项 rl_model_path 指定的目录中生成模型文件。

（4）tune 模式使用示例：

tune 模式支持多种算法，包括基于强化学习（reinforcement learning，RL）的 DDPG 算法、基于全局搜索优化（global optimization，GOP）算法的贝叶斯优化算法（bayesian optimization），以及粒子群算法（particle swarm optimization，PSO）。

与 tune 模式相关的配置项为：

tune_strategy：指定选择哪种算法进行调优，支持 rl（使用强化学习模型进行调优）、gop（使用全局搜索优化算法）以及 auto（自动选择）策略。若该参数设置为 rl，则 rl 相关的配置项生效。除前文提到过的 train 模式下生效的配置项外，test_episode 配置项也生效，该配置项表明调优过程的最大回合数，该参数直接影响了调优过程的执行时间（一般地，数值越大越耗时）。

gop_algorithm：选择何种全局搜索算法，支持 bayes 以及 pso。

max_iterations：最大迭代轮次，数值越高搜索时间越长，效果往往越好。

particle_nums：在 PSO 算法上生效，表示粒子数。

待上述配置项配置完成后（配置信息存于文件 connection.json 中），可以通过以下命令启动调优：

```
gs_dbmind component xtuner tune -f connection.json
```

由于篇幅限制，本节主要介绍了 X-Tuner 子功能的使用方法，对于其他 AI 子功能的具体使用方法，请参阅《openGauss 应用开发指南》。

10.5.2 DB4AI：内置 AI

DB4AI 是指利用数据库的能力驱动 AI 任务，实现数据存储、技术栈的同构。通过在数据库内集成 AI 算法，让 openGauss 具备数据库原生 AI 计算引擎、模型管理、AI 算子、AI 原生执行计划的能力，为用户提供普惠 AI 技术。不同于传统的 AI 建模流程，DB4AI“一站式”建模可以解决数据在各平台的反复流转问题，同时简化开发流程，并可通过数据库规划出最优执行路径，让开发者更专注于具体业务和模型的调优上。DB4AI“一站式”建模具备同类产品所不具备的易用性与性能优势。

1. 原生 DB4AI 引擎

openGauss 从版本 5.0.0 开始支持原生 DB4AI 能力，通过引入原生 AI 算子，简化操作流程，充分利用数据库优化器、执行器的优化与执行能力，获得高性能的数据库内模型训练能力。更简化的模型训练与预测流程、更高的性能表现，让开发者在更短时间内能更专注于模型的调优与数据分析，从而避免了碎片化的技术栈与冗余的代码实现。

openGauss 5.0.0 版本支持的 AI 算法包括：

基于梯度下降（GD）优化算法的逻辑回归（logistic_regression）、线性回归（linear_regression），支持向量机分类算法（svm_classification）、主成分分析（PCA）和多分类算法（multiclass）；

基于梯度提升（xgboost）优化算法的提升逻辑回归（xgboost_regression_logistic）、提升二分类逻辑回归（xgboost_binary_logistic）、提升 squarederror 回归（xgboost_regression_squarederror）和提升 gamma 回归 (xgboost_regression_gamma)。

k 均值聚类算法（*k*-means）。

使用原生 AI 算法的步骤一般包括：先创建模型并训练模型、然后利用训练得到的模型进行推断。

下面选择公开数据集—鸢尾花数据集 iris，以创建一个能够识别多种鸢尾花类型的多分类模型为例进行讲解。

（1）创建和训练多分类模型

```
openGauss=# CREATE MODEL iris_classification_model
USING xgboost_regression_logistic FEATURES sepal_
length, sepal_width,petal_length,petal_width TARGET
target_type < 2 FROM tb_iris_1 WITH nthread=4, max_
depth=8;
```

上述语句采用 CREATE MODEL 关键字创建了一个名为 iris_classification_model 的模型；该模型使用的算法通过关键字 USING 指定为提升逻辑回归（xgboost_regression_logistic）；训练数据已经存储到表 tb_iris_1 中；关键字 FEATURES 指定模型特征列，上式表示从表 tb_iris_1 中指定 sepal_length, sepal_width,petal_length,petal_widt 共 4 列为特征列；关键字 TARGET 指定模型的训练目标，它可以是训练所需数据表的列名，也可以是一个表达式，本例中指定列 target_type 的值小于 2（target_type < 2）为训练目标；关键字 WITH 指定模型的超参数，针对不同的模型，有不同的超参数，本例中指定了两个超参数，nthread=4 表示并发量为 4，max_depth=8 表示生成的树的最大深度为 8。

执行上述语句后，系统返回“MODEL CREATED. PROCESSED 1”信息，这表示模型已经创建并且训练完毕，训练完成后的模型会被存储到系统表 gs_model_warehouse 中。

用户可通过使用系统函数 gs_explain_model 对模型进行查看。执行下列语句，可以对刚创建和训练的模型 iris_classification_model 进行查看：

```
openGauss=# select  *  from gs_explain_model("iris_
classification_model");
```

系统返回如图 10.7 所示的信息：

```
DB4AI MODEL
-------------------------------------------------------------
Name: iris_classification_model
Algorithm: xgboost_regression_logistic
Query: CREATE MODEL iris_classification_model
USING xgboost_regression_logistic
FEATURES sepal_length, sepal_width,petal_length,petal_width
TARGET target_type < 2
FROM tb_iris_1
WITH nthread=4, max_depth=8;
Return type: Float64
Pre-processing time: 0.000000
Execution time: 0.001443
Processed tuples: 78
Discarded tuples: 0
n_iter: 10
batch_size: 10000
max_depth: 8
min_child_weight: 1
gamma: 0.0000000000
eta: 0.3000000000
nthread: 4
verbosity: 1
seed: 0
booster: gbtree
tree_method: auto
eval_metric: rmse
rmse: 0.2648450136
model size: 4613
```

图 10.7 iris_classification_model 模型信息

从图 10.7 可以看到模型的具体信息以及模型的训练时间等内容。

（2）模型推断

模型经过训练后，可以利用它来进行推断。作为示例，执行下面的语句，让该模型根据测试集 tb_iris 表中前三行内容推断鸢尾花类型：

```
openGauss=# SELECT id, PREDICT BY iris_classification
(FEATURES sepal_length,sepal_width,petal_length,petal_
width) as "PREDICT" FROM tb_iris limit 3;
```

上述语句中，关键字 PREDICT BY 表示利用模型 iris_classification_model 进行推断，一般使用“SELECT”和“PREDICT BY”关键字，并且利用已有模型来完成推断任务，基本的语法形式为 SELECT…PREDICT BY…(FEATURES…)…FROM…；执行上述语句，系统给出如下结果：

```
id      |   PREDICT
--------+---------
```

```
84        |    2
85        |    0
86        |    0
(3 rows)
```

上述结果表示 tb_iris 表中前三行鸢尾花类型分别为 2，0，0。

需要注意的是，针对相同的推断任务，同一个模型的结果大致是稳定的。且基于相同的超参数和训练集所训练的模型也具有稳定性，同时 AI 模型训练存在随机成分（每个批（batch）的数据分布、随机梯度下降），所以不同模型间的计算表现、结果允许存在小的差别。

除了上述功能，openGauss 还允许用户查看和分析训练过程中的执行计划，对异常场景（训练出错）给出相应的错误信息，感兴趣的读者请参阅《openGauss 应用开发指南》。

2. 全流程 AI

传统的 AI 任务往往具有多个流程，如数据的收集过程包括数据的采集、数据清洗、数据存储等流程，在算法的训练过程中又包括数据的预处理、训练、模型的保存与管理等流程。其中，对于模型的训练过程，还包括超参数的调优过程。诸如此类机器学习模型生命周期的全过程，可大部分集成于数据库内部，即在距离数据存储侧最近处进行模型的训练、管理、优化等流程，在数据库端提供 SQL 语句式的开箱即用的 AI 全生命周期管理的功能，这称为全流程 AI。

openGauss 实现了部分全流程 AI 的功能，主要包括将 Python 集成进数据库中，利用 Python 创建用户自定义函数 (UDF) 来方便实现部分 AI 流程，这称为 PLPython Fenced 模式；另外，通过 DB4AI-Snapshots 数据版本管理功能来实现数据集的版本控制，以方便对数据集进行管理。下面简述这两种模式的基本使用方法。

- PLPython Fenced 模式

首先在 fenced 模式中添加 PLPython 非安全语言。在数据库编译时需要将 Python 集成进数据库中，可通过在配置（configure）阶段加入 -with-python 选项来实现。同时也可指定安装 PLPython 的 Python 路径，添加选项 -with-includes='/python-dir=path'。

在启动数据库之前配置 GUC 参数 unix_socket_directory，指定 unix_socket 进程间通信的文件地址，如下所示：

```
unix_socket_directory = '/user-set-dir-path'
```

配置完成后，启动数据库。在启动数据库的过程中，自动创建 fenced-Master 进程，通过下面命令启动 fenced-Master 进程：

```
# gaussdb --fenced -k /user-set-dir-path -D /user-set-
```

```
dir-path &
```

上述系列操作完成 fenced 模式配置后，plpython-fenced UDF 数据库将在 fenced-worker 进程中执行用户自定义函数（UDF）计算。

下面通过用 Python 语言创建一个简单 UDF 为例来进行说明，首先根据所使用的 Python 语言版本创建扩展。

（1）创建扩展（Extension）

当编译的 PLPython 为 Python2 时，执行：

```
openGauss=# create Extension plpythonu;
```

当编译的 PLPython 为 Python3 时，执行：

```
openGauss=# create Extension plpython3u;
```

扩展创建成功，系统返回“CREATE Extension”信息。

（2）创建 plpython-fenced UDF

```
openGauss=# create or replace function pymax(a int, b
int)
openGauss-# returns INT
openGauss-# language plpython3u fenced
openGauss-# as $$
openGauss$# import numpy
openGauss$# if a > b:
openGauss$#     return a;
openGauss$# else:
openGauss$#     return b;
openGauss$# $$;
```

上述语句用 Python3 创建一个用户自定义函数 pymax，它返回输入参数 a,b 中值较大者。

（3）运行 UDF

首先创建一张表，然后在这张表上调用使用 Python 语言创建的 UDF 来完成查询。

执行下列语句，创建一个数据表 temp 并插入一些数据：

```
openGauss=# create  table  temp (a int ,b int) ;
openGauss=# insert into temp values (1,2),(2,3),(3,4),
(4,5),(5,6);
```

运行 UDF 完成查询：

```
openGauss=# select  pymax(a,b)  from  temp;
```

结果显示如下：

```
   pymax
--------------------
     2
     3
     4
     5
     6
(5 rows)
```

从结果中看到，用 Python 语言创建的用户自定义函数 pymax 成功执行并返回正确的结果。

● DB4AI-Snapshots 数据版本管理

通过 DB4AI-Snapshots 组件，开发者可以用数据表快照简单、快速地进行特征筛选、类型转换等数据预处理操作，同时还可以像 git 一样对训练数据集进行版本控制。数据表快照创建成功后可以像视图一样使用，但是一经发布后，数据表快照便固化为不可变的静态数据，如需修改该数据表快照的内容，则需要创建一个版本号不同的新数据表快照。

DB4AI-Snapshots 的状态包括 published、archived 以及 purged。其中，published 用于标记该 DB4AI-Snapshots 已经发布，可以使用。archived 表示当前 DB4AI-Snapshots 处于“存档期”，一般不进行新模型的训练，而是利用旧数据对新的模型进行验证。purged 则表示该 DB4AI-Snapshots 已被删除，在数据库系统中无法再次检索。

需要注意的是，快照管理功能是为了给用户提供统一的训练数据，不同团队成员可以使用给定的训练数据来重新训练机器学习模型，方便用户间协同。

用户可以通过“CREATE SNAPSHOT”语句创建数据表快照，创建好的快照默认即为 published 状态。可以采用两种模式创建数据表快照：MSS 以及 CSS 模式，它们可以通过 GUC 参数 db4ai_snapshot_mode 进行配置。对于 MSS 模式，它是采用物化算法实现的，存储了原始数据集的数据实体；CSS 则是基于相对计算算法实现的，存储的是数据的增量信息。数据表快照的元信息存储在 DB4AI 的系统目录中。可以通过 db4ai.snapshot 系统表查看到。

可以通过“ARCHIVE SNAPSHOT”语句，将某一个数据表快照标记为 archived 状态；可以通过“PUBLISH SNAPSHOT”语句，将其再度标记为 published 状态。标记数据表快照的状态，有助于数据科学家进行团队合作。

当一个数据表快照已经丧失存在价值时，可以通过“PURGE SNAPSHOT”语句删除它，这将会永久删除其数据并恢复存储空间。

下面创建一张数据表 t1，然后演示快照管理功能。

（1）创建表并插入表数据

```
openGauss=# create table t1 (id int, name varchar
(20));
openGauss=# insert into t1 values (1, 'zhangsan');
openGauss=# insert into t1 values (2, 'lisi');
openGauss=# insert into t1 values (3, 'wangwu');
openGauss=# insert into t1 values (4, 'lisa');
openGauss=# insert into t1 values (5, 'jack');
```

（2）创建 DB4AI-Snapshots

```
=# create snapshot s1@1.0 comment is 'first
version' as select * from t1;
```

上述语句中，默认版本分隔符为“@”，默认子版本分隔符为“.”，这些分隔符可以分别通过 GUC 参数 db4ai_snapshot_version_delimiter 以及 db4ai_snapshot_version_separator 进行设置。上述语句创建 t1 的版本号为 1.0 的快照 s1。

对于创建好的数据表快照，用户可以像使用一般视图一样进行查询，但不支持通过“INSERT INTO”语句更新数据表快照。

执行下列语句可检索该快照内容：

```
openGauss=# SELECT * FROM s1@1.0;
```

从返回结果可看出是表 t1 的内容。如果对表 t1 的内容进行修改，快照 s1@1.0 的内容并不会改变。

（3）从数据表快照中采样

可以从快照 s1 中抽取数据，下面语句使用 0.5 抽样率从快照 s1 中抽取数据。

```
openGauss=#sample snapshot s1@1.0 stratify by name as
test at ratio .5;
```

返回结果如下：

```
schema        |    name
-------------+------------
public        |  s1test@1.0
(1 row)
```

利用上述采样功能，可创建训练集与测试集。下面语句将数据集的 80% 采样为训练集，20% 采样为测试集。

```
openGauss=#sample snapshot s1@1.0 stratify by name as
test at ratio .2, as _train at ratio .8 comment is
'training';
```

返回如下结果：

```
schema          |       name
----------------+-----------------------
public          |    s1_test@1.0
public          |    s1_train@1.0
(2 rows)
```

返回结果显示训练集为快照 s1_train@1.0，测试集为快照 s1_test@1.0。

（4）删除数据表快照 SNAPSHOT

```
openGauss=#purge snapshot s1@1.0;
schema       |  name
-------------+--------
public       | s1@1.0
(1 row)
```

此时已经无法再从 s1@1.0 中检索到数据了，同时该数据表快照在 db4ai.snapshot 视图中的记录也会被清除。删除该版本的数据表快照不会影响其他版本的数据表快照。

本章小结

本章对 openGauss 企业级应用场景所提供的一些高级特性进行了介绍。针对低延迟、高吞吐量、高资源利用率有明确需求的 OLTP 类应用，openGauss 提供了 MOT 内存优化引擎，允许程序员选择将访问频繁的表放入与标准存储引擎并行的 MOT，以获得多核服务器的高利用率和高性能。

数据表的更新及垃圾回收效率是评价一个存储引擎的重要指标，为了解决 Astore 模式在某些场景下不够高效的问题，openGauss 提供了新的 Ustore 模式，使得程序员可以根据不同的应用场景有更加合理的选择。

AI4DB 是 openGauss 利用 AI 技术优化数据库执行性能和实现自治免运维的主要手段，DB4AI 是 openGauss 打通数据库到人工智能应用的端到端流程，通过数据库来驱动 AI 任务，统一人工智能技术栈的主要手段。

在一些 OLAP 应用中，表数据按列存储能提供更高的查询效率，openGauss 提供了表数据按行存储的行存表和按列存储的列存表两种表模式，以适配更广泛的应用场景。

高可用性是企业选择数据库的一个主要指标，openGauss 提供了从基本的主备机到完备的两地三中心跨区域容灾多种机制，以供用户选择和配置。

思考题

1. 简述 MOT 的优点及其应用场景。

2. 简述 openGauss 提供的存储引擎及其适用场景。

3. openGauss 为表数据存储到磁盘提供了哪些形式？分析这些形式的适用场景。

4. 简述 AI4DB 的主要内容并简述如何实现 openGauss 的自治免运维。

5. 简述 DB4AI 的主要内容，并选择一种 AI 应用情景在 openGauss 中实现算法训练及推断。

6. 查找 openGauss 资料，给出慢 SQL 原因分析的主要步骤。

7. 数据库的高可用性含义是什么？你认为 openGauss 提供的哪种高可用性机制最重要？为什么？

8. 分析一个 OLTP 应用（具体应用自选）的性能需求，并尝试用 openGauss 提供技术特点以满足应用需求。

01